普通高等教育一流本科专业建设成果教材

化学工业出版社"十四五"普通高等教育规划教材

食品工艺学实验技术

第三版

胡爱军　王稳航　郑　捷　主编

U0244131

化学工业出版社

·北京·

内 容 简 介

《食品工艺学实验技术（第三版）》内容涵盖粮油食品、焙烤和谷薯类食品、肉制品、水产制品及蛋品、乳制品和豆制品、水果和蔬菜制品、水、饮料和酒、糖果、调味品和副食品等产品的工艺，食品物性的测定、食品感官评价等方面的实验内容。本书选择具有代表性的食品工艺及一些新技术作为实验内容，每个实验由实验原理和目的、实验材料和仪器设备、实验内容、思考与讨论、参考文献组成，并附有食品科技、教育与资讯网络资源。

本教材可供普通高等学校食品科学与工程、食品质量与安全、食品营养与健康以及生物工程和生物技术等相关专业的教师和学生使用，也可供高职院校、成人高等教育的食品与发酵专业的学生使用以及由非食品本科专业转读食品专业的研究生使用。食品研究、设计单位与加工企业亦可用其作为工作的参考书。

图书在版编目（CIP）数据

食品工艺学实验技术 / 胡爱军，王稳航，郑捷主编
. —3 版. — 北京：化学工业出版社，2024.2
普通高等教育一流本科专业建设成果教材
ISBN 978-7-122-44685-5

Ⅰ. ①食… Ⅱ. ①胡… ②王… ③郑… Ⅲ. ①食品工艺学–实验–高等学校–教材 Ⅳ. ①TS201.1-33

中国国家版本馆 CIP 数据核字（2023）第 251073 号

责任编辑：李建丽　赵玉清　　　文字编辑：朱雪蕊
责任校对：李露洁　　　　　　　装帧设计：张　辉

出版发行：化学工业出版社
　　　　　（北京市东城区青年湖南街 13 号　邮政编码 100011）
印　　装：大厂聚鑫印刷有限责任公司
710mm×1000mm　1/16　印张 18¼　字数 318 千字
2024 年 5 月北京第 3 版第 1 次印刷

购书咨询：010-64518888　　　　售后服务：010-64518899
网　　址：http://www.cip.com.cn
凡购买本书，如有缺损质量问题，本社销售中心负责调换。

定　　价：49.00 元　　　　　　版权所有　违者必究

《食品工艺学实验技术》（第二版）自 2017 年 7 月出版发行以来，被天津科技大学、吉林大学、贵州大学、江汉大学、福建农林大学、四川农业大学、齐鲁工业大学、山东工商大学、昆明理工大学、云南农业大学、天津中医药大学、浙江海洋大学等 20 余所院校所选用，在全国相关领域产生了广泛而积极的影响，受到使用院校师生的好评，取得了较好的社会效益。

光阴荏苒，时至今日数年已过。天津科技大学食品科学与工程教学团队持续开展专业建设、"食品工艺学实验技术"等课程和教材建设工作；食品科学与工程专业已通过中国工程教育专业认证和美国 IFT 认证，并获批为国家级一流本科专业建设点；主编的《食品工艺学实验技术》（第二版）荣获中国石油和化学工业优秀出版物奖（教材奖）二等奖。在专业、课程和教材建设中积累的食品科学理论、技术和工程实践技能，为本书第三版修订拓展了实验教学思路，丰富了工艺实验内容。随着时间的推移，国内外食品科学技术日新月异，食品新产品、新工艺、新标准不断出现。根据国家关于加强和改进新形势下教材建设的要求，以及教育部发布《普通高等学校本科专业类教学质量国家标准》中关于食品科学与工程专业知识体系和课程体系建议，修订出版《食品工艺学实验技术》（第三版）教材具有必要性和重要意义。

为贯彻落实党的二十大关于"加强企业主导的产学研深度融合，强化目标导向"的精神，第三版教材与时俱进，紧密围绕新标准和新规范，以培养解决复杂工程问题能力为目标，理论联系实践，选择代表性食品产品作为实验内容，融入食品领域教学改革、教材建设和科学研究新成果，扩大食品工艺学实验覆盖面，拓展本教材的应用和服务范围，发挥食品工艺学实验培养工程实践能力和创新意识的作用，支撑食品专业课程建设，培养创新型人才。

本书为天津科技大学食品科学与工程专业国家级一流本科专业建设成果教材。本教材共有 10 章、116 个实验，内容涵盖粮油食品、焙烤和谷薯类食品、肉制品、水产制品及蛋品、乳制品和豆制品、水果和蔬菜制品、水、饮料和酒、糖果、调味品和副食品等产品的工艺，食品物性的测定、食品感官评价等方面的实验内容，食品科技、教育与资讯网络资源，作者团队在爱课程网上的"食品技术原理"课程部分视频与本书配套。本次修订删去了第二版中一些非食品工艺类的实验、与对应章不相符的实验，以及所有已废止的食品标准和相应内容；新增了近 40 个实验，引用了生效中的食品标准，修改完善了一些章节的标题及内容；沿用了第二版教材基本思路，每个实验由实验原理和目的、实验材料和仪器设备、实验内容、思考与讨论、参考文献 5 个部分组成。在参考文献中提供了论文、著作、专利、标准等公开出版物，读者可以自行获取和阅读；并在参考文献中以"爱课程/食品技术原理/章节序号/信息性质/视频名称"的形式链接了较多的食品科技视频，供读者观看，开展拓展性和探究性学习，激发学生深入思考，演练批判性和创造性思维，进而掌握食品工艺，学会分析与解决食品加工、制造中的主要问题。

天津科技大学胡爱军、王稳航、郑捷担任本教材的主编，所有参编人员均来自天津科技大学食品科学与工程学院，作者姓名均署于相关篇目的结尾，在此恕不述及。本书参考了国内外同行和学者的科研成果及食品安全标准，在此表示衷心感谢。特别感谢天津科技大学赵征教授，承蒙赵教授厚爱，授权主编和修订，并提供资料，正是在赵教授领衔主编的本教材第一版和第二版基础上，本教材第三版才得以顺利完成。同时感谢天津科技大学食品科学与工程学院、化学工业出版社的大力支持。

由于编者水平所限，不妥之处，诚请各位专家、同行提出宝贵意见，后续再版时定会使其日臻完善。

编者
2024 年 1 月

目 录

第一章

粮油食品工艺实验

实验 1　稻谷的加工

一、实验原理和目的

稻谷在加工中脱去谷壳（颖壳）剩下的部分称为糙米。在机械力的作用下使糙米经过自相摩擦，以及糙米与砂轮之间的互相擦离，迅速脱去糙米的皮层，以最小的破碎程度将稻谷胚乳同稻谷其他部分分离，从而制成符合标准的稻米。本实验要求理解稻谷加工的基本原理，掌握主要设备的操作方法、工艺过程及影响工艺效果的主要因素。

二、实验材料和仪器设备

1. 实验材料

稻谷。

2. 仪器设备

实验用小型砻谷机、实验用小型碾米机、实验用小型擦米机、实验用小型抛光机、小型大米色选机。

三、实验内容

1. 工艺流程

稻谷清理→砻谷及谷糙分离→碾米→擦米→晾米→白米分级→抛光→色选

2. 工艺要点

（1）稻谷清理：除去稻谷在生长、收割、贮藏和运输过程中可能混入的各种

1

杂质，可采用风选、筛选和磁选等方法。

（2）砻谷及谷糙分离：稻谷经砻谷机进行脱壳，砻下物为脱壳的稻谷、糙米、谷壳等，将稻谷、糙米、谷壳等进行分离，分离的糙米送往碾米工序碾白，未脱壳的稻谷返回到砻谷机再次脱壳。

（3）碾米：将糙米经碾米机碾磨，果皮糊粉层和米胚大部分（米糠）都被碾去，留下白米粒，此过程应尽量保持米粒完整，减少碎米，提高出米率。

（4）擦米：用擦米机擦除黏附在白米表面的糠粉，使白米表面光洁，提高成品的外观色泽。

（5）晾米（冷却）：自然冷却，降低米温，防止成品发热霉变。

（6）白米分级：根据成品质量要求将白米分成不同含碎等级。

（7）抛光：将白米经着水润湿后送入抛光机内，在一定温度下，米粒表面的淀粉糊化使米粒表面晶莹光洁，不粘糠、不脱粉，提高其商品价值。

（8）色选：用色选机将白米中颜色不正常的或感染病虫害的杂质检出并分离。

3. 产品评价

（1）感官要求：米粒均匀完整，晶莹光洁，色泽美观，不黏附糠粉，不脱落米粉。

（2）理化指标：出糙率≥75%，整精米率≥50%，杂质≤0.3%，水分≤15.5%，色泽、气味正常。

（3）评价方法：按照 NY/T 5190—2002《无公害食品　稻米加工技术规范》进行评价。

四、思考与讨论

① 简述稻谷加工的工艺流程及各工序中影响成品大米质量的主要因素。
② 计算稻谷加工过程出糙率。

五、参考文献

[1] NY/T 5190—2002. 无公害食品　稻米加工技术规范.

[2] 吴良美. 碾米工艺与设备. 北京：中国财政经济出版社，1985.

[3] Sergio O，Serna-Saldivar. Cereal Grains Laboratory Reference and Procedures Manual. New York：CRC Press，2012.

[4] Vieira M. Experiments in Unit Operations and Processing of Foods.

Springer Science＋Business Media，LLC，2008.

六、数字资源

视频：爱课程/食品技术原理/14-3/媒体素材/稻谷加工.

（曹汝鸽）

实验2　小麦的磨制与筛分

一、实验原理和目的

小麦研磨成粉的过程是分离小麦粒中的胚乳、麦皮（果皮和种皮）和胚。本实验要求理解小麦的磨制与筛分的基本原理，理解原料小麦的制粉特性，掌握小麦的磨制与筛分的基本工艺流程和基本技能，学习品质评定的一般方法。

二、实验材料和仪器设备

1. 实验材料
硬麦、蒸馏水。

2. 仪器设备
实验室小麦磨粉机。

三、实验内容

1. 工艺流程
清洗→水分调节→皮磨→心磨→筛分

2. 工艺要点
（1）清洗：仔细清洗小麦，去除所有的杂粒、石子、金属颗粒等杂质。

（2）水分调节：称取500g小麦放入密封袋中，根据小麦原始水分含量通过干燥或湿润方式使小麦水分含量达到16.5%，通过计算向密封袋中喷入定量的水，并充分混匀使水分将小麦浸润均匀，静置24h。加水量计算公式如下：

$$X = 16.5M_S/83.5 - A$$

式中，X 为100g小麦所需的加水量，%；M_S为干物质含量，%；A 为小麦的初始水分含量，%。

（3）皮磨：从小麦磨粉机喂料口漏斗将500g小麦倒入，喂料口的喷口底部的磁石可将清洗不完全的金属颗粒吸附除去，磨粉时间为 3～3.5min，过 80 目筛。

（4）心磨：将筛上部分从另一侧进料漏斗倒入，打开开关，3～5min 之后完成心磨。

（5）筛分：过 80 目筛，将筛下的两种粉混合。

3. 产品评价

（1）感官要求：所得面粉色泽白，粒度分布均匀，无杂质，无异味。

（2）理化指标：小麦出粉率≥60%，灰分≤0.6%，白度≥70。

（3）评价方法：按照 GB/T 1355—2021《小麦粉》进行评价。

四、思考与讨论

① 小麦水分调剂过程，若要调节 100g 初始水分含量为 11% 的小麦，需加水量多少？

② 计算小麦出粉率。

五、参考文献

[1] GB/T 1355—2021. 小麦粉.

[2] 陈志成. 制粉师工程手册. 北京：中国轻工业出版社，2007.

[3] Sergio O，Serna-Saldivar. Cereal Grains Laboratory Reference and Procedures Manual. New York：CRC Press，2012.

[4] Vieira M. Experiments in Unit Operations and Processing of Foods. Springer Science＋Business Media，LLC，2008.

六、数字资源

视频：爱课程/食品技术原理/14-1/媒体素材/面粉.

（曹汝鸽）

实验 3 方便米饭的制作

一、实验原理和目的

米饭中淀粉占 15% 以上。生淀粉又叫 β-淀粉，在一定的温度和水分条件下，生淀粉熟化成熟淀粉。熟淀粉又称为 α-淀粉，熟化的过程称为 α-化。熟淀粉在温度降低时会回生，形成回生淀粉，从而影响食用。方便米饭的原理是既要使淀粉充分熟化，又要防止淀粉回生。影响淀粉回生的因素有很多，其中淀粉的种类影响最大，直链淀粉比支链淀粉容易回生。添加油、糖和添加剂等都可以防止回生。本实验要求理解方便米饭的制作原理，掌握方便米饭加工的工艺流程、工艺要点和主要设备以及影响工艺效果的主要因素。

二、实验材料和仪器设备

1. 实验材料

精白米、饮用水、大豆色拉油、抗黏剂（单甘酯、甘油）、蒸煮袋等。

2. 仪器设备

淘米盆、煮饭锅、天平、量筒、不锈钢网盆、热风干燥箱、筛网、封口机等。

三、实验内容

1. 工艺流程

精白米→淘洗→加水浸泡→加抗黏剂→搅拌→蒸煮→冷却→离散→装盘→干燥→冷却卸料→筛理→定量包装→成品

2. 工艺要点

（1）选料：大米品种对方便米饭的质量影响很大。如选用直链淀粉含量较高的籼米为原料，制成的成品复水后，质地较干、口感不佳；若用支链淀粉较高的糯米为原料，加工时黏度大，米粒易黏结成块，不易分散，从而影响制品质量。因此，生产方便米饭常选用粳米为佳。

（2）淘洗：备专用淘米盆先快速冲洗两遍，再轻轻搓揉三遍，沥干。

（3）加水浸泡：浸泡的目的是使大米吸收适量的水分，大米吸水率与大米支链淀粉含量有关。支链淀粉含量越高，其吸水率越高。米水比按 1：2，浸泡温度 80℃，浸泡时间 25min，上下搅动。

（4）加抗黏剂：大米经蒸煮后，因表面也发生糊化，米粒之间常常相互粘边甚至结块，影响米粒的均匀干燥和颗粒分散，导致成品复水性降低。为此，在蒸煮前应添加单甘酯与甘油的混合物（1：1），添加量为大米质量的 1%～3%，并不时搅拌。

（5）蒸煮：蒸煮是将浸泡后的大米进行加热熟化的过程。在蒸煮过程中，大米在有充足水分的条件下加热，吸收一定量的水分，使淀粉糊化、蛋白质变性，并将大米煮熟。米粒中淀粉糊化度大小反映米饭熟透度的高低，它对米饭的品质和口感有较大的影响。糊化度＞85％的米饭即为熟透。蒸煮时间与糊化度密切相关，蒸煮时间越长，糊化度越高。蒸煮30min时，米饭的糊化度达87.5％。应用电饭锅煮饭时，直接启动电饭锅电源，待自动断电后，暂不开锅，继续闷蒸10～15min，即可。

（6）离散：经蒸煮的米饭，水分可达65％～70％，虽然蒸煮前加抗黏剂，但由于米粒表面糊化层的影响仍会粘连。为使米饭能均匀地干燥，必须使结团的米饭离散。将蒸煮后的米饭用冷水冷却并洗涤1～2min，以除去溶出的淀粉，就可达到离散的目的。

（7）装盘：离散后的米粒均匀地置于不锈钢网盘中，装盘的厚度、厚薄是否均匀对于米粒的糊化度、干燥时间以及产品质量均有影响。应尽量使米粒分布均匀、厚薄一致，以保证干燥均匀，然后置于热风干燥箱中。

（8）干燥：将充分糊化的大米用90～100℃热风干燥，干燥至成品水分降至9％以下。

（9）冷却：卸料干燥结束后，自然冷却，待干燥箱的米温降至40℃以下方可从盘中取出，卸料。

（10）筛理、包装：将已冷却的黏结在一起的脱水米饭用手搓散分开，然后用筛网将碎屑和小饭团分离，按每份100g进行装袋、封口、包装，即成方便米饭。

3. 产品评价

（1）感官要求：产品应为白色或略带微黄色的颗粒，具有光泽，具有米饭特有的气味，无异味，口感润滑，有一定筋力，无夹生、硬皮及粗糙感。米粒完整，整粒率＞90％，粉末率＜2％。无肉眼可见杂质。

（2）理化指标：水分≤6.0％，糊化度≤90％，复水时间≤8min。

（3）评价方法：按照GB/T 31323—2014《方便米饭》进行评价。

四、思考与讨论

① 影响方便米饭品质的因素有哪些？

② 食用油脂可否作为方便米饭的抗黏剂？其对方便米饭品质有何影响？

③ 如何解决袋装方便米饭出现的粘袋及蒸煮袋密封不严的问题？

五、参考文献

［1］马俪珍，刘金福. 食品工艺学实验. 北京：化学工业出版社，2011.

［2］张钟，李先保，杨胜远．食品工艺学实验．郑州：郑州大学出版社，2011.

［3］柳青山，朱俊玲．方便米饭加工工艺研究．食品工程，2016（01）：59-61.

［4］GB/T 31323—2014.方便米饭．

六、数字资源

视频：爱课程/食品技术原理/14-3/媒体素材/自热方便米饭．

（胡爱军）

实验 4　八宝粥罐头的制作

一、实验原理与目的

八宝粥罐头是以八种或八种以上谷类、豆类、干果等植物性食材为主要原料，经预处理、装罐、密封、杀菌而制成的罐头食品。将八宝粥装入罐中，经过排气、密封、杀菌等工序，不仅使产品由于氧气的去除、微生物杀灭、酶钝化而保质期较长，减少或避免氧化，而且易于携带，方便食用。本实验要求掌握八宝粥罐头的产品特点、加工工艺原理及工艺技术；了解八宝粥罐头加工对原辅料的质量要求及其常见的质量问题和解决方案；熟悉八宝粥罐头的质量指标及评价方法。

二、实验材料和仪器设备

1. 实验材料

糯米、薏米、燕麦、赤小豆、绿豆、芸豆、花生、桂圆肉、白砂糖、红糖、饮用水、标签。

2. 仪器设备

电子秤、不锈钢盆、金属罐、电炉、夹层锅、蒸煮锅、排气箱、真空密封机、杀菌锅、糖度计、温度计。

三、实验内容

1. 工艺流程

```
                    辅料处理
                       ↓
原料的处理 → 蒸煮 → 冷却 → 混合 → 称重 → 装罐 → 填充汤料 → 排气密封 →
                                            ↑
    杀菌冷却 → 检验 → 包装 → 成品    空罐处理
```

2. 参考配方

原料配方（1200 罐）：糯米 200g、薏米 40g、燕麦 20g、赤小豆 100g、绿豆 100g、花生 40g、芸豆 20g、桂圆肉 50g、汤料 4000g。

汤料配方：由白砂糖和红糖调配制成的糖度为 13％的糖水。

3. 工艺要点

（1）原辅料的选择与处理

① 糯米：将无杂质的优质糯米称量过后，用清水反复淘洗干净，放入干净的容器内浸泡 30min，沥干水分后备用。（糯米可在其他原料杀菌蒸熟后再开始浸泡、冲洗。）

② 赤小豆：将坏豆、杂豆、虫害豆挑出，用清水淘洗 2 次后放入干净容器浸泡 2h，沥干水分后备用。

③ 花生、薏米、燕麦、芸豆、绿豆：将薏米、燕麦、芸豆、绿豆、花生中的杂质去除后，分别用干净容器加水浸泡（基本同一时间）。花生采用脱皮、无红衣的花生。沥干水分后备用。

④ 桂圆肉：先用冷水清洗至散开，去除杂质后，再用 80℃的热水浸泡 4min，冷却后捞出备用。

⑤ 绿豆的杀青：用沸水将绿豆煮 10min 后捞出，用冷水冲洗，沥干水分后备用。

（2）蒸煮：完成各种原辅料的加工后，进入蒸煮工序。将处理后的薏米、燕麦、赤小豆、绿豆、芸豆、花生等放入蒸煮锅，蒸熟出锅后用清水冲洗冷却，沥干水分后备用。

（3）配汤：按工艺要求配制好糖水（汤料）。

（4）装罐：将预处理后的各种原料按一定比例混匀后，称重定量装入罐内，再注入汤料。

（5）排气密封

① 排气箱排气：93℃、7min，当罐中心温度达到 80℃时立即密封。

② 真空排气密封：真空度 67kPa。

（6）杀菌冷却：将罐倒放，121℃、60min 杀菌，反压冷却至 40℃以下。

反压冷却时要注意锅压下降的速度要低于罐温下降的速度。降温、冷却阶段的操作程序如下：

① 将进气阀和泄气栓关闭。

② 将压缩空气阀开启，使锅压升高 25％～30％。

③ 将冷却水阀（锅身及锅顶喷管）打开进行反压降温、冷却。

④ 当锅压降至零时，打开锅顶的泄气栓和锅底的排水阀，加快热水的排出。

⑤ 10min后打开锅盖，罐头降温至40℃时取出，擦罐、贴标签。

4. 成品评价

（1）感官指标：具有该产品应有的组织形态、色泽、气味和滋味，无异味，无正常视力可见的外来杂质。

（2）理化指标：固形物含量≥55.0％（单罐测定允许负偏差为5％），可溶性固形物含量（20℃，按折光计法）≥5.5％，pH值＝5.4～6.7，干燥物含量（质量分数）≥12.0％。

（3）评价方法：按照GB/T 31116—2014《八宝粥罐头》进行评价。

四、思考与讨论

① 八宝粥罐头工业化生产的主要设备有哪些？

② 八宝粥罐头的杀菌条件取决于哪些因素？

③ 八宝粥罐头常见的质量问题有哪些？

④ 八宝粥罐头加工过程的关键控制点有哪些？

⑤ 常用的罐头材料种类有哪些？

五、参考文献

［1］GB/T 31116—2014. 八宝粥罐头.

［2］郑捷，胡爱军. 食品工艺学实验指导. 北京：中国轻工业出版社，2021.

［3］钟瑞敏，翟迪升，朱定和. 食品工艺学实验与生产实训指导. 北京：中国纺织出版社，2015.

［4］陈野，刘会平. 食品工艺学. 3版. 北京：中国轻工业出版社，2014.

六、数字资源

视频：爱课程/食品技术原理/2-1/媒体素材/罐藏-现代的奇迹.

（郑捷）

实验5　方便米粉的制作

一、实验原理和目的

方便米粉是将大米等原料经过粉碎，在高温高压的螺旋推进器中用挤压机挤出，然后再通过模头中模孔挤出，突然减压，形成膨松多孔的结构，再经过粉碎、筛分可制成速溶米粉。淀粉在高温高压的螺旋挤压机挤压过程中被糊化，挤出时减压过程中水分被干燥，使 α-淀粉被固定。本实验要求理解淀粉的 α-化和 β-化原理以及螺杆挤压原理，掌握方便米粉加工的工艺流程、工艺要点和主要设备以及影响工艺效果的主要因素。

二、实验材料和仪器设备

1. 实验材料

精大米、玉米淀粉、甘薯淀粉、单甘酯。

2. 仪器设备

洗米机、磨浆机、粉碎机、混合机、螺杆挤压机、复蒸器、夹层锅、烘干机、包装机、水分活度测定仪、温度计、pH 计、秤、天平等。

三、实验内容

1. 工艺流程

精大米→洗米浸泡→磨浆（粉碎）→过筛→脱水→混合→自熟挤丝→切断→凝胶化→复蒸→烘干→包装→成品

2. 参考配方

米粉配方：精大米 1000g、玉米淀粉 100g、甘薯淀粉 50g、单甘酯 4g。

3. 工艺要点

（1）大米的分选：剔除大米中的砂、稗和谷粒，以免影响米粉质量。

（2）洗米：挑选后的大米放入洗米机中，一般清洗 10～20min，除去漂浮在水面上的泡沫、糠皮、糠粉等杂质。

（3）浸米：浸米的目的是使米外层吸收的水分继续向中心渗透，使米粒结构疏松，里外水分均匀，浸米时间为 6～8h，夏短冬长，中间结合洗米并换水一次。

（4）磨浆（粉碎）：将浸泡后的大米粉碎过 50 目筛。

（5）脱水：经筛理后的米浆，加入真空脱水机内脱水，脱水后的米浆含水量一般在 40% 左右。

（6）混合：将配方中其余辅料加入，搅拌均匀。

（7）自熟挤丝：在料斗中加一定量的热水，让机体预热。将米粉从投料口加入，最初只能少量加入，以防卡机；待机器正常运转后，将大米粉堆放于投料斗中，稍加水，让大米粉自动下落喂料，一步成型为米粉，从机头成型板孔匀速排出。

（8）切断：挤出来的米粉通过风冷，按照一定长度切断。

（9）凝胶化：将切断后的粉放入密闭的容器中，室温下放置 4～10h。

（10）复蒸：在 100℃条件下复蒸 10～15min。

（11）烘干：将复蒸后的米粉放入 50℃的烘箱中，干燥时间一般为 3～5h，至水分含量在 13%以下。

（12）包装：将烘干后的米粉进行包装，得到成品。

4. 产品评价

（1）感官要求：色泽基本均匀一致，不呈现漂白色色泽；具有产品应有的滋味和气味，无异味；复水后米粉厚度和宽度基本均匀一致，表面平滑；煮熟后不煳、不浑汤、口感滑爽、柔韧、有弹性，不粘牙，基本无硬心；无正常视力可见杂质。

（2）理化指标：水分≤13.0%，复水率≥200%，断条率≤16.0%，粘条率≤3.0%，酸度≤2.0°T，总砷（以 As 计）≤0.5mg/kg，铅（Pb）≤0.5mg/kg。

（3）评价方法：按照 QB/T 2652—2004《方便米粉（米线）》进行评价。

四、思考与讨论

① 原料大米对米粉质量有何影响？

② 玉米淀粉对米粉的产品质量有何影响？

③ 挤压过程中淀粉发生哪些变化，这些变化与米粉的质量有何关系？

五、参考文献

[1] 马道荣，杨雪飞，余顺火 . 食品工艺学实验与工程实践 . 合肥：合肥工业大学出版社，2016.

[2] 张钟，李先保，杨胜远 . 食品工艺学实验 . 郑州：郑州大学出版社，2011.

[3] 曲丽洁 . 米制品生产一本通 . 北京：化学工业出版社，2013.

[4] QB/T 2652—2004. 方便米粉（米线）.

六、数字资源

视频：爱课程/食品技术原理/14-2/媒体素材/粉条加工 .

（胡爱军）

实验6　速冻汤圆的制作

一、实验原理和目的

汤圆又称为元宵、汤团、汤丸，是我国传统的点心食品。它是以糯米粉为原料制作外皮，内包各种馅心。馅心在常温下难以保存，且外皮易老化，因此储存时间较短。速冻汤圆是利用传统制作工艺与现代技术相结合而制成的产品，经过加工后，再速冻、冷藏，既保留了产品的原有风味，又成功克服传统汤圆储存期短的问题。通常是将汤圆制作完成后，将成型合格的产品放入周转盘中进行速冻。在－30℃以下温度条件下速冻30～50min，使汤圆的中心温度达到－18℃以下，可最大限度地保留汤圆的质构和口感，同时延长产品的保质期。本实验要求理解汤圆速冻的原理，掌握速冻汤圆加工的工艺流程、工艺要点和主要设备以及影响工艺效果的主要因素。

二、实验材料和仪器设备

1. 实验材料

糯米粉、芝麻、白糖、花生仁、核桃仁、色拉油、速冻油、汤圆改良剂。

2. 仪器设备

粉碎机、搅拌机、汤圆成型机、低温冰箱、数字温度仪等。

三、实验内容

1. 工艺流程

馅料处理→制馅→制皮→包馅成型→速冻→包装→入库

2. 工艺要点

(1) 馅料的原料处理：芝麻在加工前需要经过清洗。把芝麻放入10倍质量的清水中上下搅拌几分钟，让芝麻充分浸水，然后静置30min，由于芝麻的饱满程度的不同，芝麻或漂浮、悬浮，或沉浮于水中。完全漂浮于水面的芝麻没有肉质，只是空壳，不能食用，这部分芝麻连同浮于水面的草叶、草根等杂质捞出弃掉；然后用密网把悬浮于水中的优质芝麻慢慢捞出另放备炒；沉底部分不易同杂质分开，需要再次搅拌，并将盛桶倾斜静置，稳定后杂质会朝低端处沉积，高端处为干净芝麻。这样反复几次，基本可以把芝麻洗净。另外要注意的是，洗好的芝麻不能盛放太多太久，洗好的芝麻特别容易发热，对其质量有影响。将芝麻清洗干净后，与花生仁、核桃仁炒熟后研成粉末。

（2）制馅：将碾碎的芝麻、花生仁、核桃仁和白糖放在一起揉搓，使混合均匀。如果太干可添加少量色拉油。

（3）制皮：糯米粉倒入搅拌机中，均匀加入一定量的预先绞碎处理的速冻油，先加入一半的水，搅拌 2min，然后边搅拌边均匀加入汤圆改良剂，至混合均匀后将剩余的水加入搅拌机中，搅拌至糯米粉团表面光滑，面团均匀、不粘锅。

（4）包馅成型：成型既可以手工完成，也可以机械化生产。手工成型，取定量粉团，中间揿下一小穴，放入馅心，收口搓圆、搓光；如果用设备成型，在皮料斗中加入粉团，在馅料斗中加入馅心，调制两者比例及单体大小，调整速度和干粉用量后进行成型操作。粉团在成型时，应做好保水工作，经常翻揉，使粉团细腻无硬斑。速冻汤圆应色泽玉白，呈圆球状，表面不开裂、无渗液、馅心居中、不露馅，单个个体之间大小均匀，球面光洁。成型后的汤圆放入塑料包装小托，经抽检后进入速冻。

（5）速冻：成型后的汤圆在常温中放置的时间不能超过 30min，在温度低湿度小的冬季，汤圆表皮易干燥，冻后容易裂；在温度高湿度大的夏季，汤圆容易变软变形，容易扁塌。速冻的温度至少要达到 $-30℃$，高于这个温度冻硬的汤圆表面会沉积冰霜或冰碴，出现大量的细纹，另外，温度偏高的条件下速冻出的汤圆不白，色偏黄，影响外观，速冻的时间也要合理掌握，不能超过 30min，否则汤圆会冻裂。速冻汤圆的中心温度可以用专用的数字温度仪表测定。

（6）包装入库：汤圆的包装要求速度快，汤圆是易解冻的产品之一，解冻后表面会发黏，容易相互黏结，在包装时务必要求速度快。贮藏汤圆的冷库要求库温相对稳定，否则汤圆表面易产生冰霜或冰碴，甚至整个包装袋都会有大量的冰碴，汤圆开裂，色泽变黄。

3. 产品评价

（1）感官要求：外形完整，均匀，无变形，无破损，无露馅；色泽洁白，具有汤圆应有的色泽；具有汤圆应有的糯米香味和滋味，柔和爽口，无异味；外表和内部无正常视力可见杂质。

（2）理化指标：水分≤60g/100g，馅含量（g/100g）须与标签标示值一致，脂肪含量≤19g/100g，过氧化值≤0.25g/100g。

（3）评价方法：按照 SB/T 10423—2017《速冻汤圆》进行评价。

四、思考与讨论

① 影响速冻汤圆的主要因素有哪些？

② 生产中如何防止速冻汤圆的开裂？

③ 汤圆速冻的条件是什么？

五、参考文献

[1] 隋继学，张一鸣. 速冻食品工艺学. 北京：中国农业大学出版社，2015.

[2] 张钟，李先保，杨胜远. 食品工艺学实验. 郑州：郑州大学出版社，2011.

[3] 曲丽洁. 米制品生产一本通. 北京：化学工业出版社，2013.

[4] SB/T 10423—2017. 速冻汤圆.

（胡爱军）

实验 7 玉米淀粉的制作

一、实验原理和目的

玉米淀粉主要集中在胚乳中。提取淀粉的方法，一般有干法和湿法两种。本实验采用玉米湿法提取淀粉，用物理的方法将玉米淀粉与玉米籽粒的其他成分分开，从而获得玉米淀粉，即将玉米浸泡，经研磨，分出胚芽、纤维和蛋白质，而得到高纯度的淀粉产品。本实验要求理解玉米淀粉的加工原理，掌握玉米淀粉加工的工艺流程、工艺特点、基本要求和主要设备以及影响工艺效果的主要因素。

二、实验材料和仪器设备

1. 实验材料

普通玉米、亚硫酸钠。

2. 仪器设备

浸泡桶、粉碎机、磨浆机、恒温箱、标准筛、胚芽分离器、淀粉流槽、离心机。

三、实验内容

1. 工艺流程

原料除杂、称重→玉米浸泡→粗磨→胚芽分离→细磨→过筛→蛋白质分离→自然晾干→粉碎过筛→成品

2. 工艺要点

（1）原料除杂、称重：选择清除杂质、颗粒饱满、无虫蛀、无霉变的玉米，除杂后称取 1kg。

（2）玉米浸泡：使用亚硫酸钠溶液为浸泡液，浸泡温度（50±2）℃，浸泡时的亚硫酸钠浓度为 0.2%～0.25%，浸泡时间为 60～70h。

（3）粗磨：用粉碎机将浸泡好玉米破碎成 6 块左右，以利于胚芽分离。

（4）胚芽分离：将破碎后玉米置于胚芽分离器中，加入水，使胚芽浮在上面，分离出胚芽。

（5）细磨：用磨浆机将去胚芽后玉米细磨两遍。

（6）过筛：将细磨后玉米浆先过 20 目粗筛，再过 200 目和 300 目细筛，分别洗涤 5 次，滤液静置 3～4h。

（7）蛋白质分离：淀粉乳搅拌均匀后入离心管，在 3500r/min 条件下离心 15min，得到湿淀粉块，刮掉上层暗黄色湿蛋白层，并用 40℃的水冲洗干净暗黄色的物质，得到纯白色的湿淀粉块。

（8）自然晾干：用塑料铲从流槽中刮出淀粉，置于不锈钢托盘中，于通风处自然晾干。

（9）粉碎过筛、成品：干燥后淀粉粉碎过 100 目筛，装袋，即为淀粉成品。

3. 产品评价

（1）感官要求：产品应为白色或微带浅黄色阴影的粉末，具有光泽，具有玉米淀粉固有的特殊气味，无异味。

（2）理化指标：水分≤14%，酸度≤2.0°T，灰分（干基）≤0.18%，蛋白质（干基）≤0.45%，脂肪（干基）≤0.2%，细度≥98.5%，白度≥85%。

（3）评价方法：按照 GB/T 8885—2017《食用玉米淀粉》进行评价。

四、思考与讨论

① 简述玉米淀粉加工的工艺流程及各工序中影响玉米淀粉质量的主要因素。
② 计算玉米淀粉得率。

③ 阐述玉米淀粉的工业化生产工艺和主要设备。

五、参考文献

［1］ GB/T 8885—2017. 食用玉米淀粉.

［2］ 陈璨. 玉米淀粉工业手册. 北京：中国轻工业出版社，2009.

［3］ Sergio O，Serna-Saldivar. Cereal Grains Laboratory Reference and Procedures Manual. New York：CRC Press，2012.

［4］ Vieira M. Experiments in Unit Operations and Processing of Foods. Springer Science＋Business Media，LLC，2008.

六、数字资源

爱课程/食品技术原理/14-3/媒体素材/淀粉设备和工艺.
爱课程/食品技术原理/4-3/媒体素材/食品科学：淀粉.

（曹汝鸽）

实验 8　淀粉糖浆的制作

一、实验原理和目的

淀粉糖浆是淀粉水解后的产品，为无色、透明、黏稠的液体。淀粉糖浆的成分主要是葡萄糖、麦芽糖、低聚糖、糊精等。各种糖分组成比例因水解程度和采用糖化工艺而不同。本实验通过双酶法制备淀粉糖浆，首先以 α-淀粉酶使淀粉降解成为小分子糊精，然后再用糖化酶将糊精、低聚糖中的 α-1,6-糖苷键和 α-1,4-糖苷键切断，最终得到淀粉糖浆。本实验要求了解双酶法制备淀粉糖浆的基本原理，掌握双酶法制备淀粉糖浆的工艺方法。

二、实验材料和仪器设备

1. 实验材料

玉米淀粉、液化型耐高温 α-淀粉酶、糖化酶、大孔吸附树脂、活性炭、碳酸钠、碘液。

2. 仪器设备

搅拌机、恒温水浴锅、反应罐、离子交换柱、旋转蒸发器、电子天平、真空泵、布氏漏斗。

三、实验内容

1. 工艺流程

碳酸钠　　　　　　耐高温α-淀粉酶　　　　　　　　　活性炭
↓　　　　　　　　　↓　　　　　　　　　　　　　　　↓
淀粉乳 → 调浆 → 糊化 → 液化 → 糖化 → 灭酶 → 过滤 → 脱色 → 离子交换 →

真空浓缩 → 淀粉糖浆　　糖化酶

2. 工艺要点

（1）配制淀粉乳液并糊化：取 200g 淀粉置于 2L 的大烧杯中，加入 1000mL 水搅拌均匀，配制成 200g/L 的淀粉乳，于 85～100℃ 下用搅拌机搅拌糊化。淀粉乳浓度不宜过高，过高则液化难以完成。

（2）淀粉糊液化：将淀粉糊置于 85℃ 的水浴锅中，加入碳酸钠调 pH 至 6.2 左右，加入液化型耐高温 α-淀粉酶 1g，液化 30min，其间要不断搅拌，保证酶和淀粉充分接触。以碘色反应为红棕色、糖液中蛋白质凝聚好、分层明显、液化液过滤性能好为液化终点时的指标。液化时间过长液化水解程度过大，则不利于下一步糖化酶和底物生成配合物结构，从而影响催化效率。

（3）糖化：将淀粉液化液冷却至 55～60℃，加碳酸钠调 pH 至 4.5 左右，加入糖化酶 1g，然后进行搅拌，保温糖化 5h。

（4）灭酶、过滤：升温至 100℃ 持续 5min 灭活酶，然后进入净化工序，过滤除去淀粉糖化液中不溶性杂质。

（5）脱色：在糖液中加入 50g 活性炭，控制糖液温度为 80℃ 左右，搅拌 0.5h 后进行抽滤，利用活性炭的吸附作用脱色。

（6）离子交换：过滤后除去了不溶性杂质，但仍需进行离子交换处理以进一步除去糖液中水溶性杂质。脱色后将糖液温度冷却至 40～50℃，进入离子交换柱，利用离子交换树脂进行精制，除去糖液中各种残留的杂质离子、蛋白质、氨基酸等，使糖液纯度进一步提高。

（7）真空浓缩：精制的糖化液浓度较低，经真空浓缩后即得浓度较高的淀粉糖浆。

3. 异常工艺条件的实验设计

（1）提高淀粉乳的浓度。

（2）增加液化时间。

（3）液化和糖化过程不进行搅拌。

4. 成品评价

（1）感官要求：无色或微黄色、清亮、透明、黏稠液体，无可见杂质，甜味纯正、温和，无不良气味。

（2）理化指标：以终葡萄糖值（DE）计，DE 值 41%～60%，干物质≥50%，pH 值 4.0～6.0，透射比≥98%，硫酸灰分≤0.3%。

（3）评价方法：按照 GB/T 20882.2—2021《淀粉糖质量要求 第 2 部分：葡萄糖浆（粉）》进行评价。

四、思考与讨论

① 耐高温 α-淀粉酶和糖化酶的作用原理是什么？

② 在实验过程中过滤、离子交换起什么作用？

③ 为什么液化时间不能过长？

④ 分析不同水解程度对产品品质的影响。

五、参考文献

[1] GB/T 20882.2—2021. 淀粉糖质量要求 第 2 部分：葡萄糖浆（粉）.

[2] 孟伯强. 淀粉糖浆的生产技术. 中国调味品，1993，(8)：25-26.

[3] 綦菁华，王芳，庞美霞. 淀粉糊化及酶法制备淀粉糖浆及其葡萄糖值的测定. 食品化学实验. 北京农学院食品科学系.

六、数字资源

视频：爱课程/食品技术原理/14-1/媒体素材/果葡糖浆企业.

（孙平）

实验 9 花生油的热压榨

一、实验原理和目的

油脂的热压榨法是以热力和机械外力的作用，将油脂从热处理的油料中挤压出来的方法。油料作物（花生）的油滴与蛋白质结合而处于稳定乳化状态，存在于整个种子的超微结构之中。热处理使蛋白质变性而破坏乳化状态，微小油滴聚集成为具有流动性的较大油滴,在压榨的机械力作用下,油脂从油料作物(花生)组织中分离出来。本实验要求理解热压榨法制备花生油的原理,掌握花生油热压榨的制备方法。

二、实验材料和仪器设备

1. 实验材料
花生仁等。

2. 仪器设备
台式榨油机、蒸炒锅、破碎机、研钵、温度计、天平、台秤、筛网等。

三、实验内容

1. 工艺流程
花生仁→选拣→粉碎→过筛→蒸料→焙炒→降温→装料→压榨→出油→破碎→装料→压榨→出油→取渣→过滤→成品

2. 工艺要点
(1)筛选、去皮:手工清理市售花生仁中的杂质等,手工去除花生仁红色外皮。

(2)碾坯:先用破碎机将花生仁破碎至6～8瓣,每瓣长宽不应大于0.5cm。将破碎后的花生仁放置到研钵中进行碾压,碾压时花生仁不要铺得过厚,以免碾坯不均匀,碾出的生坯厚度在0.3～0.5mm为好。

(3)蒸坯:将碾好的生坯放置于蒸炒锅上层进行蒸坯。待蒸炒锅中的水加热至沸腾后,将碾好后的生坯均匀平铺在蒸炒锅的蒸屉上。蒸坯时间不低于30min,要求经感官可见有油脂溢出,水分在8.5%左右即为蒸好。

(4)装料:蒸好后的坯子即为熟坯,要迅速将熟坯装料至榨机,熟坯要压实,使中间略高。要求装料快而平,以达到保持饼温和延长压榨时间的要求。

(5)头道压榨:饼装好后要立即压榨,一般达到出油90%左右时,拆榨,卸饼,并用弯刀刮去饼边(不应同饼一起粉碎,最好掺到生坯中去,再进行头道压榨)。

(6)粉碎压坯:将刮去饼边的头道饼用粉碎机进行粉碎,使通过3目的筛子,直至全部筛过为止。

(7)二次压榨:操作均同前述。

(8)两次压榨所得的毛油合并过滤,滤后的花生油即为花生毛油。滤渣可掺入生坯中重复进行压榨。

(9) 包装成品：使用 PET 瓶装瓶，即得成品。

3. 异常工艺条件的实验设计

(1) 提高蒸坯的温度，延长蒸坯的时间。

(2) 碾坯环节将生坯破碎至 10 目以上。

4. 成品评价（以一级品计）

(1) 感官要求：具有花生油特有的香味和滋味；澄清、透明，无肉眼可见杂质。

(2) 理化指标：淡黄色至橙黄色；澄清透明；具有花生油固有的香味和滋味，无异味；水分及挥发物≤0.10％，不溶性杂质≤0.05％，酸价（以 KOH 计）≤1.0mg /g，过氧化值≤6.0mmol/kg，溶剂残留量（mg/kg）不得检出，加热试验（280℃）无析出物，油色不变。

(3) 评价方法：按照 GB/T 1534—2017《花生油》进行评价。

四、思考与讨论

① 影响压榨法制备花生油得率的主要因素是什么？

② 各工艺条件对花生油品质有什么影响？

③ 如何应用花生饼粕？

五、参考文献

[1] GB/T 1534—2017. 花生油.

[2] 周瑞宝，周兵，姜元荣. 花生加工技术. 2 版. 北京：化学工业出版社，2012.

[3] 刘玉兰. 油脂制取与加工工艺学. 2 版. 北京：科学出版社，2016.

[4] Fereidoon Shahidi. Bailey's Industrial Oil and Fat Products (16nd Ed). Hoboken, NewJersey：John Wiley & Sons，2005.

[5] 何东平. 油脂化学. 北京：化学工业出版社，2013.

六、数字资源

视频：爱课程/食品技术原理/13-1/媒体素材/花生油生产工艺.

（张焱）

实验 10　人造奶油的制作

一、实验原理和目的

人造奶油系指精制食用油添加水及其它辅料，经乳化、激冷，捏合成具有天然奶油特色的可塑性制品。在人造奶油中，内部的水相分散在外部的油相组分之中，它属于一种水在油中型（W/O）的乳化物。人造奶油中的乳化剂一般是卵磷脂、甘油单硬脂酸酯等。在这些乳化剂的作用下，人造奶油中形成了稳定的乳化体系。本实验要求理解人造奶油的制作原理和方法。

二、实验材料和仪器设备

1. 实验材料

植物油（推荐棕榈油）、单甘酯（HLB＝3.2）、卵磷脂（HLB＝4.0）、奶油香精、维生素 E、胡萝卜素、食盐等。

2. 仪器设备

量筒、不锈钢罐、温度计、恒温水浴锅、天平、高速搅拌器、盘管式杀菌机、激冷机、捏合机、恒温冷柜等。

三、实验内容

1. 工艺流程

植物油（推荐棕榈油）、水、辅料→调和→乳化→杀菌→激冷、捏合→包装、熟成→成品

2. 参考配方 1000g

植物油（推荐棕榈油）800mL、水 160mL、食盐 10g、单甘酯 3g、卵磷脂 1g、胡萝卜素 0.5g、香精 0.5mL、山梨酸钾 0.5g、维生素 E 0.5g、全脂乳粉 24g。

3. 工艺要点

（1）计量、调和：将所有原料按照极性分为油溶性成分和水溶性成分。将植物油按配方比例（成品总质量以 2000g 计算）经计量后倒入 3000mL 不锈钢罐。油溶性成分（乳化剂、着色剂、抗氧剂、香精、油溶性维生素等）及单甘酯等倒

入已放入植物油的不锈钢罐中，搅拌使之完全溶解。水溶性成分（食盐、防腐剂、全脂乳粉等）倒入 1000mL 不锈钢罐中，加入配方比例的水，加热溶解、搅拌均匀备用。

（2）乳化：将 3000mL 不锈钢罐中的油溶性成分加热到 60℃，搅拌，然后加入配方比例的相同温度的水溶性成分，边加热，边迅速搅拌，形成油包水型乳化液。搅拌时间为 30~40min，以便于形成大小适中的水包油滴（直径 1~5μm 的占 95%）。在此条件下，人造奶油风味好，细菌难以繁殖。

（3）杀菌：乳化液经盘管式杀菌机杀菌，先经 96℃的蒸汽热交换，高温 30s 杀菌，再经冷却水冷却，恢复至 55~60℃。

（4）激冷、捏合：杀菌后的乳状液经过水冷降温（至 30~40℃）送入激冷机，利用制冷剂激冷，使乳状液急速冷却。乳状液通过激冷筒时，温度降到 10~20℃（降温速率 5~10℃/min），此时乳状液温度已降至乳状液中植物油的熔点以下，乳状液中开始生成细小的结晶粒子，析出晶核，成为过冷液。过冷液虽已生成晶核，但如果让乳状液在静止状态下完成结晶，就会形成固体脂结晶的网状结构，结果使得被冷却的乳状液形成硬度很大的整体，不具可塑性。因而为取得具有一定塑性的人造奶油产品，必须在乳状液形成整体的网状结构之前，将网状结构用机械的方式打破，达到减稠的效果，并使产品具有可塑性。这一步骤通过捏合机的机械捏合得以实现，捏合速度为 200r/min。经过机械捏合，打碎原来形成的网状结构，使它重新结晶，降低稠度，增加可塑性。

（5）包装、熟成：从捏合机出来的人造奶油为半流体，要立即送往包装机。有些成型的制品则先经成型机后再包装。包装好的人造奶油置于比熔点低 10℃的仓库中保存 2~5d，以完成结晶。

4. 异常工艺条件的实验设计

（1）乳化时间过长，乳化程度过于激烈。

（2）只经过激冷不经过捏合工序。

（3）包装好的人造奶油在室温下熟成。

5. 成品评价

（1）感官要求：整体色泽均匀一致，颜色为白色、乳白色、乳黄色；口感适合，无酸败、哈败等异味；呈细腻均匀的半固体状。

（2）理化指标：水分≤16%，食盐≤2.5%，脂肪≥80%，酸价（以 KOH 计）≤1.0mg/g。

（3）评价方法：按照 NY 479—2002《人造奶油》进行评价。

四、思考与讨论

① 各组分在人造奶油中的作用是什么？

② 乳化的操作条件对人造奶油产品的品质有何影响？

③ 为什么人造奶油的生产要经过激冷和捏合的步骤？

④ 在人造奶油的工业化生产中，应选用什么设备？

五、参考文献

[1] NY 479—2002. 人造奶油.

[2] GB 15196—2015. 食品安全国家标准 食用油脂制品.

[3] 王道波. 油脂精炼与深加工技术. 北京：科学出版社，2014.

[4] 赵云霞. 油脂深加工技术一本通. 北京：化学工业出版社，2013.

[5] Fereidoon Shahidi. Bailey's Industrial Oil and Fat Products, 16nd Ed, Hoboken, New Jersey: John Wiley & Sons, 2005.

六、数字资源

视频：爱课程/食品技术原理/13-1/媒体素材/人造奶油、人造奶油制造.

（张焱）

第二章

焙烤和谷薯类食品工艺实验

实验1　快速发酵法点心面包的制作

一、实验原理和目的

点心面包是以小麦粉、酵母、食盐和水四种基本原料为基础，添加较多的乳制品、砂糖、油脂和蛋制品等辅助材料，经过面团调制、发酵及烘烤等工序制成的发酵面制品。在发酵过程中，酵母通过其代谢活动，利用面团配料中的糖分产生二氧化碳使面包体积膨大，获得柔软、蓬松的质地及发酵香味。快速发酵法是在一次发酵法基础上发展而来的，增加酵母用量，提高面团调制速度，添加面团改良剂，加速面团发酵速度，缩短面团发酵时间。面包改良剂通常是指由酶制剂、乳化剂等复合而成的生产面包的辅料。酶制剂一般有真菌 α-淀粉酶、木聚糖酶、葡糖氧化酶。它的作用是改善面筋网络的膜结构，增加膜的黏弹性，增大面包体积，提高面包柔软度。面包中使用最多的乳化剂有硬脂酰乳酸钠、硬脂酰乳酸钙、双乙酰酒石酸单双甘油酯、蔗糖脂肪酸酯等。它通过面粉中的淀粉和蛋白质互相作用，形成复杂的复合体，提高面包的加工性能，改善面包组织，延长保鲜期。本实验要求理解面包快速发酵生产法的基本原理，掌握点心面包的工艺方法、面包品质评定的一般方法及实验室各种仪器的使用方法。

二、实验材料和仪器设备

1. 实验材料

高筋粉、即发活性干酵母、面团改良剂（酵母营养盐）、乳粉、植物油、人造奶油、砂糖、食盐、馅料或果料等。

2. 仪器设备

多功能立式打粉机、恒温恒湿发酵箱、远红外线烤箱、操作台、台秤、温度计、面包体积测定仪、质构仪。

三、实验内容

1. 工艺流程

原辅料称量及预处理→面团调制→静置→面团成型→末次发酵→烘烤→冷却→成品

2. 参考配方

高筋粉1000g、即发活性干酵母（高糖）30g、面团改良剂10g、盐5g、砂糖180g、乳粉40g、植物油20mL、人造奶油20g、水550mL、适量馅料或果料（如葡萄干）100g。

3. 操作要点

（1）按实际用量称量各原辅料，并进行一定处理。取适量调粉用水将酵母溶解；人造奶油加热熔化；并取适量调粉用水将糖、盐溶解，乳粉也需事先调成乳浊液备用。拣出葡萄干中杂质，用水冲洗干净，并用干净纱布吸干表面的水分。

（2）面团调制：将面粉、面团改良剂及大部分水在调粉机中预混，加入酵母液和已溶好糖、盐水、乳粉的乳浊液，低速搅拌5min成团后，加入油脂，先低速2min，再中速10min，直到面团成熟。制作添加果料的面包，在面团调制后期加入果料，混匀即可。测量面团温度。

（3）调制好的面团在室温静置约15min，开始定量分割。

（4）面团成型：均匀分割面团，轻轻揉圆，然后静置15min，压扁后自行设计造型（包馅面包在此时包入馅料），并摆盘。

（5）末次醒发：在恒温恒湿醒发箱中进行，条件为温度38～40℃，相对湿度85%，时间约30min。

（6）烘烤：从恒温恒湿醒发箱中取出，放入烤炉中烘烤，注意操作时一定要轻拿轻放。烤炉温度上火180～190℃，下火200℃，烘烤5～10min。在烘烤过程中注意上下火的调节，观察面包坯体积和颜色的变化，控制好烘烤条件。

（7）自然冷却：从烤炉中取出经烘烤的制品，摆放在洁净冷却架子上，在室温下自然冷却。

4. 成品评价

（1）感官要求：形态完整，丰满，无黑泡或明显焦斑，形状应与品种造型相符；表面色泽为金黄色或淡棕色，色泽均匀，正常；内部组织细腻，有弹性，气孔均匀，纹理清晰，呈海绵状；具有发酵和烘烤后的面包香味，松软适口，无异味；无可见的外来异物。

（2）理化指标：水分≤45%，酸度≤6°T。

采用面包体积测定仪测量面包比体积（比体积＝面包体积/面包质量），应用质构仪测定面包硬度、弹性、咀嚼性等感官质地指标，并与主观感官评定结果相比较。

（3）评价方法：按照 GB/T 20981—2021《面包质量通则》进行。

四、思考与讨论

① 制作面包时如何挑选酵母品种？
② 在烘烤面包坯时，确定烘烤条件应考虑哪些因素？
③ 分析快速发酵法制作面包的优缺点。

五、参考文献

[1] GB/T 20981—2021. 面包质量通则.

[2] GB 7099—2015. 食品安全国家标准 糕点、面包.

[3] 赵晋府. 食品工艺学. 2版. 北京：中国轻工业出版社，2007.

[4] Karel Kulp, Joseph G Ponte, Jr. Handbook of Cereal Science and Technology. 2nd Ed. CRC Press，2002.

六、数字资源

视频：爱课程/食品技术原理/14-1/媒体素材/硬面包圈.

（李文钊）

实验2　改良二次发酵法主食面包的制作

一、实验原理和目的

主食面包是以小麦粉、酵母、食盐和水基本原料为主，添加少量乳制品、砂糖、油脂等辅助材料，经过面团调制、发酵及烘烤等工序制成的发酵面制品。在发酵过程中，由于配料中添加的糖量少，酵母主要是利用小麦粉中所含的糖类，产生二氧化碳使面包体积膨大，获得柔软、蓬松的质地及发酵香味。二次发酵法由于发酵时间较长、发酵较充分，积累的发酵香味浓郁。本实验在传统二次发酵法基础上采用添加面团改良剂，适度缩短制作时间的面包加工方法。本实验要求理解主食面包的基本工艺，掌握面包面团调制的基本配方，学会正确判定打粉、发酵、烘烤等工序的终点，学习使用立式打粉机和恒温恒湿发酵箱等设备，学会面包品质的一般评定方法。

二、实验材料、工器具、设备

1. 实验材料

高筋粉、即发活性干酵母、砂糖、食盐、起酥油、水、面团改良剂。

2. 仪器设备

多功能立式打粉机、恒温恒湿发酵箱、远红外线烤箱、台秤、面盆、水分测定仪器、面包体积测定仪、质构仪等。

三、实验内容

1. 工艺流程

原辅料称量及预处理→第一次调粉→第一次面团发酵→第二次调粉→静置→面团成型→末次发酵→烘烤→冷却→成品

2. 参考配方

第一次调粉：高筋粉 700g、即发活性干酵母（低糖）10g、面团改良剂 1g、水 400mL。

第二次调粉：高筋粉 300g、砂糖 50g、盐 18g、起酥油 20g、水 200mL。

3. 操作要点

（1）按实际用量称量各原辅料，并进行一定处理。用适量打粉用水将酵母溶解，面粉需过筛，必须用打粉水事先溶化糖和盐，固体油脂需在电炉上熔化。

（2）将 70% 的面粉和其它材料全部加入立式打粉机中进行第一次面团调制，先低速搅拌约 4min，再高速约 2min，调至面团成熟，面团温度控制在 24℃。

（3）调好的面团以圆团状放入面盆内，在恒温恒湿发酵箱内进行第一次发酵，发酵条件为温度 27℃左右，相对湿度 70%～75%，发酵时间约 4.5h，发酵至成熟。

（4）将除油脂以外的所有原料同发酵结束的面团一起放入打粉机中，进行第二次面团调制。先低速 3min，高速约 6min，成团后将油脂加入，再低速 3min，高速 6min 搅拌，调至面团成熟。

（5）取出调制好的面团，在室温下醒发约 20min。

（6）面团成型：均匀分割面团后轻轻搓圆，然后静置 5～10min，再将静置后的面团压扁，用面棒擀成片，反复三折后，再横向对放入模型中。

（7）将已成型好的面包坯放入恒温恒湿发酵箱进行末次发酵，条件控制为温度 38～40℃，相对湿度 85%，时间约 40min。

（8）然后取出烘烤，条件为温度 220℃，时间约 35min。

（9）从烤炉中取出烘烤的制品，摆放在洁净冷却架子上，在室温下自然冷却。

4. 成品评价

（1）感官要求：形态完整，丰满，无黑泡或明显焦斑，形状应与品种造型相符；表面色泽为金黄色或淡棕色，色泽均匀、正常；内部组织细腻，有弹性，气孔均匀，纹理清晰，呈海绵状；具有发酵和烘烤后的面包香味，松软适口，无异味；无可见的外来异物。

（2）理化指标：水分≤45%，酸度≤6°T。

采用面包体积测定仪测量面包比体积（比体积＝面包体积/面包质量），应用质构仪测定面包硬度、弹性、咀嚼性等感官质地指标，并与主观感官评定结果相比较。

（3）评价方法：按照 GB/T 20981—2021《面包质量通则》进行。

四、思考与讨论

① 良好的面包面团对面粉有什么要求？

② 分析第一次调粉中面粉比例对面包产品品质及主要加工工序的影响。

③ 观察面包坯在烘烤中发生哪些变化并分析变化原因。

④ 说明改良二次发酵法制作主食面包具有哪些特点。

五、参考文献

[1] GB/T 20981—2021. 面包质量通则.

[2] GB 7099—2015. 食品安全国家标准 糕点、面包.

[3] 赵晋府. 食品工艺学. 2版. 北京，中国轻工业出版社，2007.

[4] Karel Kulp，Joseph G Ponte，Jr. Handbook of Cereal Science and Technology，(2nd Ed)，CRC Press，2002.

六、数字资源

视频：爱课程/食品技术原理/14-1/媒体素材/面包（中文字幕）.

（李文钊）

实验 3　法棍面包的制作

一、实验原理和目的

法棍面包（法语：Baguette），是一种传统的法式面包。法棍面包表皮松脆，内心柔软而稍具韧性，咀嚼产生浓郁的麦香。法棍面包的配方简单，仅用面粉、水、盐和酵母四种基本原料，通常不加糖，不加乳粉，不加或几乎不加油脂，小麦粉未经漂白，不含防腐剂。法规还规定了面包形状、质量及表面划口的数目。法棍面包的配料虽然简单，但要求严格，需要选用高筋粉和鲜酵母，经历 16h 低温发酵，发酵因时间长而充分，有利于形成浓郁的发酵香味。本实验学习法棍面包的基本工艺和配方，掌握法棍面包制作要点及品质评定方法。

二、实验材料与仪器设备

1. 实验材料
高筋面粉和低筋面粉、鲜酵母、食盐、饮用水。

2. 仪器设备
多功能立式打粉机、恒温恒湿发酵箱、远红外线烤箱、台秤、面盆等。

三、实验内容

1. 工艺流程
原辅料称量→和面→发酵→成型→末次发酵→烘烤→冷却→成品

2. 参考配方
高筋面粉 900g、低筋面粉 100g、鲜酵母 20g、食盐 15g、饮用水 600mL。

3. 操作要点
（1）按实际用量称量各原辅料，并进行一定处理。用适量打粉用水溶解酵

29

母，面粉需过筛，盐可用打粉水事先溶化。

（2）将高筋面粉和剩余的水加入立式打粉机中调制面团，开启搅拌，缓慢依次加入酵母液及盐水，先低速搅拌约 4min，再中速搅拌 10～12min，调至面团成熟，检测面团成膜性判断是否到达调制终点，面团温度控制在 23℃。

（3）调好的面团以圆团状放入面盆内，在恒温恒湿发酵箱内进行第一次发酵，发酵条件为温度 23℃，相对湿度 65％，发酵 0.5h 取出翻揉，再放回面盆，在面盆上覆盖保鲜膜，将面盆置于 4℃ 低温发酵 16h；取出，自然回温至室温。

（4）将面团分割成 250g 剂子，轻拍面团后将剂子拉成一个长条的形状，然后用手掌按压，将长条裹成擀面杖的形状，放入烤盘中，调节温度为 28℃，湿度为 65％，发酵 30min 后取出，中间发酵完成。

（5）用手按压面团排出多余的空气，以便酵母充分和面团混合，可以发酵得更彻底。将面团用手掌卷成长卷形，尽量让面卷紧实，摆入烤盘中进行最后的发酵。如果没有法棍面包专用烤盘，则在烤盘上铺棉布保证法棍面包的受热均匀，每个法棍有独立空间，避免膨胀后相互粘连，影响外形。最后发酵温度为 30℃，湿度为 65％，醒发 45min。

（6）取出发酵好的法棍面包用刀片划口，划口时刀片倾斜 45°，收刀时划弧线。每条 15° 的划口长约 10cm，彼此交叠 2cm，每刀的深度为 0.5～1cm。然后将面包放入烤箱中进行烘烤，设置上火温度为 200℃，下火温度为 220℃。烘烤时若烤箱没有蒸汽功能则应在面包表面喷水后进行烘烤，烤制 20～25min。

（7）从烤炉中取出经烘烤的制品，摆放在洁净冷却的架子上，在室温下自然冷却。

4. 成品评价

（1）质量要求：法棍面包的感官要求、理化指标依据 GB/T 20981—2021 之规定。其表皮酥脆，内心柔软而稍具韧性，耐咀嚼，发酵麦香味浓郁。法棍的标准直径为 5～6cm，但面包本身可以做得长达 1m，其最小长度通常认为不能小于 80cm。一个典型的法棍面包重 250g。

（2）评价方法：按照 GB/T 20981—2021《面包质量通则》进行。

四、思考与讨论

① 法棍面包制作的技术关键是什么？

② 为什么法棍面包变干时变韧难咀嚼，完全干透之后却变得酥脆？

③ 分析面包表面出现小气泡，并且表皮发干的原因。

④ 哪些原因造成面包在烤制过程中膨胀不充分，出现气孔扁平的现象？

五、参考文献

［1］GB/T 20981—2021. 面包质量通则.

［2］GB 7099—2015. 食品安全国家标准 糕点、面包.

［3］赵晋府. 食品工艺学. 2 版. 北京：中国轻工业出版社，2007.

［4］Karel Kulp，Joseph G Ponte，Jr. Handbook of Cereal Science and Technology. 2nd Ed. CRC Press，2002.

六、数字资源

视频：爱课程/食品技术原理/14-1/媒体素材/法式面包的制作.

（李文钊）

实验 4　羊角面包的制作

一、实验原理和目的

羊角面包（croissant）的主要原料为面粉、糖、鸡蛋，含有脂肪、碳水化合物等营养成分，热量高，是法国人喜欢的早餐食品之一。羊角面包起酥，起层，口感酥软，层次分明，奶香浓郁，质地松软。其加工工艺复杂，面团经过搅拌和发酵之后，还要经过低温冷冻起酥过程，即将低温处理的面团滚压成薄面片，均匀地包裹油脂后折叠，使包裹油脂的面团产生层次，面皮之间被油脂隔离不混淆。出炉后表面刷油，冷却后可撒上糖粉或者果酱进行装饰。通过本实验理解羊角面包生产原理，掌握羊角面包的制作工艺。

二、实验材料和仪器设备

1. 实验材料

高筋面粉、低筋面粉、酵母（高糖）、砂糖、食盐、奶油、起酥油、乳粉、鸡蛋、水。

2. 仪器设备

多功能立式打粉机、恒温恒湿发酵箱、冰箱、远红外线烤箱、台秤、面盆等。

三、实验内容

1. 工艺流程

原辅料称量→面团调制→冷冻→起酥→整形→末次发酵→烘烤→冷却→成品

2. 参考配方

高筋面粉 800g、低筋面粉 200g、砂糖 160g、食盐 12g、奶油 80g、起酥油 50g、乳粉 80g、酵母（高糖）35g、鸡蛋 150g、饮用水 500mL。

3. 操作要点

（1）按实际用量称量各原辅料，用适量打粉用水将酵母溶解，面粉需过筛，必须用打粉水事先溶化糖和盐，奶油需在电炉上熔化。

（2）将面粉和剩余水加入立式打粉机中进行面团调制，先低速搅拌，同时，依次加入酵母液、糖水，初步成团后，再加入食盐水和奶油，低速混匀后，再中速 4～6min 调至面团结实，有光泽，有弹性。当用手拉起时具有伸展性但容易断裂，裂口平滑，则完成面团的搅拌。

（3）用塑料薄膜盖住面团，在室温下松弛 15min。

（4）冷冻：将面团压成长方形，用塑料薄膜将面团裹好，防止冷冻时面团水分的流失，放入 −10℃ 的冷冻室冷冻 2～3h。

（5）将冷冻降温的面团取出后在室温下放置约 20min。

（6）起酥：起酥油用塑料薄膜包裹，按压成一个长 50cm，宽 30cm 的长方形。取出冷冻面团，若面团过硬则放置一段时间，待面团软化后再操作。用走锤把面团擀成 90cm 长，50cm 宽，1cm 厚的面块。擀面时尽量平整，厚度一致。然后将起酥油放在面团中央，将两边的面团拉起，往中央折叠，完全包住起酥油，将面团露出起酥油的边缘捏紧，并轻轻将面团压平整。用走锤敲打后擀成 1cm 厚的面片，形状与没有放置起酥油时一致，继续将面片折叠 3 层，此方法被称为三折法。折叠时尽量平整，用塑料薄膜包装，放入冷冻室，松弛 15～20min。取出面片后，以前面所述的三折法，用走锤敲打压延，重复制作两次，最后用塑料薄膜包装，放入冷冻室松弛 15～20min。

（7）整形：将面团切成底长 8cm，高 20cm 的等腰三角形，平均厚度为 0.3～0.4cm。然后从三角形的底开始卷起，松紧度适度，放入烤盘。

（8）末次发酵：将烤盘放入恒温恒湿发酵箱，设置温度为 30～32℃，相对湿度为 65％～70％，时间为 45～60min，发酵至体积增大 1 倍。

（9）在面团上刷上蛋液，放入烤箱中，设置上火 200℃，下火 180℃，烤制 10~15min。当面包呈现金黄色光泽时出炉。

（10）从烤炉中取出烘烤的制品，摆放在洁净冷却架上，在室温下自然冷却。

4. 成品评价

（1）质量要求：羊角面包感官要求、理化指标依据 GB/T 20981—2021 之规定。其形状呈四分之一月牙状，饱满，外皮呈金黄色，有层次。撕开一角，内层呈蜂窝状，松软酥脆，颜色呈米黄色，口感酥松；入口后微酸、有淡淡的麦芽味，并能感受到奶油和小麦粉的混合香气。

（2）评价方法：按照 GB/T 20981—2021《面包质量通则》进行。

四、思考与讨论

① 羊角面包制作有哪些关键点？

② 为什么搅拌后再加入盐和奶油？

③ 为什么面团醒发一定时间后，保气能力下降，出现很多小气泡和结构塌陷？

④ 面包烤好后，其表面起皱是什么原因？

五、参考文献

[1] GB 7099—2015. 食品安全国家标准 糕点、面包.

[2] GB/T 20981—2021. 面包质量通则.

[3] Karel Kulp, Joseph G Ponte, Jr. Handbook of Cereal Science and Technology. 2nd Ed. CRC Press，2002.

六、数字资源

视频：爱课程/食品技术原理/14-1/媒体素材/法式面包制作技术.

（李文钊）

实验5 海绵蛋糕的制作

一、实验原理和目的

海绵蛋糕是以鸡蛋、小麦粉、糖为主要原料，通过打蛋、拌粉、注模及烘烤等工序制成的高蛋白、低脂肪、高糖分食品，配料中基本不使用油脂，口味清淡，是蛋糕的基本类型之一。它依靠蛋清蛋白质的搅打发泡性能，将空气包裹在蛋液膜中，加入其中的糖能增加浆液的黏度，可起到稳定泡沫的作用。蛋糕工业目前使用具有显著乳化作用的蛋糕油，乳化剂的应用可缩短打蛋时间，提高蛋糕面糊泡沫的稳定性，简化蛋糕生产工艺流程，显著改善蛋糕质量，显著增大蛋糕体积，提高蛋糕出品率，并延长蛋糕保质期。本实验要求理解蛋糕生产的基本工艺原理，掌握蛋糕面浆调制过程和烘烤过程。认识乳化剂在蛋糕制作中的功能。

二、实验材料与仪器设备

1. 实验材料

面粉、鸡蛋、砂糖、泡打粉、蛋糕油、食盐、饴糖、食用油、青丝、奶油等。

2. 仪器设备

立式打粉机、远红外烤箱、台秤、打蛋盆、面盆、操作台、蛋糕模板或模具、烤盘、刮刀、切刀、面包体积测定仪、质构仪等。

三、实验内容

1. 工艺流程

配料→打蛋→拌粉→注模→烘烤→冷却→成品

2. 参考配方

一般蛋糕配方：面粉1000g、蛋液840g、砂糖740g、饴糖210g、蛋糕油适量、泡打粉20g、食用油0.7mL。

奶油蛋糕卷配方：面粉1000g、蛋液1200g、砂糖700g、奶油400g、蛋糕油适量、葡萄干100g、青丝1g、泡打粉20g。

3. 操作要点

（1）将各原料按配方比例依次称好后，首先将蛋液、砂糖加入，边低速搅拌边加入水，然后快速搅拌5min，加入蛋糕油后再高速搅打5min，使其发泡，至体积增加2～3倍为止；将香精、油脂等其他辅料加入，轻轻搅拌均匀。

（2）在打好的蛋液中加入面粉，轻轻搅拌均匀即可。

（3）将面浆注入烤模中，所注入面浆体积为烤模体积的70%，烤模需事先刷油预热。

（4）在200℃的烤炉中缓慢烘烤，烘烤时要注意经常观察，不要烤黑，烤熟后自然冷却。

4. 成品评价

（1）质量要求：海绵蛋糕的感官要求、理化指标依据 GB/T 24303—2009 之规定。其外形完整；块形整齐，大小一致；表面略鼓，底面平整；无破损，无粘连，无塌陷，无收缩，外部色泽呈金黄至棕红色，无焦斑，剖面淡黄，色泽均匀，组织松软有弹性；剖面蜂窝状，小气孔分布较均匀；带馅类的馅料分布适中；无糖粒，无粉块，无杂质。滋味气味爽口，甜度适中，有蛋香味及该品种应有的风味；无异味。

采用面包体积测定仪测量蛋糕比体积（比体积＝蛋糕体积/蛋糕质量），应用质构仪测定蛋糕硬度、弹性、咀嚼性等感官质地指标，并与主观感官评定结果相比较。

（2）评价方法：按照 GB/T 24303—2009《粮油检验 小麦粉蛋糕烘焙品质试验 海绵蛋糕法》进行。

四、思考与讨论

① 影响蛋液打发的因素有哪些？

② 调制蛋糕面浆先用蛋液和砂糖搅拌发泡的作用是什么？

③ 通过实验分析乳化剂的最佳加入方式及添加量。

④ 如何掌控蛋糕的烘烤条件？

五、参考文献

［1］GB/T 24303—2009. 粮油检验 小麦粉蛋糕烘焙品质试验 海绵蛋糕法.

［2］刘江汉等. 焙烤工业实用手册. 北京：中国轻工业出版社，2003.

［3］Duncan Manley. Technology of Biscuits，Crackers and Cookies. 3rd Ed. CRC Press LLC，2011.

六、数字资源

视频：爱课程/食品技术原理/14-1/媒体素材/点心蛋糕.

（李文钊）

实验 6　浆皮月饼的制作

一、实验原理和目的

浆皮月饼又称为糖浆皮月饼、糖皮月饼，它是以小麦粉、转化糖浆、油脂为主要原料制成饼皮，经包馅、成型、烘烤（或不烘烤）等工艺加工制成的一类饼皮紧密、口感柔软的月饼。馅料品种繁多，如金腿、莲蓉、豆沙、枣泥、椰蓉、冬蓉等。饼皮面团由转化糖浆或饴糖调制而成，饼皮甜而松软，含油不多，在调粉过程中，因高浓度糖浆降低面筋的含量，使面团既有韧性，又有可塑性，制品表面光洁，纹印清晰，不易干燥、变味。通过本实验掌握浆皮月饼馅和皮制作的基本工艺，掌握包制和烘烤技能以及产品质量评价的方法。

二、实验材料和仪器设备

1. 实验材料

面粉、起酥油、鸡蛋、葡萄糖浆、砂糖、植物油、食盐、干果、蜜饯、膨松剂。

2. 仪器设备

多功能打粉机、远红外烤箱、烤盘、台秤、面盆、操作台、月饼模具、刮刀、切刀等。

三、实验内容

1. 工艺流程

葡萄糖浆、水、砂糖、油脂、面粉

熬煮糖浆 → 冷却 → 乳化 → 面团调制 → 分皮

　　　　　　　馅料调制 → 分馅 → 包馅 → 成型 → 刷蛋液 → 烘烤 →

　　　　　　　冷却 → 包装

2. 参考配方

（1）皮料配制（单位：kg）

面粉 16.5、砂糖 6.5、葡萄糖浆 1.5、花生油 3.5、碳酸氢钠溶解用水 0.25、碳酸氢钠 0.1、熬糖浆用水 3.5、成品蛋面用鸡蛋 2。

（2）馅料配制

① 金腿馅料配方（单位：kg）

砂糖 17.5、花生油 1.5、糖玫瑰 3、五香粉 0.35、熟糯米粉 6、白膘肉 13.5、橄榄仁 2、瓜子仁 4、核桃仁 4、芝麻仁 4、瓜条 3、大曲酒 0.25、火腿 3、香油 0.5、胡椒粉 0.35、精盐 0.13。

② 百果馅料配方（单位：kg）

砂糖 19、花生油 3、糖玫瑰 2、熟糯米粉 5、白膘肉 15、橄榄仁 2、瓜子仁 4、核桃仁 4、芝麻仁 5、瓜条 5、橘饼 1、蜜饯金橘 3、杏仁 3。

③ 豆沙馅料配方（单位：kg）

砂糖 32、红豆 24、花生油 11、糖玫瑰 3、熟面粉 2。

④ 枣泥馅料配方（单位：kg）

砂糖 16.5、花生油 13、绿豆粉 3、枣 37.5、熟糯米粉 3。

3. 操作要点

（1）熬糖浆

砂糖 1kg、水 0.5kg、葡萄糖浆 55kg 一起投入锅中，加热熬制，用木铲搅拌，防止焦化。当糖液煮沸后滤去杂质，继续煮沸，当糖液温度上升至 104～105℃，浓度为 72%～73% 时立即停止加热，冷却后放置 2～3h 后方可使用。

（2）面团调制

将糖浆、面粉、油、碳酸氢钠在和面机内调成浆皮面团。要求面团筋力适当，软硬适度，细腻，具有一定可塑性，再制成小剂待用。

（3）馅料制作

馅料以果脯为主，以擦制法制馅，馅中加入适量的调味料和米粉，不加熟面，以控制糖分流动。糖和炒米粉保持 10：3 的比例。

（4）分摘、包馅、成型

产品包馅，先将剂坯用手掌按成中间厚、四周薄的饼状，其面积以能包住馅的三分之二为宜。然后一手拿起馅团，另一手将皮置于馅团上，再边提边移动，逐渐收严剂口，然后封口朝上放入木质印模中，用手掌逐个按紧，按平，放入烤盘中。

（5）烘烤

入炉温度一般在 210～240℃，约 10min，当制品烤至呈金红色时即可出炉。

4. 成品评价

（1）质量要求：浆皮月饼的感官要求、理化指标应符合 GB/T 19855—2015 的规定。其外形饱满，轮廓分明，花纹清晰，不坍塌、无跑糖及露馅现象；表面光滑，饼面棕黄或棕红，色泽均匀，腰部呈乳黄色或黄色，底部棕黄不焦；无杂色；皮馅薄厚均匀，无脱壳，无大空隙，无夹生；无异味；无正常视力可见的杂质。

（2）评价方法：按照 GB/T 19855—2015《月饼》进行评价。

四、思考与讨论

① 浆皮类糕点制作需注意什么问题？

② 浆皮类糕点具有哪些特点？

③ 面团与馅料之间软硬度、温度差异与月饼品质的关系如何？

五、参考文献

［1］GB/T 19855—2015. 月饼.

［2］刘江汉等. 焙烤工业实用手册. 北京：中国轻工业出版社，2003.

［3］蔺毅峰，杨萍芳，晁文. 焙烤食品加工工艺与配方. 北京：科学出版社，2006.

六、数字资源

视频：爱课程/食品技术原理/14-1/媒体素材/月饼新产品.

（李文钊）

实验 7　酥性饼干的制作

一、实验原理和目的

酥性或甜酥性饼干面团俗称冷粉，这种面团要求具有较大程度的可塑性和有限的黏弹性，使操作中的面皮有结合力，不粘辊筒和模型。成品有良好的花纹，形态不收缩变形，烘烤后有一定程度的胀发率。要求制作工艺中尽量减少面筋形成量，因此，可以通过控制加料顺序（先将糖、油、水等各种辅料充分搅拌均匀，然后再投入面粉和淀粉调制成面团，从而防止面筋蛋白与水接触，减少面筋的形成量）、增加糖与油数量（油、糖比例一般为1∶2左右，油、糖与小麦粉之比为1∶2左右），控制加水量、控制调粉时间和降低水温（面团和好的温度小于30℃）等措施来实现。本实验要求理解酥性饼干的制作原理，掌握酥性饼干加工的工艺流程、工艺要点和主要设备以及影响工艺效果的主要因素。

二、实验材料和仪器设备

1. 实验材料

小麦粉、鸡蛋、水、碳酸氢钠（小苏打）、碳酸氢铵、油脂、砂糖、奶粉、浓缩卵磷、饴糖等。

2. 仪器设备

调粉机、小型多用饼干成型机、远红外食品烤箱、面盆、烤盘、研钵、刮刀、帆布手套、台秤、卡尺、面筛、切刀、调温调湿箱、压片机、手工成型模具、擀筒、打蛋机、注浆机或挤浆布袋等。

三、实验内容

1. 工艺流程

面团的调制→辊轧→成型→烘烤→冷却→成品

2. 工艺要点

（1）面团的调制：先将糖、油脂、乳品、蛋品、膨松剂等辅料与适量水（控制最终面团含水量16%～20%为宜）投入调粉机内均匀搅拌形成乳浊液，然后将过筛小麦粉、淀粉加入调粉机内，调制6～12min，最后加入香精、香料。

判断方法：在调制面团过程中，要不断用手感来鉴别面团的成熟度。即在调粉缸中取出一小块面团，观察有无水分及油脂外露。如果用手搓捏面团不粘手，软硬适度，面团上有清晰的手纹痕迹，当用手拉断面团时感觉稍有联结力和延伸力，没有收缩观象，这证明面团的可塑性良好，已达到最佳程度。

（2）辊轧：酥性面团调制后一般不需要静置即可轧片。一般以3～7次单向往复辊轧即可，也可采用单向一次辊轧，轧好的面片厚度为2～4mm，较韧性面团的面片厚。

（3）成型：成型可采用辊切成型方式进行。

（4）烘烤：酥性饼坯炉温控制在240～260℃，烘烤时间为3.5～5min，饼干表面呈微红色为宜，控制成品含水率为2%～4%。

（5）冷却：饼干出炉后应及时冷却，使温度降到25～35℃，在夏、秋、春的季节中，可采用自然冷却法。如果加速冷却，可以使用风吹，但空气的流速不宜超过 2.5m/s。

3. 产品评价

（1）感官要求：色泽呈金黄色，无阴影，无焦边。块形整齐，厚薄一致，花纹清晰，不缺角，不变形，不起泡。组织细腻，有细密均匀的小孔，无杂质，饼干酥脆。酥松香脆，无异味。

（2）理化指标：水分≤4.0%，碱度（以碳酸钠计）≤0.4%。

（3）评价方法：按照 GB/T 20980—2021《饼干质量通则》进行评价。

四、思考与讨论

① 如何减少面筋的形成量？

② 饼干产生收缩变形的原因是什么？

③ 如何解决饼干冷却后依然发软、不松脆的情况？

五、参考文献

[1] 江连洲. 粮油食品加工及检验. 北京：中国林业出版社，2012.

[2] 蔡晓雯，庞彩霞，谢建华. 焙烤食品加工技术. 北京：科学出版社，2011.

[3] 马道荣，杨雪飞，余顺火. 食品工艺学实验与工程实践. 合肥：合肥工业大学出版社，2016.

[4] GB/T 20980—2021. 饼干质量通则.

六、数字资源

视频：爱课程/食品技术原理/14-1/媒体素材/饼干的加工.

（胡爱军）

实验 8　韧性饼干的制作

一、实验原理和目的

韧性饼干在国际上称为硬质饼干，一般使用中筋小麦粉制作，面团中油脂与砂糖的比例较低，油、糖比例为 1∶2.5 左右，油、糖与小麦粉之比为 1∶2.5 左右。碳酸氢钠和碳酸氢铵作为膨松剂。为了使面筋充分形成，调粉的时间较长，以便形成韧性极强的面团。韧性饼干的表面较光洁，花纹呈平面凹纹，通常带有针孔，香味淡雅，质地较硬且松脆，其横断面层次比较清晰。通过本实验学习韧性面团形成的基本原理和调制方法，掌握韧性饼干制作的基本工艺和配方，学习韧性饼干制作的基本技能和产品质量评价的方法。

二、实验材料和仪器设备

1. 实验材料

饼干专用粉、猪油、豆油、砂糖粉、食盐、鸡蛋、淀粉、全脂乳粉、碳酸氢钠（小苏打）、碳酸氢铵、柠檬酸、亚硫酸氢钠、磷脂、抗氧化剂、奶油香精、香兰素、水。

2. 仪器设备

调粉机、电烤炉、烤盘、起酥机、台秤、面盆、操作台、饼干模具、刮刀、切刀。

三、实验内容

1. 工艺流程

面粉、淀粉、全脂乳粉、香精、水、砂糖粉、磷脂、油脂等

食盐、碳酸氢钠 → 面团调制

静置

辊轧

成型与装盘

烘烤 → 冷却 → 整理 → 包装 → 入库

2. 参考配方

牛奶饼干：饼干专用粉 940g、淀粉 60g、砂糖粉 320g、猪油 70g、豆油 80mL、全脂乳粉 40～60g、鸡蛋 60～80g、食盐 2g、碳酸氢钠 7g、碳酸氢铵 5g、抗氧化剂 0.02g、柠檬酸 0.04g、亚硫酸氢钠 0.04g、奶油香精 0.5mL/1000g（面粉＋淀粉）、香兰素 0.24mL、磷脂 15g、饮用水 280～340mL。

3. 操作要点

（1）面团的调制：先将砂糖粉与油脂、食盐、蛋液混合均匀，加入膨松剂、

抗氧化剂，最后加入预先混合均匀的面粉、淀粉和乳粉，如面团较硬加入少量的水，调制成具有一定韧性和可塑性的面团。使用立式单桨调粉机将调制时间控制在 30～40min，如采用双桨卧式调粉机将调制时间控制在 20～25min，转速控制在 25r/min；面团温度控制在 38～40℃；面团的含水量控制在 18%～24%。面团调制终点的判断：调制好的面团面筋网络结构被破坏，面筋中部分水分向外渗出，面团明显柔软，弹性显著减弱，面团表面光滑、颜色均匀，有适度的弹性和塑性，撕开面团，其结构如牛肉丝状，用手拉伸会出现较强的结合力，拉而不断，伸而不缩，这标志着面团调制的完成。

（2）静置：调制好的面团需要静置 10～20min，以减小内部张力，防止饼干收缩。

（3）辊轧：静置后的面团放在起酥机上进行辊轧，最终使面皮带厚度达到 2.5～3.0mm。在辊轧过程中，注意每次辊轧的压延比（辊轧前面带的厚度与辊轧后面带的厚度之比）不应超过 3：1，辊轧次数以 9～13 次为宜，轧面时起酥机上下两辊间距的变换次数不宜过多。在辊轧过程中面带需要进行折叠，并旋转 90°，以便使面带内部所受到的应力均匀。

（4）成型与装盘：将辊轧好的面带平铺在操作台上，用打孔拉辊在面带上打孔，然后使用饼干模具制成各种形状的饼干坯，或使用带花纹的切刀切成相同形状、相同大小的饼干坯。再将成型后的饼干坯均匀地摆放在烤盘中。

（5）烘烤：采用先低温后高温，较长时间烘烤的方法，炉温为 180～220℃，烘烤 8～10min。

（6）冷却：在 25℃的室温下，使产品自然冷却至 38～40℃。

4. 成品评价

（1）感官要求：外形完整，花纹清楚或无花纹，一般有针孔，薄厚均匀，不收缩，不变形；呈金黄色、棕黄色或该品种应有色泽，色泽基本均匀；具有该品种应有的香味，无异味，口感松脆细腻，不粘牙；断面结构有层次或多孔，冲泡呈糊状；无油污，无不可食用异物。

（2）理化指标：水分≤4.0%，碱度（以碳酸钠计）≤0.4%。

（3）评价方法：按照 GB/T 20980—2021《饼干质量通则》进行评价。

四、思考与讨论

① 为什么韧性饼干面团需要较长时间调制？怎样判定调制的终点？

② 韧性饼干面团辊轧过程中须注意哪些事项？

③ 韧性饼干为什么需要采用先低温后高温，较长时间烘烤的方法？

五、参考文献

[1] GB/T 20980—2021.饼干质量通则.

[2] 刘江汉等.焙烤工业实用手册.北京：中国轻工业出版社，2003.

[3] 贡汉坤等.焙烤食品生产技术.北京：科学出版社，2004.

[4] 蔺毅峰，杨萍芳，晁文.焙烤食品加工工艺与配方.北京：科学出版
社，2006.

六、数字资源

视频：爱课程/食品技术原理/14-1/媒体素材/韧性饼干、饼干的加工.

（李飞）

实验 9　发酵饼干的制作

一、实验原理和目的

发酵饼干是利用生物膨松剂酵母与化学疏松剂相结合的发酵性饼干，可分为咸发酵饼干和甜发酵饼干两种。酵母在生长繁殖过程中产生二氧化碳，使面团胀发，在烘烤时二氧化碳受热膨胀，再加上油酥的起酥效果，形成疏松的质地和清晰层次的内相。面团经过发酵，其中的淀粉和蛋白质部分地分解成为易被人体消化吸收的低分子营养物质，使制品具有发酵食品特有的香味，由于化学疏松剂的作用，制品表面有较均匀的起泡点，又因含糖量极少，所以表面呈乳白色略带微黄色泽，口感松脆。通过本实验学习发酵饼干面团形成的基本原理和调制方法，掌握发酵饼干制作的基本工艺和配方，学会发酵饼干制作的基本技能和产品质量评价的方法。

二、实验材料和仪器设备

1. 实验材料

小麦粉、起酥油、鲜酵母、饴糖、磷脂、猪油、柠檬酸、食盐、抗氧化剂、水。

2. 仪器设备

调粉机、电烤炉、烤盘、起酥机、打孔拉辊、台秤、面盆、操作台、饼干模具、刮刀、切刀。

三、实验内容

1. 工艺流程

小麦粉、鲜酵母、饴糖、水 → 第一次调粉
　　　　　　　　　　　　　　↓
　　　　　　　　　　　　第一次发酵
　　　　　　　　　　　　　　↓
磷脂、食盐、起酥油、抗氧化剂、柠檬酸、水 → 第二次调粉 ← 小麦粉
　　　　　　　　　　　　　　↓
　　　　　　　　　　　　第二次发酵
　　　　　　　　　　　　　　↓
　　　　食盐、小麦粉、猪油 → 辊轧
　　　　　　　　　　　　　　↓
　　　　　　成型与装备 → 烘烤 → 冷却 → 成品

2. 参考配方

第一次调粉：小麦粉（强力粉配 1/3 弱力粉）450g、鲜酵母 20g、饴糖 50g、饮用水 220mL。

第二次调粉：小麦粉（弱力粉）450g、食盐 4g、小苏打 6g、起酥油 150g、磷脂 10g、抗氧化剂 0.025g、柠檬酸 0.05g、饮用水 150mL。

油酥：小麦粉（弱力粉）100g、猪油 24g、食盐 12g。

3. 操作要点

(1) 预处理：将酵母加水制成悬浊液，油酥按配方加料用调粉机拌和备用。

(2) 第一次调粉：将第一次调粉用料放入调粉机内，加水进行调制，低速 2min，中速 3min，面团温度为 28～30℃。

(3) 第一次发酵：将调制好的面团放入温度 30℃，相对湿度 80% 的发酵箱中，发酵 5～8h。发酵完成时面团的 pH 下降为 4.5～5.0。

(4) 第二次调粉：将发酵面团和其他材料放入调粉机内，加水进行调粉，低速 3min，中速 3min，面团温度 28～31℃。注意小苏打应在调粉接近终点时加入。

(5) 第二次发酵：将调制好的面团放入温度 30℃，相对湿度 80% 的发酵箱中，发酵 3～4h。

(6) 辊轧：发酵后的面团放在起酥机上进行辊轧，最终使面皮带厚度达到 2.5～3.0mm。在辊轧过程中，注意每次辊轧时的压延比（辊轧前面带厚度与辊轧后面带厚度之比），夹酥前压延比不应超过 3∶1；夹酥后压延比一般要求 (2～2.5)∶1。辊轧次数以 11～13 次为宜（轧面时起酥机上下两辊间距的变换次数不宜过多）。在夹酥后面带需要进行折叠，一般为 3 或 4 折，并旋转 90°，以便

44

使面带内部所受到的应力均匀。

（7）成型与装盘：将辊轧好的面带平铺在操作台上，用打孔拉辊在面带上打孔，然后使用饼干模具制成各种形状的饼干坯，或使用带花纹的切刀切成相同形状、相同大小的饼干坯，再将成型后的饼干坯均匀地摆放在烤盘中。

（8）烘烤：采用前期上火温度较低下火温度较高，然后逐渐增加上火温度的烘烤方法，前期上火温度为 $180\sim200℃$，下火温度 $210\sim230℃$，后期上火温度逐渐增加到 $220℃$，烘烤 $4\sim6min$。

（9）冷却：在 $25℃$ 的室温下，使产品自然冷却至 $38\sim40℃$。

4. 成品评价

（1）感官要求：外形完整，有较均匀的油泡点，薄厚均匀，不收缩，不变形；呈浅黄色或谷黄色，色泽基本均匀；咸味适中，具有发酵制品应有的香味及该品种特有的香味；无异味，口感酥松或松脆，不粘牙；断面结构层次分明；无油污，无不可食用异物。

（2）理化指标：水分 $\leqslant5.0\%$，酸度（以乳酸计）$\leqslant0.4\%$。

（3）评价方法：按照 GB/T 20980—2021《饼干质量通则》进行评价。

四、思考与讨论

① 为什么发酵饼干面团两次调制时间都较短？

② 发酵饼干面团两次发酵的目的是什么？如何判定发酵的终点？

③ 发酵饼干面团辊轧过程需要注意哪些事项？

④ 烘烤发酵饼干时为什么采用前期上火温度较低下火温度较高，然后逐渐增加上火温度的烘烤方法？

五、参考文献

［1］GB/T 20980—2021. 饼干质量通则.

［2］刘江汉. 焙烤工业实用手册. 北京：中国轻工业出版社，2003.

［3］贡汉坤. 焙烤食品生产技术. 北京：科学出版社，2018.

［4］蔺毅峰. 焙烤食品加工工艺与配方. 2版. 北京：化学工业出版社，2011.

六、数字资源

视频：爱课程/食品技术原理/14-1/媒体素材/发酵饼干.

（李飞）

实验 10　曲奇饼干的制作

一、实验原理和目的

　　曲奇饼干是一种近似于点心类食品的甜酥性饼干，是饼干中配料最好、档次最高的产品。饼干结构比较紧密，膨松度小，由于油脂含量高，产品质地极为疏松，食用时有入口即化的感觉。表面花纹深，立体感强，图案如浮雕状，块形不是很大，但较厚。由于配方中所含的油、糖比例高（标准配比，油∶糖＝1∶1.35，油＋糖∶面粉＝1∶1.35），调粉过程中先加入油、糖等辅料，在低温下进行搅打，然后加入小麦粉，使面团中的面筋蛋白进行限制性胀润，从而得到弹性小、光滑而柔软、可塑性极好的面团。对于高油糖配比的曲奇饼干，调制后形成料浆，需要采用挤出成型的方法。通过本实验学习甜酥性面团形成的基本原理和调制方法，掌握甜酥性饼干制作的基本工艺和配方，学会甜酥性饼干制作的基本技能和产品质量评价的方法。

二、实验材料和仪器设备

1. 实验材料

　　低筋和高筋小麦粉、糖粉、奶油、全脂乳粉、鸡蛋、食盐、可可粉、巧克力、炼乳。

2. 仪器设备

　　调粉机、电烤箱、烤盘、台秤、面盆、操作台、挤料袋、花嘴。

三、实验内容

1. 工艺流程

奶油、糖粉、食盐 → 搅打 → 混匀 ← 蛋液
　　　　　　　　　　　　　　↓
　　　　　　　　　调浆 → 挤出成型 → 烘烤 → 冷却 → 包装 → 成品
　　　　　　　　　　↑
　　　全脂乳粉+小麦粉 → 预处理

2. 参考配方

　　奶油曲奇：低筋小麦粉 500g、高筋小麦粉 500g、奶油 800g、糖粉 400g、脱壳鲜蛋 150g、全脂乳粉 60g、食盐 6g。

巧克力曲奇：低筋小麦粉 500g、高筋小麦粉 500g、奶油 750g、糖粉 380g、脱壳鲜蛋 100g、可可粉 45g、巧克力 200g、炼乳 110g。

3. 操作要点

（1）原料的预处理：在调粉前将小麦粉与全脂乳粉或与可可粉混合并过筛备用。巧克力切碎隔水加热熔化，加入炼乳混匀备用。

（2）搅打、混匀与调浆：将奶油、糖粉和食盐放入调粉机充分搅打充气，加入脱壳鲜蛋搅匀备用。奶油曲奇料浆：在打发后的奶油中加入预先混合过筛的全脂乳粉和小麦粉，低速混合均匀。巧克力曲奇料浆：在熔化后的巧克力料液中加入打发后的奶油搅匀，再加入预先混合过筛的可可粉和小麦粉搅匀。注意加入小麦粉后不宜搅拌时间过长，否则会使面筋蛋白过度胀润，使面团起筋，影响产品的口感。

（3）挤出成型：先将花嘴装入挤料袋中，再将调制好的料浆分别装入挤料袋中，间隔一定距离将料浆挤在烤盘上，注意大小相同，排列整齐。

（4）烘烤与冷却：将烤盘放入烤箱中，先用上火温度为 190℃，下火温度为 170℃烘烤，再将上火温度调低至 170℃，烘烤 10～15min。注意饼干坯的颜色和形状变化。烤熟后从烤炉中取出，放在室温下冷却至 35～38℃。

4. 成品评价

（1）感官要求：外形完整，花纹清楚，大小均匀，饼体无连边；呈金黄色、棕黄色、色泽基本均匀；有明显奶香味，无异味，口感酥松，不粘牙；断面细密多孔，无较大孔洞，无油污，无不可食用异物。

（2）理化指标：水分≤4.0%，脂肪≥16.0%，碱度（以碳酸钠计）≤0.3%，pH 值≤8.8。

（3）评价方法：按照 GB/T 20980—2021《饼干质量通则》进行评价。

四、思考与讨论

① 甜酥性（曲奇）饼干面团调粉时为什么先加入油、糖、蛋等辅料进行搅打，然后加入小麦粉？说明甜酥性饼干面团调制原理和方法以及关键的工艺参数。

② 为什么在制作饼干时，在奶油打发或糖搅拌溶化之前，不能加入蛋液搅拌？

③ 根据配方制作曲奇饼干，通常采用哪些成型方式？

五、参考文献

[1] GB/T 20980—2021. 饼干质量通则.

[2] 刘江汉. 焙烤工业实用手册. 北京：中国轻工业出版社，2003.

［3］许金祥，蔡荣桦．西点蛋糕制作精华．广州：广东科技出版社，1998.

［4］薛文通．新版饼干配方．北京：中国轻工业出版社，2002.

六、数字资源

视频：爱课程/食品技术原理/14-1/媒体素材/曲奇饼干、饼干的加工．

（李飞）

实验 11 西式塔类点心的制作

一、实验原理和目的

塔类点心是甜酥性面团制品，是以面粉、油脂、水（或牛奶）为主要原料配合加入砂糖、蛋、香料等制成的一类不分层次的酥松点心。甜酥面团中的油脂紧紧依附在面粉颗粒的表面，使面粉颗粒被油脂所包围，颗粒与颗粒之间被分开，颗粒之间的距离加大，空隙中充满了空气，当面团在烘烤时，空气受热膨胀，使得制品由此而产生酥松性。本实验要求理解塔类点心的制作原理，掌握塔类点心加工的工艺流程、工艺要点和主要设备以及影响工艺效果的主要因素。

二、实验材料和仪器设备

1. 实验材料

低筋面粉、高筋面粉、起酥油、人造黄油、饮用水、鲜牛奶、细白砂糖、鸡蛋液、炼乳、淡奶油。

2. 仪器设备

电子秤、和面机、擀面棍、电炉、烤箱、铝箔膜、花边印模等。

三、实验内容

1. 工艺流程

调制蛋挞皮→调制蛋挞液→制作蛋挞→焙烤→冷却→成品

2. 参考配方

蛋挞皮：低筋面粉 110g、高筋面粉 15g、人造黄油 20g、细白砂糖 5g、饮用水 65g、起酥油 95g。

蛋挞液：鲜牛奶 80g、细白砂糖 40g、鸡蛋液 200g、淡奶油 100g、炼乳 15g、低筋面粉 15g。

3. 操作要点

（1）调制蛋挞皮：把高筋面粉和低筋面粉、起酥油、水混合，搅拌成面团。水要分多次添加，用水调节面团的软硬程度，揉至面团表面光滑均匀即可，用保鲜膜包裹面团松弛 20min。片状人造黄油放入保鲜袋中，用擀面杖压成薄片，放入冰箱中 15min。案板上撒一层面粉，将松弛好的面团擀成长方形，把黄油薄片放在长方形面片中间；将两侧的面片折过来包住黄油，两端压死。将面片翻过来，收口朝下；用擀面杖再次擀成长方形，把两边向中间翻折，再从中间对折。折好后放入冰箱冷藏 20min。冷藏好的面片拿出，再次擀成长方形；整个制作过程中一共重复折叠 3 次。千层酥皮做好后，擀成厚度约 0.3cm 的薄片；沿着一边卷起来，面皮卷成圆筒状，用刀切成约 1cm 厚的小剂子。

（2）调制蛋挞液：鲜牛奶与细白砂糖混合，加热搅拌至细白砂糖溶解。冷却至不烫手后，加入鸡蛋液、淡奶油、炼乳与低筋面粉，搅拌均匀。

（3）制作蛋挞：小剂子两面都蘸上面粉，捏成球状，放入蛋挞模；用大拇指把剂子捏成塔模形状，静置 20min；倒入蛋挞液，7 分满即可。

（4）焙烤：烤箱上火温度设定在 210℃，下火温度设定在 200℃，烘烤 20min 左右，视馅心凝固且略微膨胀，酥皮焦黄时即可。

3. 产品评价

（1）质量要求：西式塔类点心的感官要求、理化指标应符合 GB 7099—2015 之规定。其外观整齐，底部平整，无霉变，无变形，呈内凹碗状。表面色泽均匀，呈金黄色，颜色深浅一致，无焦斑。无不规则大空洞，无糖粒，无粉块，饼皮厚薄均匀，皮馅比例适当，馅料分布均匀。味纯正无异味，爽口不粘牙，无蛋腥味，有芳香感，酥皮有酥脆感。无肉眼可见杂质。

（2）评价方法：按照 GB 7099—2015《食品安全国家标准 糕点、面包》进行评价。

四、思考与讨论

① 塔类点心酥松的原理是什么？

② 塔类点心制作过程中易出现的问题有哪些？

③ 如何解决塔类点心不酥脆情况？

五、参考文献

[1] GB 7099—2015. 食品安全国家标准 糕点、面包.

［2］汪磊．粮食制品加工工艺与配方．北京：化学工业出版社，2015.

［3］蔡晓雯，庞彩霞，谢建华．焙烤食品加工技术．北京：科学出版社，2011.

［4］马道荣，杨雪飞，余顺火．食品工艺学实验与工程实践．合肥：合肥工业大学出版社，2016.

六、数字资源

视频：爱课程/食品技术原理/14-1/媒体素材/西式甜品和翻糖蛋糕．

（胡爱军）

实验 12 馒头的制作

一、实验原理和目的

馒头是以面粉和酵母、水或食用碱为原料，通过混合、揉制、醒发后蒸熟而成的食品。馒头有不同的形状，如半球形或长方形等。通过发酵面团中的糖，酵母产生大量二氧化碳气体，使馒头具有特征性的蜂窝状结构。同时，发酵作用的某些其它产物和酵母本身，提供了面团的风味。面团醒发的目的是通过面筋更好地增加面团的韧性，使蒸出的馒头口感更松软。通过本实验学习馒头面团形成的基本原理和调制方法，掌握馒头的制作工艺和配方，学会馒头制作的基本技能和成品质量评价方法。

二、实验材料和制备

1. 实验材料
小麦粉、酵母粉、水、泡打粉。

2. 仪器设备
调粉机、蒸箱、醒发箱、台秤、面盆、操作台、切刀。

三、实验内容

1. 工艺流程

温水（30℃）溶解酵母
↓
泡打粉和小麦粉混匀 → 调粉 → 一次醒发 → 切分成型 → 二次醒发 → 汽蒸 →

冷却 → 成品

50

2. 参考配方

小麦粉 1000g、饮用水 500mL、酵母粉 6～10g、泡打粉 4～6g。

3. 操作要点

（1）调粉：用温水（30℃）将酵母活化 3min，倒入小麦粉中，使用调粉机低速搅拌，待一定比例的面粉和水混合均匀后，换 2 挡速搅拌 5～10min。注意：调粉终点为面团表面光滑、不粘手，面团内不含生粉。

（2）一次醒发：将和好的面团置于温度为 38℃，相对湿度为 80% 的醒发箱中，发酵 1h 左右。注意：醒发终点判断，面团体积膨大 1 倍，内部呈蜂窝状且组织结构均匀。

（3）切分成型：在操作台上，将发酵好的面团切分搓圆，手工揉成形状相同、大小均匀、表面光滑的馒头坯，摆入蒸盘中。注意：馒头坯下放置油纸或屉布以免与蒸盘粘连，切馒头坯间预留一定距离。

（4）二次醒发：将馒头坯再次置于温度为 38℃，相对湿度为 80% 的醒发箱内，醒发 15min 左右，至表面光滑，不皱缩为宜。

（5）汽蒸：预热蒸箱至水沸腾，将醒发箱内醒发好的馒头放入蒸箱，沸水汽蒸 25min。

（6）冷却：在 25℃室温下，使产品自然冷却。

4. 成品评价

（1）感官要求：外形完整，色泽正常，表面无皱缩、塌陷，无黄斑、黑斑、白毛和黏斑等缺陷；内部质构均匀，有弹性，呈海绵状，无粗糙大孔洞、局部硬块、干面粉痕迹等明显缺陷；口感无生感，不粘牙，不牙碜；具有小麦粉经发酵、蒸制后特有的滋味和气味，无异味。

（2）理化指标：比容（mL/g）≥1.7，水分≤45.0%，pH5.6～7.2。

（3）评价方法：根据 GB/T 21118—2007《小麦粉馒头》进行评价。

四、思考与讨论

① 如何判断馒头的调粉终点？

② 馒头面团两次醒发的目的是什么？如何判断醒发终点？

③ 馒头质量的影响因素有哪些？

④ 馒头加工的关键控制点有哪些？

五、参考文献

[1] GB/T 21118—2007. 小麦粉馒头.

［2］刘长虹．馒头生产技术．北京：化学工业出版社，2012.

［3］杨艳虹，檀革宝，张春红．馒头实验室评价及操作相关性．粮食加工，2007，32（5）：65-67.

六、数字资源

视频：爱课程/食品技术原理/14-1/媒体素材/蒸制面食的制作、馒头机械化生产线．

（胡爱军）

实验 13　方便面的加工

一、实验原理和目的

方便面又称速煮面、即食面、快食面，有油炸和非油炸干燥方便面之分。将原辅料通过松散混合、成团、成熟和塑性增强等过程的调制，使面团有相当的黏弹性，一定程度的延伸性和可塑性，再通过静置熟化，使水分充分渗透到面粉颗粒内部，蛋白质充分吸水膨胀，使面团网络结构更加完整，湿面团弹性降低，工艺性能提高，然后通过压延使面团的网络结构分布均匀，面团成型，面团的可塑性、黏弹性和延伸性得以充分体现。再通过切条、蒸煮、切断、干燥和冷却、包装过程最终得到各项品质指标合格的产品。通过本实验学习方便面制作的基本原理和一般工艺，熟悉方便面感官质量指标和一般评定方法。

二、实验材料和仪器设备

1. 实验材料

小麦粉、水、食盐、食碱（无水碳酸钠 59%、无水碳酸钾 30%、无水磷酸钠 7%、无水焦磷酸钠 4%）、海藻酸钠、硬脂酸甘油酯、维生素 E、棕榈油。

2. 仪器设备

多功能立式打粉机、压面机、切刀、电炉、蒸锅、热风干燥箱或油炸锅、操作台、台秤、质构仪等。

三、实验内容

1. 工艺流程

原料→称量→溶解→面团调制→静置熟化→辊轧压延→切条成型→蒸煮→切

断折叠→油炸干燥→冷却→包装→成品

2. 参考配方

小麦粉 1000g、饮用水 550mL、食盐 17g、食碱 2g、海藻酸钠 3g、硬脂酸甘油酯 2g、维生素 E 0.3g。

3. 操作要点

（1）称量、溶解：根据配方称取配方材料，并进行处理。小麦粉过筛，食盐、食碱、海藻酸钠、硬脂酸甘油酯和维生素 E 先用适量水溶解。食盐添加适量。一般选用精盐，如果是粗盐，则必须沉淀去除杂质后方可使用。加食碱时，必须先将碱粉一点点倒入水中，同时搅拌均匀，使碱逐渐溶解，碱的溶解会使水温升高，应冷却后再使用。

（2）面团调制：面团可机器调制或手工调制，调制方法不同，形成的面团质构不同，面条的品质也有差异。分别采用两种不同的方法进行调制，然后对面团质构进行测定。

① 机器调制：将配方材料全部放入打粉机中预混，先低速调制 2min，再中速调至面团成熟。从调粉开始的松散混合阶段到已经湿润的面粉颗粒成团阶段直至面团成熟和塑性增强阶段，整个过程一般为 15min 左右。

② 人工调制：将配方材料充分混合，手工调制至面团成熟后，再继续调制 5～6min。

③ 面团质构测定：分别取适量上述不同方法调制的面团放置于质构仪测试平台上，用质构仪测量其黏弹性和硬度等质构指标，重复 3 次取平均值。

（3）静置熟化：将面团取出，静置熟化 13min。

（4）辊轧压延：反复辊轧 7～10 次，最后压成 0.3～2.0mm 的薄片。面片的厚度对后续工艺和面条的复水性能及面块的耐压强度有较大影响。不同品种的方便面应根据其特点控制不同的厚度。杯装面约为 0.3mm，袋装煮食型油炸面为 1～2mm，软面及炒面为 1.2mm 以上。

（5）切条成型：用切刀将面片切成细条状。

（6）蒸煮：用蒸锅加热蒸煮 5min，要求面条糊化度达 80% 以上。

（7）切断折叠：按一定长度切断并对折。

（8）油炸干燥：将蒸熟的面块放入 140℃ 的棕榈油锅中油炸，时间约 80s，取出沥油，要求油炸后方便面水分含量不大于 8%，脂肪含量不大于 24%。

（9）冷却和包装：将油炸干燥后的面条冷却至室温或略高于室温，然后检验、包装，即成成品。

4. 产品评价

（1）感官要求：色泽均匀，无焦糊现象，正反两面可略有深浅差别；滋味和气味正常，无霉味、哈喇味及其他异味；外形整齐，允许正反两面略有花纹差别，复水后应无明显并条和断条现象，泡面、煮面复水后，口感不夹生、不粘牙；干吃面口感应酥脆；外面及内部均无肉眼可见的异物。

（2）理化指标：泡面、煮面的脂肪含量≤24%，干吃面脂肪含量不作要求；泡面、煮面的氯化钠含量≤2.5%，干面的氯化钠含量≤3.0%；碘呈色度≥1.0；泡面复水时间≤4.0min。

（3）评价方法：按照 GB/T 40772—2021《方便面》进行评价。

四、思考与讨论

① 油炸方便面制作过程中的关键控制点有哪些？如何控制？

② 油炸方便面生产中，水、食盐、食碱、海藻酸钠、硬脂酸甘油酯、维生素 E 各有什么作用？

③ 由机器调制和人工调制面团制成的方便面品质有哪些差异？

④ 比较挤压非油炸方便面和非挤压油炸方便面的制作工艺特点。

五、参考文献

[1] GB/T 40772—2021. 方便面.

[2] 朱蓓薇. 方便食品加工工艺及设备选用手册. 北京：化学工业出版社，2003.

[3] 吴加根. 谷物与大豆食品工艺学. 北京：中国轻工业出版社，1999.

六、数字资源

视频：爱课程/食品技术原理/14-2/媒体素材/方便面.

（胡爱军）

实验 14 膨化玉米棒的制作

一、实验原理和目的

采用挤压膨化技术加工食品，在原料经初步粉碎和混合后，即可用挤压机一步完成混炼、熟化、破碎、杀菌、预干燥、成型等工艺，再经烘干、调味后即为成品。挤压食品具有如下特点：挤压膨化食品不易产生"回生"现象，便于长期保存；利用挤压膨化加工的产品口感好，改善了产品的风味；挤压膨化加工技术，生产效率高，原料利用率高，无"三废"污染；挤压膨化加工技术适用范围广。本实验将玉米糁利用挤压机膨化成玉米棒，通过调整挤压参数，考察其对膨化率、产品感官的影响。本实验要求理解物料挤压变性的原理，学会挤压机的操作。

二、实验材料和仪器设备

1. 实验材料

市售的玉米糁、纯净水。

2. 仪器设备

双螺杆挤压机、烘干箱、电子天平、游标卡尺、快速水分测定仪、质构仪。

三、实验内容

1. 工艺流程

玉米糁→测定玉米糁水分→调湿处理→挤压机参数设定→挤压→干燥→成品

2. 工艺要点

（1）取玉米糁 2g，测量其水分含量；然后进行玉米糁原料调湿处理，加入纯净水，调整其水分含量达到 $15\% \pm 1\%$。

（2）设置挤压参数：温度设置分别为 $60 \sim 80℃$、$80 \sim 100℃$、$100 \sim 120℃$、$120 \sim 140℃$；螺杆转速分别设置为 40r/min、60r/min、80r/min。

（3）将调湿的玉米糁均匀且连续地投入挤压机进料口内。注意投料不要间断。

（4）将挤压出的玉米棒截成所需尺寸，放入烘干箱 45℃烘干 2h。

3. 成品评价

（1）膨化率测量：使用游标卡尺测量膨化玉米棒任意 5 处位置的直径，取平均值，按照以下公式计算膨化率，考察挤压参数与膨化率的关系。

$$膨化率＝玉米棒面积/模头出口面积×100\%$$

（2）质地测定：使用质构仪的 TPA 探头测定工艺条件下样品的脆硬度。

（3）感官要求：淡黄色，松脆，具有产品特征的滋味、气味，无气味，无霉变，无正常视力可见的外来异物。

（4）理化指标：水分≤7g/100g。

（5）评价方法：按照 GB 17401—2014《食品安全国家标准 膨化食品》进行评价。

四、思考与讨论

① 挤压机的构成及各部分的作用是什么？

② 玉米糁在挤压过程中淀粉和蛋白质的热变性机理是什么？

③ 挤压温度和螺杆回转速率对膨化率有何影响？

④ 产品感官变化与挤压参数有何关系？

⑤ 利用感官评价分析不同工艺条件对产品的色泽、脆硬度、产品截面蜂窝的个数和大小的影响。

五、参考文献

［1］Dennis R H. 食品加工原理. 北京：中国轻工业出版社，2001.

［2］蒋弘. 玉米深加工项目 100 项. 北京：科学技术文献出版社，2002.

［3］GB 17401—2014. 食品安全国家标准 膨化食品.

六、数字资源

视频：爱课程/食品技术原理/14-3/媒体素材/蒸煮挤压食品生产线.

实验 15　速冻水饺的制作

一、实验原理和目的

水饺是中国的传统食品，起源于民间，早期仅限于家庭制作，后来发展到了街头摊点和饭店等场所制作。近年来，随着人们生活节奏加快和速冻技术的飞速发展，水饺作为一种速冻食品已实现了工厂连续化和自动化加工。食品速冻是使食品在短时间（通常为 30min）内迅速通过最大冰晶体生成区（−5～0℃）。速冻食品中所形成的冰晶体较小且几乎全部散布在细胞内，细胞破裂率低，从而具有高品质。同样，水饺经过速冻可成为质量好的速冻食品。水饺馅心和面皮内均含有一定量的水分，如果冻结速率慢，表面水分会凝结成大块冰晶，逐步向内冻结，内部在形成冰晶的过程中会产生张力而使表面开裂。而速冻可使饺子内外同时降温，形成均匀细小的冰晶，从而保证产品质地的均匀性。即使是长期储存，其口感仍然料香味美。本实验要求理解水饺速冻的原理，掌握速冻水饺加工的工艺流程、工艺要点、主要设备以及影响工艺效果的主要因素。

二、实验材料和仪器设备

1. 实验材料

面粉、食盐、平菇、鲜猪肉、味精、花椒、植物油、大葱、姜、鸡汤。

2. 仪器设备

量筒、烧杯、不锈钢盆、锅、液化气灶、干燥箱、电子天平、擀面杖、微波炉、滤纸、绞肉机、饺子成型机、冰柜、封口机、玻璃棒等。

三、实验内容

1. 工艺流程

原料处理→调制面团→制馅→下剂制皮→饺子成型→装盘速冻→包装→入库

2. 工艺要点

（1）原料处理：将平菇洗净，用开水烫一下，再切成碎丁，猪肉切条后，用绞肉机绞成肉茸。

（2）调制面团：面粉加入温水拌和，揉搓后静置醒面。

（3）制作馅心：切丁后的平菇与猪肉茸加植物油搅拌，之后加入葱、姜、味精、花椒、酱油、鸡汤拌匀备用。

（4）下剂制皮：将醒好的面团搓成细条，切成每个 50g 左右的剂子，擀成中间稍厚的圆皮。

（5）饺子成型：将和好的面揉好后，搓成直径约 1.5cm 的圆条，模切成块，搓圆，擀成直径约 5cm 的薄片，左手以食指、中指、无名指，三指摊着一张小饺皮，右手拿着竹片，将肉馅挑到饺皮上然后对叠，用左手的大拇指及食指和右手的大拇指做一个造型，同时捏住饺皮的边缘，双手大拇指用力轻轻一捏即成。

（6）装盘速冻：把成型后的饺子摆入速冻盘，再放入冰柜，在 −35℃ 左右速冻 30min 即为成品。

（7）称重装袋：把速冻好的饺子按每袋 40 个的数量装袋。

（8）封口储藏：装完袋的饺子，用塑料袋封口机封口，放进 −20℃ 的冰柜储藏。

3．产品评价

（1）感官要求：外形完整，大小基本一致，不变形，不破损，不露馅。颜色呈白色，具有水饺应有的色泽。具有水饺应有的香味和滋味，柔和爽口，无异味。煮后饺子表皮完好，饺子汤清晰、无沉淀。

（2）理化指标：水分≤70g/100g，蛋白质≥2.5g/100g，脂肪≤18g/100g。

（3）评价方法：按照 GB/T 23786—2009《速冻饺子》进行评价。

四、思考与讨论

① 造成速冻水饺开裂的因素有哪些？

② 生产中如何控制速冻水饺的质量？

③ 如何对速冻水饺进行感官评价？

五、参考文献

［1］张钟，李先保，杨胜远．食品工艺学实验．郑州：郑州大学出版社，2011.

［2］隋继学，张一鸣．速冻食品工艺学．北京：中国农业大学出版社，2015.

［3］曲丽洁．米制品生产一本通．北京：化学工业出版社，2013.

［4］GB/T 23786—2009．速冻饺子．

六、数字资源

视频：爱课程/食品技术原理/1-4/媒体素材/速冻饺子（中文字幕）.

（胡爱军）

实验 16　红薯干的加工

一、实验原理和目的

红薯热量低，且颇具饱腹感，可以开发成良好的减肥食品，还可以加工成其他多种产品。本实验以红薯为原料，经过蒸煮、干燥、蒸烤等工艺制成红薯干。本实验要求掌握红薯干加工的工艺流程、操作要点和主要设备的使用方法。

二、实验材料与仪器设备

1. 实验材料

红薯、尼龙/聚乙烯或聚酯/聚乙烯复合袋等。

2. 仪器设备

不锈钢刀、蒸煮锅、案板、烤箱、漂洗用筐或水槽等。

三、实验内容

1. 工艺流程

选料→清洗→去皮→蒸煮→干燥→初烤→压扁→成型→重烤→整形→轻烤→翻筛→分级包装→成品

2. 工艺要点

(1) 选料：选用无虫蛀、块大、表面光滑平整且易清洗的新鲜红薯，最好选择糖分高、淀粉少、粗纤维少的红薯为原料。

(2) 清洗：将选好的红薯用清水洗净表面的泥沙等杂质，需清洗红薯表面所有杂质（包括病眼、虫斑、须根等）。

(3) 去皮：将处理好的红薯去皮并切成条状。

(4) 蒸煮：将切条后的红薯放入蒸煮锅内，蒸煮至七八分熟即可，不要蒸煮得太熟，否则不利于操作。蒸熟的薯块不易散失糖分。

(5) 干燥：采用烘烤的干燥方式，不要烘烤至焦糊，以免影响产品质量。干燥至薯干变得干硬，扒动时发出的响声清脆为止。

(6) 初烤：把去皮的熟薯放入烤箱初烤，宜趁热烘烤，以免变色。烤到甘薯不粘手时为止（约 2～3h），使其具有一定韧性，取出压扁。

(7) 压扁、成型：先把红薯中间破开，放在案板上用手压平。再用竹刀（或不锈钢刀）蘸热开水拖光抹平。此法因底面及边缘有初烤所形成的厚皮保护，所以只要压平表面，成品就无龟裂而平滑，达到正品规格要求。也可将熟薯用湿手帕或纱布包起，用手轻轻压平，呈椭圆形状，然后取出抹平，直接送入烤箱内烘烤，温度保持在 60～70℃，以防止其发焦龟裂。

(8) 重烤：把压平的薯块放进烘箱，升温至 60～70℃，水分蒸发快，成品颜色好，烘至七成干，此法可防止薯块发焦龟裂。

(9) 整形：烘至七成干时，把薯块头尾和黑斑用不锈钢刀修理掉。

(10) 轻烤：把已修好的薯块放进较低温度的烤箱内，控制温度在 40～50℃

烘烤，使之继续干燥到成品坚硬为止，烘烤的时间大约 8h。

（11）翻筛：烘烤过程中要经常将上下烤盘互相调换位置，使干燥速度一致，便于一起出炉。

（12）分级包装：将烘烤后的熟薯干分级包装，趁热（约 40℃）用尼龙/聚乙烯或聚酯/聚乙烯复合袋包装，封口一定要严紧，以防返潮。经包装后即为成品。

3. 产品评价

（1）感官要求：产品呈原品种色泽，保质期内允许返砂，在表面出现白色糖霜。无异味、无生淀粉味。产品柔韧适中或酥脆，无肉眼可见杂质。

（2）理化指标：水分≤35％，脂肪≤5％，总糖（以葡萄糖计）≤70％。

（3）评价方法：按照 NY/T 708—2016《甘薯干》进行评价。

四、思考与讨论

① 初烤烤制到什么状态最佳？

② 防止薯块发焦龟裂的方法是什么？

③ 成品的封口一定要严紧的原因。

五、参考文献

[1] 曾洁，徐亚平 . 薯类食品生产工艺与配方 . 北京：中国轻工业出版社，2012.

[2] NY/T 708—2016. 甘薯干 .

[3] Tayyab Rashid M，Liu K，Ahmed Jatoi M，et al. Developing ultrasound-assisted hot-air and infrared drying technology for sweet potatoes. Ultrasonics Sonochemistry，2022，86：106047.

六、数字资源

视频：爱课程/食品技术原理/11-7/媒体素材/果蔬的干制 .

（胡爱军）

实验 17　油炸马铃薯片的制作

一、实验原理与目的

油炸马铃薯片是将新鲜马铃薯清洗、去皮、切片后，经油炸、调味而制成的马铃薯方便休闲食品。马铃薯片能较好地保持马铃薯营养成分和色泽，味美适口，质地酥脆，受到人们的喜爱。通过本实验的学习，要求掌握油炸马铃薯片的制作工艺原理和加工工艺。

二、实验材料与仪器设备

1. 实验材料

市售马铃薯、棕榈油、花生油、亚硫酸氢钠、柠檬酸、氢氧化钠、食盐、调味料等。

2. 仪器设备

不锈钢锅、不锈钢刀、切片机、电热油炸锅、温度计、电子天平、台秤、离心机、搅拌棒、100目筛。

三、实验内容

1. 工艺流程

马铃薯原料→清洗、挑选→去皮→切片→护色→漂洗→油炸→调味→冷却→包装→产品

2. 参考配方

辣椒粉21.6g、胡椒粉13.5g、五香粉13.5g、食盐4.6g、味精2.8g。

3. 操作要点

（1）选料：一般要求选择马铃薯块茎还原糖含量低，形状整齐，大小均一，芽眼浅，密度大，含淀粉和总固形物量高的品种。

（2）去皮：常见的去皮方法包括以下几种。

① 机械去皮：摩擦作用。

② 化学去皮（碱液去皮）：将马铃薯浸泡于质量分数为15%～25%的NaOH溶液中，将温度上升至90℃保持2min左右，待马铃薯皮软化后取出，用清水冲洗，并用手去掉表皮，用刀挖去芽眼及变绿部分。

③ 热力去皮：高压蒸汽或沸水。

④ 手工去皮：实验时一般采用手工去皮的方式，而在实际生产过程中要根据不同的要求选用不同的去皮方法。

（3）切片：放入切片机进行切片，片厚1.5～2mm，要求薄片厚薄均匀、表面光滑，可以适当地减少耗油量。

（4）护色：切完片后，放入护色液（0.045％NaHSO$_3$＋0.01％柠檬酸）中浸泡30min。

（5）漂洗：将马铃薯片用自来水反复漂洗，洗去残留的护色液以及马铃薯表面的淀粉粒，冲洗结束后将马铃薯片控干，或用离心机甩去水分。

（6）油炸：油炸时用一般的不锈钢锅即可。油炸是决定马铃薯片颜色好坏的关键。将油温控制在150～170℃之间，放入控干的马铃薯片，加入量多少以均匀地漂在油层表面为宜，以防止马铃薯片伸展不平，一般炸3min左右。油炸过程中，不停搅动，防止粘锅。

（7）调味：马铃薯片炸好后，应立即加盐或调味料。可将调味料放在100目的筛内，使调味料均匀地分布到马铃薯片上。待马铃薯片冷却后即可包装。

4. 产品评价

（1）感官要求：片形较完整；色泽基本均匀，无油炸过焦的颜色；具有马铃薯经加工后应有的香味，无焦苦味、哈喇味或其他异味；具有油炸或焙烤马铃薯特有的薄脆的口感；无正常视力可见的外来杂质。

（2）理化指标：杂色片≤40.0％，脂肪≤48.0％，水分≤5.0％。

（3）评价方法：按照QB/T 2686—2021《马铃薯片（条、块）》进行评价。

四、思考与讨论

① 为什么选用还原糖含量低的原料？

② 马铃薯去皮或切片后在空气中褐变的主要原因是什么？如何控制才能获得良好的护色效果？护色机理是什么？

③ 与常温油炸相比，真空油炸有什么优点？

五、参考文献

[1] QB/T 2686—2021. 马铃薯片（条、块）.

[2] 张天文. 油炸马铃薯片的传统制作方法. 农产品加工, 2008, (6)：25-27.

[3] 李凤云. 马铃薯薯片制品的种类及加工工艺简介. 中国马铃薯, 2002, (5)：311-314.

六、数字资源

视频：爱课程/食品技术原理/11-7/媒体素材/马铃薯片.

（胡爱军）

第三章

肉制品、水产制品及蛋品工艺实验

实验 1　腊肠的制作

一、实验原理和目的

腊肠是主要的中式香肠，以肉类为主要原料，经分切、绞成丁，配以辅料，灌入动物肠衣，再经成熟、干制（腌渍与干燥）而成，可分为生干肠类和熟化肠类。在加工过程中，依靠硝酸盐和亚硝酸盐的发色作用，使肌红蛋白变为特殊的粉红色，并且随着干燥的进行，脂肪进行分解与氧化，产生特殊香气。另外，由于在腌制和风干成熟过程中，已脱去大部分水分，腊肠在常温下能较长时间保存而不易变质。通过本实验，应了解肉腌制过程中亚硝酸盐的发色机制，了解添加食盐、硝酸盐对微生物的抑制作用，以及腊肠的成熟、干制原理。

二、实验材料和仪器设备

1. 实验材料

猪肉、盐渍肠衣、食盐、硝酸钠、D-异抗坏血酸钠、蔗糖、白酒。

2. 仪器设备

绞肉机、台秤、电子天平、案板、刀具、不锈钢罐、灌肠机（器）和烘箱。

三、实验内容

1. 工艺流程

原料肉预处理→腌制→拌馅→灌制→漂洗→烘烤→晾挂、成熟→成品

2. 参考配方

瘦猪肉 700g、肥膘 300g、60°白酒 25g、硝酸钠 0.5g、食盐 20g、蔗糖 60g、D-异抗坏血酸钠 1g。

3. 操作要点

(1) 肠衣的准备：用温水浸泡、清洗盐渍肠衣或干肠衣，沥干水后，在肠衣一端打死结待用。

(2) 原料肉预处理：瘦肉以新鲜猪后腿肉为主，夹心肉次之；肥肉以背膘为主，腿膘次之。将瘦肉绞成 $0.5 \sim 1.0cm^3$ 的肉丁，肥肉手工切成 $1cm^3$ 的肉丁后备用。

(3) 拌馅：将原料肉以瘦、肥 7：3 的比例放入拌馅机中，倒入事先用少量温开水（50℃左右）溶解好的冷却配料液，适度搅拌，使肥、瘦肉丁混合均匀，静置片刻即可用以灌肠。

(4) 灌制：将搅拌好的肉馅用灌肠机灌入肠内，并进行结扎。

(5) 漂洗：灌好结扎后的湿肠，放入温水中漂洗几次，洗去肠衣表面附着的浮油、盐汁等污物。然后用细针戳洞，以便于排出水分和空气。

(6) 烘烤：将肠体放入烘箱中进行烘烤，烘烤温度为 $50 \sim 60℃$，每烘烤 6h 左右，应上下进行调头换尾，以便烘烤均匀。烘烤 48h 后，香肠色泽红白分明，鲜明光亮，没有发白现象，即烘制完成。

(7) 晾挂成熟：烘烤后的香肠，放到通风良好的场所晾挂成熟。

4. 成品评价

(1) 感官要求：脂肪呈乳白色，外表有光泽；瘦肉呈红色、枣红色；腊香味纯正浓郁，具有腊肠固有的风味；滋味鲜美，咸甜适中；外形完整，均匀，表面干爽呈现收缩后的自然皱纹。

(2) 理化指标：蛋白质≥22%，脂肪≤35%，水分≤25%，氯化物（以 NaCl 计）≤8%，总糖（以葡萄糖计）≤22%，过氧化值（以脂肪计，g/100g）按 GB 2730—2015 的规定执行，亚硝酸盐（以 $NaNO_2$ 计，mg/kg）按 GB 2760—2014 的规定执行。

(3) 评价方法：按照 GB/T 23493—2022《中式香肠质量通则》进行评价。

四、思考与讨论

① 简述腊肠成熟过程中色泽发生变化的机制。

② 分析腊肠耐贮藏的原因。

③ 硝酸盐在本实验中所起的作用是什么？

五、参考文献

[1] GB/T 23493—2022. 中式香肠质量通则.

[2] 南庆贤. 肉类工业手册. 北京：中国轻工业出版社，2008.

[3] 蒋爱民，张兰威，周佺. 畜产食品工艺学. 3 版. 北京：中国农业出版社，2019.

[4] 张民，陈野. 食品工艺学. 4 版. 北京：中国轻工业出版社，2022.

六、数字资源

视频：爱课程/食品技术原理/10-5/媒体素材/陆川腊肉制品.

实验 2　火腿肠的制作

一、实验原理和目的

火腿肠是以新鲜或解冻的畜禽肉为主要原料，辅以填充剂如淀粉、植物蛋白粉等，以及调味剂、香辛料、发色剂、保水剂、防腐剂等，采用腌制、搅拌、斩拌（或乳化）、灌肠，再经杀菌制成的肉类灌肠制品。其中，腌制和乳化在火腿肠的加工以及品质控制中起到重要作用。在腌制过程中，肌肉蛋白质由凝胶转换成溶胶。在斩拌过程中，绞碎的肉粒经过快速旋转的刀具斩细，使肉中的蛋白质溶胶充分析出，与其它成分如水分、淀粉、植物蛋白形成包裹脂肪的胶体物系，防止脂肪析出，溶胶经加热转化为凝胶，从而赋予产品较好的弹性。本实验目的是掌握火腿肠的工艺流程，理解肉腌制和乳化工艺的原理。

二、实验材料和仪器设备

1. 实验材料

猪肉、肠衣、淀粉、大豆分离蛋白粉、食盐、硝酸钠、三聚磷酸钠、抗坏血酸钠、蔗糖、白酒、味精、胡椒粉等。

2. 仪器设备

绞肉机、台秤、电子天平、案板、刀具、斩拌机、灌肠结扎机、打卡机和煮锅、鼓风机、冰箱。

三、实验内容

1. 工艺流程

添加淀粉、大豆分离蛋白粉等
↓

原材料准备 → 绞碎 → 低温腌制 → 斩拌/乳化 → 灌肠结扎 → 杀菌 → 干燥 → 成品

↑
添加食盐、硝酸钠、三聚磷酸钠、抗坏血酸钠等

2. 参考配方

猪后腿肉 500g、猪背膘 50g、淀粉 25g、大豆分离蛋白粉 10g、食盐 15g、硝酸钠 0.25g、味精 5g、60°白酒 2.5g、蔗糖 12.5g、胡椒粉 6g、三聚磷酸钠 1.5g、抗坏血酸钠 0.25g。

3. 操作要点

(1)原料肉准备:将新鲜猪后腿肉剔除筋膜,切成 5cm³ 肉块,在 4mm 孔径的绞肉机中绞碎。猪背膘,用绞肉机绞碎,在绞肥肉时应注意投入量不能过多,否则会出现旋转困难,造成脂肪熔化而导致脂肪分离。

(2)低温腌制:按照配方把食盐、亚硝酸钠、三聚磷酸钠、抗坏血酸钠、蔗糖准确称量,加入绞碎的肉中混合均匀进行干腌。腌制温度 4℃,腌制 12~14h。

(3)斩拌/乳化:加入淀粉、大豆分离蛋白粉、白酒、味精、胡椒粉等辅料,并加入物料量 10% 的冰水或冰屑,利用斩拌机进行斩拌(2000r/min,3min;4000r/min,5min),以达到完全乳化。斩拌温度不超过 10℃。

(4)灌肠:将斩拌好的肉馅充填于肠衣内,并用打卡机把灌好的肠子按照一定长度用铝丝打结。

(5)杀菌:采用低温杀菌,在锅中 90~95℃常压煮制 30min。产品中心温度大于 73℃。

(6)冷却干燥:杀菌后尽快用鼓风机使肠体冷却并达到表面干燥,以防两端结扎处因残存水分引起杂菌污染,出现霉变。

4. 成品评价

(1)感官要求:外观肠体均匀饱满,无损伤,表面干净;质地组织紧密,有弹性,切片良好;风味咸淡适中,鲜香可口,具有火腿肠固有风味,无异味。

(2)理化指标:水分≤67%,蛋白质≥11%,脂肪 6%~16%,食盐(以 NaCl 计)≤3.5%,亚硝酸盐≤30 mg/kg。

(3)评价方法:按照 GB/T 20712—2022《火腿肠质量通则》进行评价。

四、思考与讨论

① 讨论乳化工艺对火腿肠质地的重要作用。

② 分析热加工对于火腿肠的品质的贡献。

③ 分析原辅料之间配比的合理性对火腿肠品质的影响。

五、参考文献

[1] GB/T 20712—2022. 火腿肠质量通则.

[2] 蒋爱民，张兰威，周佺. 畜产食品工艺学. 3版. 北京：中国农业出版社，2019.

[3] 胡建平，王雪波，姚翠. 火腿肠常见质量问题. 食品科技，2006，(7)：81-84.

[4] 张民，陈野. 食品工艺学. 4版. 北京：中国轻工业出版社，2022.

六、数字资源

视频：爱课程/食品技术原理/10-5/媒体素材/西式肉制品的加工、香肠制造.

实验 3　清蒸猪肉罐头的制作

一、实验原理和目的

清蒸猪肉罐头是以猪肉为原料，对肉进行热加工而制得的罐头类肉制品。其加热过程能够有效地杀灭肉制品中的微生物，提高产品安全性；促进蛋白质变性，改善肉的食用性能，易于消化吸收；产生应有的香气、滋味，并赋予产品一定的质构特征。本实验要求掌握清蒸肉类罐头的工艺流程，理解肉在热处理前后质构和风味的变化以及高温灭菌的原理。

二、实验材料和仪器设备

1. 实验材料

猪肉、白砂糖、食盐、洋葱、胡椒、月桂叶。

2. 仪器设备

不锈钢盘及锅、夹层锅、封罐机、电热高压杀菌锅、空气压缩机、电子天平、空罐。

三、实验内容

1. 工艺流程

原料验收→（解冻）→清洗→去毛污→处理（剔骨、去皮、整理、分段）→切块→拌料→装罐→排气封罐→杀菌冷却

2. 基本配方

猪肉 1000g、食盐 15g、胡椒 12g、洋葱 15g。

3. 操作要点

（1）原料要求：选用合格的猪肉，肥瘦恰当。

（2）解冻：以冷冻肉为原料时，须进行解冻。解冻后的肉应富有弹性，无肉汁析出，肉色鲜红，气味正常。

（3）去毛污：洗除猪肉表面的污物，去除残毛、血污、糟头等；肥膘厚度控制在 1cm 左右。

（4）切块：将整理后的肉按部位切成 5cm³ 左右的小块。

（5）拌料：按配方将各配料加入并搅拌均匀。

（6）装罐：肥瘦搭配合理，油加肥肉重不超过净重的 30％。

（7）排气密封：真空密封，要求真空度控制在 300～400mmHg❶，封罐后检查封罐质量；热排气密封应先经预封，排气后罐中心温度 65～75℃，密封后立即杀菌。

（8）杀菌冷却

清蒸原汁猪肉采用高压杀菌，罐杀菌公式为：15～70min/121℃，反压冷却，反压力为 0.1078～0.1275MPa。

4. 成品评价

（1）感官要求：肉色正常，软硬适中，汤汁淡黄或淡褐，具有清蒸肉特有香味和滋味。

（2）理化指标：氯化钠 1.0％～1.5％，卫生指标应符合 GB 7098—2015 的要求。

（3）微生物指标：应符合罐头食品商业无菌的要求。

（4）评价方法：按照 QB/T 2786—2006《清蒸猪肉罐头》进行评价。

---

❶ 1mmHg=133Pa。

四、思考与讨论

① 实验中产品杀菌后为什么要采用反压冷却？

② 罐藏制品杀菌公式的制定依据是什么？

③ 为什么要进行反压冷却，如何改造手提杀菌釜，使之具有反压冷却功能？

五、参考文献

[1] QB/T 2786—2006 清蒸猪肉罐头.

[2] 赵晋府.食品工艺学.北京：中国轻工业出版社，1999.

[3] 杨邦英.罐头工业手册.北京：中国轻工业出版社，2002.

[4] 肖明均.清蒸猪肉罐头加工及其研究.肉类工业，1995，9：28-30.

六、数字资源

视频：爱课程/食品技术原理/10-7/媒体素材/肉类罐头.

实验 4　牛肉干的制作

一、实验原理和目的

牛肉干是指牛肉经预煮、切丁（条、片）、调味、浸煮、烘烤等工艺制成的干熟肉制品。牛肉干按风味可分为五香、咖喱、麻辣等，按形状可分为片状、条状、粒状等。牛肉经调味、蒸煮、烘烤等工艺加工后，其含水量达到20％以下，能够有效地抑制细菌、霉菌、酵母的生长，易于贮藏。此外，牛肉干在经过上述加工后，形成特有的色、香、味等感官特征。本实验目的是掌握牛肉干制作的工艺流程，理解肉的水分含量对牛肉干质构、感官质量以及保质期的重要影响。

二、实验材料和仪器设备

1. 实验材料

牛肉、食盐、酱油、白糖、五香粉、黄酒、生姜、味精。

2. 仪器设备

刀、砧板、切片机、不锈钢锅、电炉、烘箱、封口机、电子天平、台秤、水分测定仪。

三、实验内容

1. 工艺流程

原料修整→浸泡→煮沸→冷却→切片→卤煮→摊盘→烘烤→包装

2. 参考配方

牛肉 500g、食盐 12g、酱油 25g、白糖 100g、味精 16g、黄酒 15g、五香粉 2g、生姜 5g。

3. 操作要点

(1) 原料修整：采用卫生检验合格的牛胴体肉，修去脂肪、肌膜、碎骨等。

(2) 浸泡：循环水将肉浸泡 24h，以除去血水减少膻味。

(3) 煮沸：往锅内加入生姜、茴香、水（以浸没肉块为准），煮沸后加入肉块保持微沸，至切开肉中心无血水为止，此过程需要 1～1.5h。

(4) 冷却、切片：牛肉凉透后切成 3～5mm 厚的薄片，注意应顺着肉纤维的方向切。

(5) 卤煮

① 调汤：将煮肉的汤用纱布过滤后倒入不锈钢锅内，加入酱油、白糖、五香粉、辣椒粉、自配高级调粉，煮开。

② 将肉片放锅内，120℃加热煮 20min，100℃保温 30min，煮时不断搅拌，出锅前 10min 加入味精、黄酒，出锅后放入漏盘内沥净汤汁。此过程需要 1h。

(6) 烘烤：实验采用烤箱，烘烤温度为 85～95℃，时间为 1h 左右，注意及时排出水分。

(7) 包装：分拣大小片，分别包装。

4. 成品评价

(1) 感官要求：呈片、条状，厚薄、长短一致，色泽呈棕黄色或褐色，具有特有香色和滋味。

(2) 理化指标：水分≤20％。

(3) 评价方法：按照 GB/T 25734—2010《牦牛肉干》进行评价。

四、思考与讨论

① 说明切肉下刀时与肌纤维方向平行与否对产品口感的影响。

② 分析实验中卤煮程度对肉干最终品质的影响。

③ 请说明肉干的最终水分含量与保质期之间的关系。

五、参考文献

[1] GB/T 25734—2010 牦牛肉干.

[2] 蔺毅峰. 食品工艺学实验与检验技术. 北京：中国轻工业出版社，2005.

[3] 刘学文，王文贤，冉旭，等. 嫩化型牛肉干的研究开发. 食品科学，2002，23（3）：106-108.

[4] 张民；陈野. 食品工艺学. 4版. 北京：中国轻工业出版社，2022.

六、数字资源

视频：爱课程/食品技术原理/10-7/媒体素材/肉干 肉松 肉脯、风干牛肉.

（王稳航）

实验 5　盐水火腿的制作

一、实验原理和目的

盐水火腿又叫西式火腿，是以瘦肉为主要原料，经腌制提取盐溶性蛋白，通过机械嫩化和滚揉破坏肌肉组织结构，装模成型后蒸煮而成的低温肉制品。盐水火腿因形状而分为圆腿和方腿，又有熏烟和不熏烟的区别。盐水火腿的特点是良好的成型性、切片性，适宜的弹性，鲜嫩的口感和较高的出品率。在腌制过程中，肌肉组织中的盐溶性蛋白充分溶出，与氯化钠、磷酸盐等所含离子相互作用从而形成高凝胶，同时再加入适量的添加剂，如卡拉胶、植物蛋白、淀粉及改性淀粉，进一步提高肉糜的弹性和硬度，再经滚揉后肉中的盐溶性蛋白及其他辅料均匀地包裹在肉块、肉粒表面并填充其间，经加热变性后则将肉块、肉粒紧紧粘在一起，并使产品富有弹性和良好的切片性。本实验的目的是掌握盐水火腿制作的工艺流程，掌握盐水注射、真空滚揉工艺的操作要点，理解肌纤维蛋白溶出与凝胶形成机制。

二、实验材料和仪器设备

1. 实验材料

猪后腿肉、食盐、焦磷酸钠、三聚磷酸钠、六偏磷酸钠、亚硝酸钠、异抗坏血酸钠、味精、葡萄糖、白糖、白胡椒粉、淀粉、豆蔻粉、大豆分离蛋白粉、肠衣、模具。

2. 仪器设备

盐水注射机（器）、真空滚揉机、充填机、不锈钢锅、电炉、温度计、台秤、冰箱。

三、实验内容

1. 工艺流程

盐水制备
↓
原料选择 → 盐水注射 → 腌制滚揉 → 添加辅料 → 充填成型 → 蒸煮 → 冷却 → 脱模 → 成品

2. 参考配方

（1）猪肉：5000g。

（2）腌制液：食盐 125g、焦磷酸钠 6g、三聚磷酸钠 6g、六偏磷酸钠 3g、亚硝酸钠 0.5g、异抗坏血酸钠 2g、味精 2.5g、葡萄糖 2.5g、白糖 4.5g、水 1kg。

（3）辅料：白胡椒粉 12.5g、淀粉 150g、豆蔻粉 2.5g、大豆分离蛋白粉 100g。

3. 操作要点

（1）原料选择：选用结缔组织和脂肪组织少而结着力强的背肌和腿肉，如猪后腿肉。

（2）盐水制备：把按比例配制的各种辅料投入容器中，搅拌至充分溶解而制成腌制用盐水混合液。混合液的温度保持在 7～8℃。

（3）盐水注射：将上述腌制液用盐水注射机（器）注入肉中，其注射量为原料肉的 20%。

（4）腌制滚揉：用真空滚揉机间歇滚揉，每小时滚揉 20min，正转 10min，反转 10min，停机 40min，腌制 24h。腌制结束前加入适量淀粉、大豆分离蛋白粉、白胡椒粉和豆蔻粉等，再滚揉 30min。腌制期间温度控制在 4℃ 以下。

（5）充填成型：将腌制好的原料肉通过充填机压入动物肠衣或胶质及塑料肠衣中，用 U 形铁丝和线绳结扎后即成圆火腿；或将灌装后的圆火腿装入不锈钢模具挤压成方火腿。

（6）蒸煮：把填充的圆火腿或方火腿放入不锈钢锅内，用 75～78℃ 的水煮制。中心温度达 60℃时，再煮 20min 即可出锅。

（7）冷却：将产品连同模具一起放入冷却槽，由循环水冷却至室温，然后在 2℃冰箱冷却至中心温度为 4～6℃，即可脱模、包装，在 0～4℃下冷藏。

4. 成品评价

（1）感官要求：外表光洁，无黏液，无污垢，无破损，呈粉红色或玫瑰红色，均匀一致，组织致密，切片性能好，有弹性，无密集气孔，无汁液流出，滋味咸淡适中，无异味，无正常视力可见外来杂质。

（2）理化指标：蛋白质≥12.0%，淀粉≤6.0%，脂肪≤12.0%，水分≤75.0%。

（3）评价方法：按照 GB/T 20711—2022《熏煮火腿质量通则》进行（2024年 7 月 1 日开始实施）。

四、思考与讨论

① 滚揉在盐水火腿加工中起什么作用及滚揉工艺要点是什么？
② 分析加工过程中对产品和环境的温度控制的必要性。
③ 如何协调产品的持水性和质地之间的关系？

五、参考文献

[1] GB/T 20711—2022. 熏煮火腿质量通则.
[2] 南庆贤. 肉类工业手册. 北京：中国轻工业出版社，2008.
[3] 张民，陈野. 食品工艺学. 4 版. 北京：中国轻工业出版社，2022.

六、数字资源

视频：爱课程/食品技术原理/10-5/媒体素材/盐水火腿.

（王稳航）

实验 6　肉脯的制作

一、实验原理和目的

肉脯是指瘦肉经切片（或绞碎）、调味、腌制、烘干、烤制等工序制成的干、熟薄片型的肉制品。与肉干不同之处是不经过煮制，多为片状。肉脯的品种很多，但加工过程基本相同，只是配料不同，各有特色。通过本实验的学习，了解肉品原料特性及其对肉脯加工工艺的影响，掌握肉品的加工特性；能够制订生产工艺和产品方案，生产出肉脯。

二、实验材料与仪器设备

1. 实验材料

鲜猪肉、鸡蛋、食盐、小苏打、白糖、酱油（白酱油）、白胡椒粉、红曲米、高粱酒、鱼露、味精、硝酸钠等。

配方一（靖江猪肉脯）：白糖 1.35kg、酱油 0.85kg、白胡椒粉 0.01kg、鸡蛋 0.3kg、味精 0.05kg。

配方二（上海猪肉脯）：食盐 2.5kg、硝酸钠 0.05kg、白糖 1kg、高粱酒 2.5kg、味精 0.3kg、白酱油 1kg、小苏打 0.01kg。

2. 仪器设备

冷冻柜、切片机、压平机、烤箱、烘箱等。

三、实验内容

1. 工艺流程

选料→预处理→冷冻或不冷冻→切片→调味→铺盘→烘干→成型（→焙烤）→冷却→包装

2. 工艺要点

（1）选料、预处理：选用健康猪的后腿肉，经过剔骨处理，除去肥膘、筋膜，顺着肌纤维切成块，洗去油污，需冻结的则装入方型肉模内，压紧后送冷库内速冻，至肉块中心温度达到−4～−2℃时，取出脱模，将冷冻的肉放入切片机中切片或人工切片。切片时必须顺着肉的纤维切片。肉片的厚度控制在 1～1.5cm，然后解冻、拌料。不冻结的肉块排酸嫩化后直接手工片肉、拌料。

在配方中加入桑葚多酚-β-环糊精微胶囊，可改善肉脯的质构并提高其抗氧化性。

（2）调味：肉片可放在调味机中调味。调味机的作用一是将各种调味料与肉片充分混合均匀；二是起到按摩作用，肉片经搅拌按摩，可使肉中盐溶蛋白溶出一部分，使肉片带有黏性，便于在铺盘时肉片与肉片之间相互连接。所以，在调味时应注意要将调味料与肉片均匀地混合，使肉片中盐溶蛋白溶出。

（3）铺盘：铺盘的工序目前均为手工操作。步骤是首先用食用油将竹盘刷一遍，然后将调味后的肉片铺平在竹盘上，肉片与肉片之间由溶出的蛋白胶相互粘住，但肉片与肉片之间不得重叠。

（4）烘干：将铺平在竹盘上的已连成一大张的肉片放入干燥箱中，干燥的温度在 55～60℃，干燥时间 2～3h。烘干至含水分在 25％为佳。

（5）成型：烘干后的肉片是一大张，将这一大张肉片从竹盘中揭起，用切片机或手工成型，一般可切成 6～8cm 的正方形或其他形状。

（6）焙烤：牛肉片烘干、成型后可进行焙烤，烤炉温度控制在 280～350℃，时间 8～10min，以烤熟为准，不得烤焦。不需焙烤的产品，烘烤、切形后加入香油等即为成品。

（7）冷却、包装：烤熟的肉脯在冷却后应迅速进行包装，包装可用真空包装或充氮气包装，外加硬纸盒按所需规格进行包装。也可采用马口铁罐大包装或小包装。塑料袋包装的成品宜贮存在通风干燥的库房内，保存期为 6 个月。

3. 产品评价

（1）感官要求：肉脯片型规则整齐，厚薄基本均匀，可见肌纹，允许有少量脂肪析出和极微小空洞，无焦片、生片。肉脯呈棕红、深红、暗红色，色泽均匀，油润有光泽。滋味鲜美，醇厚，甜咸适中，香味醇正，具有该产品特有的风味，无肉眼可见杂质。

（2）理化指标：水分≤20％，脂肪≤14％，蛋白质≥30％，氯化物（以 NaCl 计）≤5％，总糖（以蔗糖计）≤35％，亚硝酸盐≤30mg/kg，铅（Pb）≤0.3mg/kg，无机砷≤0.5mg/kg，镉（Cd）≤0.1mg/kg，总汞（以 Hg 计）≤0.05mg/kg。

（3）评价方法：按照 GB/T 31406—2015《肉脯》进行评价。

四、思考与讨论

① 为什么肉在切片时必须顺着肉的纤维切片？
② 延长猪肉脯保质期的方法有哪些？
③ 为什么本产品不宜过量食用？

五、参考文献

[1] 丁武. 食品工艺学综合实验. 北京：中国林业出版社，2012.

[2] 高海燕，孙晶. 休闲食品生产工艺与配方. 北京：化学工业出版社，2015.

［3］沈双伟，李登龙，林伟玲，等．桑椹多酚及其微胶囊对猪肉脯品质的改良．现代食品科技，2022，38（3）：185-194.

［4］GB/T 31406—2015．肉脯．

六、数字资源

视频：爱课程/食品技术原理/10-7/媒体素材/肉干 肉松 肉脯．

（郑捷）

实验 7　肉松的加工

一、实验原理和目的

肉松是以动物肉为主要原料，经修整、切块、煮制、撇油、调味、收汤、炒松、搓松制成的肌肉纤维蓬松成絮状的熟肉制品。由于所用的原料不同，可分为猪肉松、牛肉松、鸡肉松、鱼肉松及兔肉松等。按其成品形态不同，可分为绒状肉松和粉状肉松两类，绒状肉松成品金黄或淡黄，细软蓬松如棉絮；粉状肉松成品呈团粒状，色泽红润。通过本实验，了解肉松加工工艺，学会肉松加工设备的操作方法。

二、实验材料与仪器设备

1. 实验材料

瘦猪肉、白砂糖、食盐、酱油、味精、白酒、生姜、桂皮、八角、五香粉等。

2. 仪器设备

刀具、电磁炉、锅、锅铲等。

三、实验内容

1. 工艺流程

原料预处理→煮制→炒压→炒制→包装

2. 工艺要点

（1）原料预处理：去除原料瘦肉（冷冻肉需解冻）中的皮膜、脂肪、筋等结缔组织，洗净沥干并沿肉的肌纤维方向切成长约 6cm、宽约 4cm 的肉块。

（2）煮制：肉块投料至锅中，加入大约肉重 1.5 倍的水，将生姜、桂皮、八角等香料用纱布包裹好放置于锅中，大火煮沸，煮沸过程中不断地撇去浮油，待锅中剩余少许汤汁时，取出香料包，按猪瘦肉 100%、酱油 2%、食盐 2%、白砂糖 1.5%、五香粉 0.1%、白酒 1%、味精 0.6%、生姜 0.5%、桂皮 0.3%、八角 0.3% 的配料进行加工。

（3）炒压：加入配料后采用中火，用锅铲压碎已熟制的肉块，使肉的肌纤维分散。

（4）炒制：将压散的肉松半成品进行小火炒制，待肉的颜色由灰棕色变成金黄色或棕色，有肉松的特殊香味时即可。

（5）包装：将冷却后的肉松进行包装，以防吸湿回软。

3. 产品评价

（1）感官要求：产品形态呈絮状，纤维柔软蓬松，允许有少量结头，无焦头。色泽呈浅黄色或金黄色，色泽基本均匀。鲜味美，甜咸适中，具有肉松固有的香味，无其他不良气味。无肉眼可见杂质。

（2）理化指标：水分≤20%，脂肪≤10%，蛋白质≥32%，氯化物（以 NaCl 计）≤7%，总糖（以蔗糖计）≤35%，淀粉≤2%，铅（Pb）≤0.3mg/kg，无机砷≤0.5mg/kg，镉（Cd）≤0.1mg/kg，总汞（以 Hg 计）≤0.05mg/kg。

（3）评价方法：按照 GB/T 23968—2022《肉松质量通则》进行评价。

四、思考与讨论

① 肉松的保藏技术原理是什么？

② 肉松色泽和风味形成机理是什么？

③ 为什么冷却后的肉松要进行包装？

五、参考文献

［1］丁武. 食品工艺学综合实验. 北京：中国林业出版社，2012.

［2］马道荣，杨雪飞，余顺火. 食品工艺学实验与工程实践. 合肥：合肥工业大学出版社，2016.

［3］GB/T 23968—2022. 肉松质量通则.

［4］爱课程/食品技术原理/10-7/媒体素材/肉干 肉松 肉脯.

（郑捷）

实验 8　牛肉丸的加工

一、实验原理和目的

牛肉丸已经成为人们日常生活中很常见的食品。随着人们生活水平的提高，人们对饮食的要求也越来越高，在要求营养的同时更加注重口感和口味。但是现在市场上流通的牛肉丸采用的添加剂较多，一些牛肉丸口感不够爽脆，冷冻后取出烹制时，颜色发黑，容易出现开裂。本实验以牛肉和牛油为主要原料，制得的牛肉丸色泽纯正、口感爽脆、富有弹性，且烹制时不会开裂。通过本次实验，旨在让学生了解牛肉丸的加工原理及制作设备的使用方法，掌握牛肉丸的加工工艺等。

二、实验材料与仪器设备

1. 实验材料

牛肉 5000g、牛油 600g、荸荠粉 210g、百合粉 110g、蒜蓉 100g、鸡精 100g、榛子粉 90g、白茅根粉 70g、食盐 60g、胡椒粉 15g、鱼露 30g、白醋 8g。

2. 仪器设备

绞肉机、打浆机、真空包装机等。

三、实验内容

1. 工艺流程

原料预处理→打浆→调料→定型→煮丸→出丸→浸泡→冷冻→包装

2. 工艺要点

(1) 原料预处理：将牛肉切成长条状，放进绞肉机，绞碎，备用；然后将牛油放进绞肉机，绞碎，备用。

(2) 打浆：在打浆机开启制冷 10min 后，放入绞碎的牛肉，以转速 250～350r/min 打浆 8～15min。

(3) 调料：往打浆机内放入荸荠粉、百合粉、榛子粉、白茅根粉，以转速 80～100r/min 搅拌 3～5min 后，再加入蒜蓉、鸡精、食盐、胡椒粉、鱼露、白醋和绞碎的牛油，搅拌均匀后得混合物料。（在处理牛肉时，可将石榴皮提取物加入新鲜的肉末中，此方法将延长肉丸的冷藏时间，减少脂质和蛋白质的氧化，提高感官质量。）

（4）定型：将混合物料制成丸状，并置入温度为 60～70℃ 的热水中预煮定型 20～30℃。

（5）煮丸：将定型的牛肉丸置入温度为 80～90℃ 的热水中，煮制 3～5min 后捞出。

（6）出丸：将煮制后的牛肉丸用冷水冲洗，直至冷却至室温。

（7）浸泡：将冷却后的牛肉丸放入食盐水中，浸泡 10～15min 后捞出并晾干。

（8）冷冻：将牛肉丸晾干表面水分后放入 −30～−20℃ 环境下冷冻 3～4h。

（9）包装：将冷冻后的牛肉丸抽真空包装，于 −15～−3℃ 的温度下冷藏或运输。

3. 产品评价

（1）感官要求：产品色泽均匀，灰褐色；形态完整，呈球丸状，大小均匀，富弹性，手指压后迅速恢复原状；不发黏；具有牛肉特有的气味和滋味，无异味；表面及丸内无肉眼可见外来杂质。

（2）理化指标：水分≤72g/100g，脂肪≤10g/100g，蛋白质≥14g/100g，淀粉≤3g/100g。

（3）评价方法：按照 DBS 44/005—2016《食品安全地方标准 汕头牛肉丸》进行评价。

四、思考与讨论

① 为什么在打浆之前牛肉需要绞碎？

② 为什么打浆机在打浆前需要开启制冷模式？

③ 速冻对牛肉丸品质的影响有哪些？

五、参考文献

［1］黄小玲 . 一种牛肉丸及其制备方法 . CN 201810018818. 2018-04.

［2］DBS44/005—2016 食品安全地方标准 汕头牛肉丸 .

［3］Turgut S S，Soyer A，Isikci F. Effect of pomegranate peel extract on lipid and protein oxidation in beef meatballs during refrigerated storage. Meat Science，2016，116：126-132.

六、数字资源

爱课程/食品技术原理/10-5/媒体素材/肉的斩拌.

（郑捷）

实验9　冷冻鱼糜的制作

一、实验原理和目的

　　冷冻鱼糜是将原料鱼经过采肉、漂洗、脱水后，加入糖类、磷酸盐等防止蛋白质冻结变性的添加剂，在低温下能较长时间保藏的产品，广泛用于生产各种鱼糜制品，如鱼丸、鱼糕、鱼饼、鱼肉火腿、鱼香肠等产品。鱼体肌肉组织经过漂洗后去除其水溶性蛋白成分及其他杂质，添加盐分后，肌球蛋白和肌动蛋白从组织中脱离出来，通过斩拌或擂溃使溶出的纤维状盐溶性蛋白相互作用形成高黏凝胶体系——鱼糜。肌动球蛋白长时间放置后会自动凝固。为了避免在加工成型之前发生自动凝固现象，分离出的鱼肉原料应尽可能在最短时间内冻结。冷冻鱼糜的冻藏温度要在$-18℃$以下，并要求冻藏温度稳定。本实验要求理解冷冻鱼糜制作中蛋白质分离与凝胶化操作的原理和方法，掌握冷冻鱼糜的加工工艺。

二、实验材料和仪器设备

1. 实验材料

新鲜鱼、食盐、白砂糖、山梨醇、多聚磷酸盐（食用级）。

2. 仪器设备

采肉刀具、压力精滤器、小型离心机、斩拌机、超低温冰箱、塑料热合封口机。

三、实验内容

1. 工艺流程

原料鱼→前处理→水洗→采肉→漂洗→精滤→脱水→斩拌或擂溃→冻结

2. 参考配方

鱼糜1000g、白砂糖40g、山梨醇40g、食盐2.5g、多聚磷酸盐$0.2\sim0.3$g。

3. 操作要点

(1) 前处理：鱼体去头、去内脏，同时除去附在腹腔内侧的黑膜。处理好的鱼及时加入足够的碎冰，控制温度上升，防止鱼体鲜度下降。

(2) 水洗：充分洗净鱼体表面和腹腔内的污物，用冷水或加碎冰降低水温。鱼体浸泡时间不能过长，洗涤用水含氯浓度为 50mg/kg。

(3) 采肉和漂洗：用采肉刀具取肉。漂洗出鱼皮、浸出物、水溶性蛋白质等，使制品颜色变白、增加弹性。鱼肉与水的比例为 1：（5～10），慢速搅拌 8～10min，然后静置 5～10min 去掉上层杂物和清液，水温保持 5～8℃。第 2 次漂洗时加入 0.1％～0.3％的食盐溶液。

(4) 精滤：漂洗的碎鱼肉中还含有细刺、鱼鳞等，用压力精滤器（网孔直径约 0.8mm）除去这些杂质。保持鱼浆温度在 10℃以下。

(5) 脱水：精滤好的鱼浆进入离心机内进行脱水，使水分不超过 78％。

(6) 斩拌：冷冻鱼糜制造技术的关键是鱼肉在斩拌或擂溃时，要添加蛋白质冷冻变性防止剂。常用的冷冻变性防止剂有砂糖和山梨醇等糖（糖醇）类、多聚磷酸盐等。操作方法是在脱水鱼肉中加入 4％白砂糖、4％山梨醇、2.5％食盐和 0.2％～0.3％的多聚磷酸盐，用斩拌机慢速斩拌 1min，然后快速斩拌 2～3min。在斩拌过程中向鱼糜中加入适量碎冰，使鱼糜温度控制在 10℃左右。

(7) 冻结：将混匀后的鱼糜按规格要求用聚乙烯塑料袋进行定量包装，包装时应尽量排出袋内的空气，以防止氧化。冷冻鱼糜应尽可能在最短时间内冻结。有条件的应使用平板冻结机，实验室可使用超低温冰箱，冰冻环境温度为 −35℃，时间为 4h 左右，使鱼糜中心温度达到 −24℃。冷冻鱼糜的品温越低，越有利于长期保藏，所以冷冻鱼糜的冻藏温度要在 −25℃以下，并要求冷库温度稳定。

4. 异常工艺条件的设计

(1) 不同漂洗温度对鱼糜品质的影响。

(2) 不同漂洗时间对鱼糜品质的影响。

(3) 不同斩拌时间对鱼糜品质的影响。

(4) 不同食盐添加量对鱼糜品质的影响。

5. 成品评价

(1) 感官要求：应符合表 3-1 的规定。

表 3-1 冷冻鱼糜的感官要求

项目	要求
色泽	白色、类白色
形态	解冻后呈均匀柔滑的糜状
气味及滋味	具新鲜鱼类特有的、自然的气味，无异味
杂质	无外来夹杂物

（2）理化指标：应符合表 3-2 的规定。

表 3-2 冷冻鱼糜的理化指标

项目	指标							
	SSA 级	SA 级	FA 级	AAA 级	AA 级	A 级	AB 级	B 级
凝胶强度/（g·cm）	≥700	≥600	≥500	≥400	≥300	≥200	≥100	<100
杂点/（点/5g）	≤10			≤12		≤15		≤20
水分/%	≤76.0				≤78.0			≤80.0
pH	6.5～7.4							
产品中心温度/℃	≤−18.0							
白度①	符合双方约定							
淀粉	不得检出							

① 根据双方对产品白度约定的要求进行。

（3）评价方法：按照 SC/T 3702—2014《冷冻鱼糜》进行评价。

四、思考与讨论

① 各组分在鱼糜中的作用是什么？

② 讨论鱼糜生产过程中温度控制的重要性。

五、参考文献

[1] SC/T 3702—2014. 冷冻鱼糜.

[2] Park J W. Surimi and Surimi Seafood. 2nd Ed. New York，CRC Press，2005.

[3] 李复生，卢勇泽. 冷冻鱼糜加工工艺研究. 中国水产，2006，1：71-72.

六、数字资源

视频：爱课程/食品技术原理/10-8/媒体素材/模拟蟹肉的加工、鱼糜制品的加工.

（郑捷）

实验 10 鱼丸的制作

一、实验原理和目的

鱼糜制品是指以鱼糜、鲜鱼或鱼肉（鲜鱼或鱼肉为原料时，需进行前处理，使其变成鱼糜）为主要原料，加入食盐等辅料进行擂溃，使之成为黏稠的混合物，加热或者发酵、烟熏后，形成具有弹性的凝胶体。目前，鱼糜制品是国内外发展较快的水产深加工产品之一，而鱼丸作为最具代表性的鱼糜制品之一，以其营养丰富、味道鲜美、食用方便而深受人们的喜爱。本实验以鱼肉为原料，进行制备鱼丸的工艺实验，要求学生了解鱼丸的加工原理及制作设备的使用方法，掌握鱼丸的基本加工工艺。

二、实验材料与仪器设备

1. 实验材料

鲜鱼、马铃薯淀粉、白砂糖、食盐、复合磷酸盐、大豆分离蛋白、生姜等。

2. 仪器设备

鱼肉采肉机、斩拌机、成丸机、速冻设备、水浴锅、三足离心机、尼龙袋等。

三、实验内容

1. 工艺流程

冷冻鱼糜 → 解冻   备馅
      ↓   ↓
原料鱼 → 去头去内脏 → 洗涤 → 采肉 → 漂洗 → 脱水 → 精滤 → 擂溃 → 成型 → 加热 → 冷却 → 包装 → 冷藏

2. 工艺要点

（1）原料鱼选择及前处理：为确保鱼丸的良好质量，应选用凝胶性强、含脂量较低和白色鱼肉比例较高的鱼种如草鱼、鲢鱼等淡水鱼以及海水鱼，此外一般

83

选用鲜活鱼或具较高鲜度的冰鲜鱼，而淡水鱼以鲜活作为基本要求。经去头、去内脏、洗涤、采肉、漂洗、脱水、精滤或解冻等工序处理得到的鱼糜，作为加工鱼糜制品的原料，也采用冷冻鱼糜为原料，先将冻鱼糜块作半解冻处理，再用切削机将冻鱼糜切块成薄片（2～3mm 厚）。

（2）擂溃：采用真空擂溃机，先进行空擂，再加入 2％～3％的食盐盐擂，然后再按顺序加入 5％～12％淀粉及其他调味料，其间按规定的 20％～40％水量分次加入，以擂溃至所需的黏稠度。整个擂溃时间控制在 20～30min 内。以高速斩拌机代替擂溃机，只需 10min 左右。

（3）成型：采用成丸机连续生产，夹馅（含馅、有馅）水发鱼丸是以鱼肉、淀粉、精盐、味精等调制的鱼糜为外衣，以剁碎的猪肉（肥瘦肉）和糖、盐等掺和的肉糜为馅心，用手工或机械制作而成的。一般 8～16g/丸。

（4）加热：鱼丸的加热有两种方式。水发鱼丸用水煮，油炸鱼丸用油炸。水温控制在 85～95℃，鱼丸中心温度必须在 5～10min 内达到 75℃左右，待鱼丸逐渐受热膨胀漂起，表明煮熟，随即捞起，沥去水分。另外也可采用分段加热法，先将鱼丸加热到 40℃保持 20min，以形成高强度凝胶化的网状结构，再升温到 75℃，这类制品比前者好。油炸制品油炸时可消除腥臭味并产生金黄色。油炸开始时豆油或菜籽油的油温需保持在 180～200℃之间。油炸 1～2min，待鱼丸炸至表面坚实，内熟浮起，呈浅黄色时即可捞起。如用自动油炸锅则经二次油炸，第一次油温 120～150℃（物料中心温度 50～60℃），第二次油温 150～180℃（物料中心温度 75～80℃）。此外，也可先将鱼丸经水中煮熟，沥干水分后油炸而成。这种产品弹性较好，缩短油炸时间，提高出品率，且可减少或避免成型后直接油炸所出现的表面褶皱、不光滑现象。

（5）冷却、包装：鱼丸加热后均应快速冷却，可分别采用水冷或风冷等措施快速降温。包装前的鱼丸应凉透，然后按规定分装于塑料袋中封口。鱼丸罐头则需要进行装罐和封口。

3. 产品评价

（1）感官要求：产品色泽为淡白或白色稍带红色。鱼丸具有鱼肉特有的鲜味，可口，鱼味浓郁。组织状态断面密实，无大气孔，有许多微小且均匀的小气孔。中指用力压鱼丸，凹陷而不破裂，放手则恢复原状，在桌上 30～35cm 处落下，鱼丸弹跳两次不破裂。

（2）理化指标：淀粉≤15g/100g，水分≤82g/100g，冻品中心温度≤−18℃。

（3）评价方法：按照 GB/T 41233—2022《冻鱼糜制品》进行评价。

四、思考与讨论

① 为什么选择真空揉溃？

② 为什么水发鱼丸采用分段加热法比直接加热法好？

③ 在油炸鱼丸加热时，先将鱼丸经水煮熟的好处有哪些？

五、参考文献

［1］马道荣，杨雪飞，余顺火 . 食品工艺学实验与工程实践 . 合肥：合肥工业大学出版社，2016.

［2］汪志君，韩永斌，姚晓玲 . 食品工艺学 . 北京：中国质检出版社，2012.

［3］GB/T 41233—2022. 冻鱼糜制品 .

六、数字资源

爱课程/食品技术原理/10-8/媒体素材/鱼丸 .

（郑捷）

实验 11　调味鱼片的制作

一、实验原理和目的

以淡水鱼或海水鱼为原料，通过循环水漂洗以除去水溶性蛋白质和杂质等，再经滚压、拉松使鱼片肌肉纤维组织疏松均匀，面积延伸增大，其间辅以调味渗透等工艺，制成水分含量较低，营养丰富、味道鲜美的片状鱼制品。本实验要求掌握调味鱼片的加工原理和方法。

二、实验材料与仪器设备

1. 实验材料

鲢鱼（或草鱼）、白砂糖、精盐、味精、黄酒、饮用水、聚乙烯或聚丙烯袋等。

2. 仪器设备

漂洗用筐或水槽、剖片刀、烘干机、烘帘、烤箱、滚压机、电子秤等。

三、实验内容

1. 工艺流程

原料选择（冻鱼解冻）→剖片→检片→漂洗和沥水→调味渗透→摊片→烘干→揭片→烘烤→滚压拉松→检验→称量→包装

2. 工艺要点

（1）原料选择：将新鲜鲢鱼清洗，刮鳞、去头、去内脏、去皮，洗净血污。

（2）剖片：用刀片割去胸鳍，一般由尾端下刀剖至肩部，力求出肉率高。

（3）检片：将剖片时带有的黏膜、大骨刺、杂质等检出，保持鱼片洁净。

（4）漂洗和沥水：漂洗是提高制品质量的关键，漂洗可在漂洗槽中进行，也可将肉片放入筐内，再将筐放入漂洗槽，用循环水反复漂洗干净，然后捞出，沥水。

（5）调味渗透：白砂糖 5%～6%，精盐 1.5%～2%，味精 1%～1.8%，黄酒 1%～1.5%，用手翻拌均匀，静置渗透 1.5h（15℃）。

（6）摊片：将调味的鱼片摊在烘帘上烘干，摆放时片与片间距要紧密，片型要整齐，抹平，两片搭接部位尽量紧密，使整片厚度一致，以防爆裂，相接的鱼片肌肉纤维纹理要一致，使鱼片成型美观。

（7）烘干：烘干温度以 30～35℃为宜，烘至半干时移出，使内部水分向外扩散然后继续烘干，最终达到规格要求。

（8）揭片：将烘干的鱼片从烘帘揭下，即得生片。

（9）烘烤：温度为 160～180℃，1～2min，烘烤前往生片上喷洒适量水，以防鱼片烤焦。

（10）滚压拉松：烤熟的鱼片在滚压机中进行滚压拉松，滚压时要沿着鱼肉纤维的垂直（即横向）方向进行，一般须经二次拉松，使鱼片肌肉纤维组织疏松均匀，面积延伸增大。

（11）检验：经拉松后的鱼片，去除剩余骨刺，根据需求确定包装大小（聚乙烯或聚丙烯袋均可）。

（12）称量、包装：按照产品需求，进行称量包装。

3. 产品评价

（1）感官要求：产品色泽为黄白色，边沿允许略带焦黄色。鱼片形态平整，片形基本完好。肉质组织疏松，有嚼劲，无僵片；滋味鲜美，咸甜适宜，具有烤淡水鱼的特有香味，无异味，无杂质。

（2）理化指标：过氧化值（以脂肪计）≤0.6g/100g，挥发性盐基氮≤30mg/100g。

（3）评价方法：按照 GB 10136—2015《食品安全国家标准　动物性水产制品》进行评价。

四、思考与讨论

① 如何才能使得调味鱼片口感好、有嚼劲？

② 为什么烘干温度不宜过高？温度过高调味鱼片会有什么不利变化？

③ 对调味鱼片的感官品质有哪些要求？

五、参考文献

[1] 丁武．食品工艺学综合实验．北京：中国林业出版社，2012.

[2] GB 10136—2015．食品安全国家标准 动物性水产制品．

六、数字资源

视频：爱课程/食品技术原理/10-8/媒体素材/鳕鱼的加工．

（郑捷）

实验 12　模拟蟹肉的制作

一、实验原理和目的

模拟蟹肉是指以鱼肉或冷冻鱼糜为主原料，添加食盐等，擂溃后加天然蟹肉抽提物、蟹肉香精、调味料混合均匀，经成型设备制成具有蟹肉风味和纤维状集束结构的蟹腿肉形状，再经过加热使之凝胶化，形成具有弹性的鱼糜制品。鱼糜凝胶化现象是因为盐溶性蛋白充分溶出后，其肌动球蛋白在受热后高级结构解开，在分子之间通过氢键相互缠绕形成纤维状大分子而构成稳定的网状结构。由于肌动球蛋白在溶出过程中具有极强的亲水性，因而在形成的网状结构中包含了大量的游离水分，在加热形成凝胶以后，就构成了比较均匀的网状结构而使制品具有较强的弹性。模拟蟹肉具有蟹肉的鲜味，表皮有蟹红色，肉洁白，弹性佳，营养丰富，是一种很受欢迎的方便食品。本实验要求掌握模拟蟹肉制作的基本工艺和配方，理解模拟蟹肉制作的基本原理和产品质量评价的方法。

87

二、实验材料和仪器设备

1. 实验材料

冷冻鱼糜、精制淀粉、蟹味素、精制食盐、味精、水、碎冰等。

2. 仪器设备

冷冻机、鱼糜蒸烤成型机及配套设备、斩拌机、蒸汽箱、火烤箱、切断机。

三、实验内容

1. 工艺流程

冷冻鱼糜→解冻→斩拌擂溃→涂片→蒸煮→火烤→冷却→轧条纹→成卷→涂色→包装→切段→蒸煮→冷却→切小段→真空包装→平板速冻→成品

2. 参考配方

(1) 冷冻带鱼鱼糜 1000g、食盐 25g、味精 8g、马铃薯淀粉 40g、玉米淀粉 20g、淀粉 5g、蛋清 100g、甘氨酸 10g、丙氨酸 5g、天然海蟹肉 150g、蟹汁 15mL、蟹肉素 10mL、冰水 300mL、蟹色素 1.23g（胭脂红 0.02g、食用红 0.01g、丙二醇 1.2g）。

(2) 冷冻带鱼鱼糜 1000g、食盐 25g、味精 10g、淀粉 60g、蛋清 100g、甘氨酸 20g、丙氨酸 5g、蟹汁 15mL、蟹肉素 10mL、冰水 300mL、蟹色素 1.23g（胭脂红 0.02g、食用红 0.01g、丙二醇 1.2g）。

(3) 冷冻鱼糜 1000g、食盐 25g、味精 8g、淀粉 40g、蛋清 80g、甘氨酸 20g、丙氨酸 10g、蟹汁 20mL、冰水 300mL、蟹色素 1.23g（胭脂红 0.02g、食用红 0.01g、丙二醇 1.2g）。

3. 操作要点

(1) 冷冻鱼糜的解冻：解冻工序必须严格控制，避免过度解冻，解冻程度宜掌握在半解冻状态下。把处于半解冻状态的冷冻鱼糜切成小块，用绞肉机绞碎，绞肉的作用是缩短解冻时间和破坏鱼肉组织，以利于擂溃时盐溶性肌原蛋白的溶出。

(2) 斩拌擂溃：模拟蟹肉生产一般采用高速斩拌机进行斩拌、擂溃，擂溃是生产模拟蟹肉的关键工序，擂溃过程要严格控制温度，温度一般设置为 5～10℃，鱼糜温度不能超过 10℃，温度过高会导致鱼肉蛋白质变性；但温度也不可过低，温度低于 0℃时加入盐会使鱼肉再次冻结成块，影响擂溃效果和鱼糜质量。擂溃分空擂、盐擂和味擂三个阶段。

①空擂：将解冻好的冷冻鱼糜放入擂溃机中，擂溃 5～15min，进一步破坏鱼肉组织。

②盐擂：空擂后添加 2％～3％的精盐，继续擂溃 20～30min，此时鱼肉逐渐变得黏稠，鱼肉中的盐溶性蛋白渐渐溶出，这一过程叫盐擂。盐擂工序对蟹饼的弹性形成极为重要。

③味擂：盐擂后加入白砂糖、淀粉等辅助材料，继续擂溃 10～15min。总擂溃时间为 35～50min，擂溃时间不够，则盐溶性蛋白溶出少，弹性形成能力差，擂溃时间太长，则鱼肉温度升高，导致肌动球蛋白热变性，影响蟹饼弹性的形成。一般情况下，擂溃时间每增加 5min，鱼肉温度就会升高 1℃左右。

（3）涂片：对擂溃好的鱼糜进行涂片，涂成厚 1.5mm、宽为 120mm 的薄带状。

（4）蒸煮、火烤：薄带状的鱼糜送入蒸汽箱中，经温度 90℃，时间 30s 的蒸汽加热，使鱼糜涂片凝胶化，此蒸煮工序的目的为鱼糜涂片定型而非蒸熟。之后将鱼糜涂片放入火烤箱，进行火烤干热，时间为 40s，火苗距鱼糜涂片约 3cm。

（5）冷却：薄带状的鱼糜经蒸煮、火烤后开始自然冷却，冷却时间一般为 2min 左右，冷却后的温度在 35～40℃，冷却使涂片富有弹性。

（6）轧条纹：用带条纹的轧辊（螺纹梳刀）将鱼糜涂片切成每条宽为 1mm 左右的条纹，深度为 1mm。

（7）成卷：将轧了条纹的鱼糜涂片卷成卷状，卷层一般为四层。

（8）涂色：将色素涂在鱼糜卷的表面，约占总表面积的 2/5 至 1/2，所用色素的颜色要与蟹的红色素相似。可采用直接涂在鱼糜卷表面或涂在包装薄膜上，当薄膜包在鱼糜卷表面时，色素即可附着在制品的表面上。色素的配制方法：食用红色素 16g，食用棕色素 1g，鱼糜 200g，水 190g，搅拌均匀后稍呈黏稠状涂用。

（9）薄膜包装：用厚度为 0.02mm 的聚乙烯薄膜将鱼糜卷包装起来，薄膜为带状，包装并热合缝口。

（10）切段：将包装了薄膜的鱼糜卷切成每段为 50 cm 长的段，整齐地装在干净的塑料箱中，以备第二次蒸煮。

（11）蒸煮：采用蒸箱进行蒸煮，蒸煮温度为 98℃，时间 18min；或采用 80℃，时间则为 20min。

（12）冷却：蒸煮好的制品用18～19℃的清水喷淋冷却，时间为3min，水冷却后的制品温度为33～38℃，然后再使用冷柜进行冷却，冷却时间为7min，冷却完成时制品温度为21～26℃。

（13）切小段：冷却后的制品按产品包装要求由切段机切成一定长度的段，多数产品段长取10cm左右。

（14）真空包装：用厚度为0.04～0.06mm的聚乙烯薄膜袋按产品包装要求装入一定数量的制品小段，由真空封口机自动包装封口。

（15）速冻、冷藏：将袋装制品放入速冻机内速冻，冻结温度为−40℃，时间为2h（或−35℃、3～4h），使制品中心温度降至−20℃，并要求在−20℃以下低温贮藏。冷藏库的温度要保持相对稳定。如果冷藏库温度波动大，则抑制冷冻变性的效果就差，加上出现冰晶长大现象，模拟蟹肉质量就会下降。

4. 成品评价

（1）感官要求：应符合表3-3的规定。

表3-3　模拟蟹肉的感官要求

项目	要求
冻品外观	包装袋完整无破损、不漏气，袋内产品形状良好，个体大小基本均匀、完整、较饱满，排列整齐，模拟制品应具有特定的形状
色泽	模拟蟹肉正面和侧面要有蟹红色，肉体和背面色泽白度较好
肉质	口感爽，肉滑，弹性较好，10分评定法≥6分
滋味	模拟蟹肉要有蟹肉特有的鲜味，味道较好，10分评定法≥6分
杂质	允许有少量2mm以下的小鱼刺或鱼皮，但不允许有鱼骨、鱼皮以外的夹杂物

（2）理化指标：应符合表3-4的规定。

表3-4　模拟蟹肉的理化指标

项目	指标
失水率/%	≤6
淀粉/%	≤10
水分/%	≤82
净含量负偏差/%	≤3

（3）评价方法：按照 SC/T 3701—2003《冻鱼糜制品》进行评价。

四、思考与讨论

① 擂溃过程为什么要严格控制温度？一般要求擂溃的温度是多少？温度过高或过低对模拟蟹肉制品品质有什么影响？

② 为什么要进行两次蒸煮？两次蒸煮的目的有何不同？

③ 成品为什么进行真空包装？真空包装的原理是什么？

五、参考文献

［1］SC/T 3701—2003. 冻鱼糜制品.

［2］Park J W. Surimi and Surimi Seafood. 2nd Ed. New York，CRC Press，2005.

［3］刘庆营. 模拟蟹肉的加工工艺. 水产加工，2007（2）：53.

［4］杨贤庆，李来好，徐泽智. 冻模拟蟹肉加工技术. 制冷，2002，21（2）：67-69.

六、数字资源

视频：爱课程/食品技术原理/10-8/媒体素材/模拟蟹肉的加工、鱼糜制品的加工.

（郑捷）

实验 13　豆豉鲮鱼罐头的制作

一、实验原理和目的

鱼经预处理，适当调味后密封在容器或包装袋中，通过杀菌使大部分微生物营养细胞被杀死，产品达到商业无菌要求，从而在室温下，得以长期保藏。将处理好的原料盐渍脱水或油炸后装罐，并加入调味料而制成的罐头称为调味类水产罐头。本实验要求理解豆豉鲮鱼罐头的制作原理，掌握豆豉鲮鱼罐头加工的工艺流程、加工特点、基本要求和主要设备以及影响工艺效果的主要因素。

二、实验材料和仪器设备

1. 实验材料

鲮鱼、豆豉、食盐、丁香、桂皮、沙姜、甘草、八角茴香、白砂糖、酱油、味精。

2. 仪器设备

重石、夹层锅、油炸锅、抗硫涂料罐或罐头瓶、切刀。

三、实验内容

1. 工艺流程

原料处理→盐腌→清洗→油炸和浸调味料→装罐→排气、密封→杀菌、冷却→成品

2. 工艺要点

（1）原料处理：条装用的鲮鱼每条质量 0.11～0.19kg，段装用的鲮鱼每条质量 0.19kg 以上。将活鲜鲮鱼去头、剖腹去内脏、去鳞、去鳍，用刀在鱼体两侧肉层厚处划 2～3cm 深的线，按大小分成大、中、小三级。

（2）盐腌：鲮鱼 100kg 的用盐量，4～10 月份生产时为 5.5kg，11 月～翌年 3 月份生产时为 4.5kg。将鱼和盐充分拌搓均匀后，装于桶内，上面加压石块，鱼和石块之比为：1：（1.2～1.7）。压石时间：4～10 月份为 5～6h，11 月～翌年 3 月份为 10～12h。

（3）清洗：盐腌完毕，移去石块，迅速将鱼取出，避免鱼在盐水中浸泡，用清水逐条洗净，刮净腹腔黑膜，防止鱼在水中浸泡，取出沥干。

（4）调味汁的配制：

① 香料水的配制：丁香 1.2kg、桂皮 0.9kg、沙姜 0.9kg、甘草 0.9kg、八角茴香 1.2kg、水 70kg。将配料放入夹层锅内，微沸熬煮 4h，去渣后得料水 65kg 备用。

② 调味汁的配制：香料水 10kg、白砂糖 1.5kg、酱油 1.0kg、味精 0.02kg。将配料混合均匀，待溶解后过滤，总量调节至 12.52kg 备用。

（5）油炸和浸调味汁：将鲮鱼投入 170～175℃的油中炸至鱼体呈浅茶褐色，以炸透而不过干为准，捞出沥油后，将鲮鱼放入 65～75℃调味汁中浸泡 40s，捞出沥干。

（6）装罐：采用抗硫涂料罐 501 号或 603 号或 500mL 罐头瓶。容器清洗消毒后，按要求进行装罐。将豆豉去杂质后水洗 1 次，沥水后装入罐底，然后装炸鲮鱼，鱼体大小大致均匀，排列整齐，最后加入精制植物油（净含量为 227g 加

51g，或净含量为 300g 加 75g）。

（7）排气及密封：热排气使罐头中心温度达 80℃以上，趁热密封；采用真空封罐时，真空度为 0.047～0.05MPa。

（8）杀菌和冷却：采用热排气，杀菌公式：10min－60min－15min/115℃。杀菌后罐冷却至 40℃左右，取出擦罐入库。

3. 产品评价

（1）感官要求：产品呈茶褐色，油色正常，无异常，组织较紧密，油炸适度。鱼体排列整齐，无杂质。

（2）理化指标：鱼和豆豉净重≥75%，鱼净重≥60%，铅（mg/kg）≤0.5，汞（mg/kg）≤0.5，砷（mg/kg）≤0.1。

（3）评价方法：按照 GB/T 24402—2021《鲮鱼罐头质量通则》进行评价。

四、思考与讨论

① 简述豆豉鲮鱼罐头的制作工艺流程及各工序中影响豆豉鲮鱼罐头质量的主要因素。

② 简述豆豉鲮鱼罐头食品常见的质量问题及控制办法。

③ 油炸和调味时应注意哪些技术要点？

五、参考文献

[1] GB/T 24402—2021. 鲮鱼罐头质量通则.

[2] 丁培峰. 水产食品加工技术. 北京：化学工业出版社，2016.

[3] 赖健. 食品加工与保藏实验技术. 北京：中国轻工业出版社，2010.

六、数字资源

视频：爱课程/食品技术原理/2-6/媒体素材/沙丁鱼罐头、罐头食品杀菌装置.

（郑捷）

实验 14　咸蛋的制作

一、实验原理和目的

咸蛋主要采用食盐腌制而成。腌制过程中，食盐渗入蛋中，使蛋清产生盐溶而逐渐变成稀薄的蛋液，呈水状；蛋黄在渗透压作用下水分渗出，逐渐凝固、硬化，从而出油、形成起沙状，这主要由蛋黄脱水和食盐导致蛋白质结构改变，使蛋黄释放游离脂质所致。食盐溶液产生的高渗透压促使微生物细胞内的水分析出，从而抑制了微生物的生长发育，延缓蛋的腐败变质，同时食盐可以降低蛋内蛋白酶的活性，延缓蛋内容物的分解变化，从而延长蛋的保藏期。本实验要求掌握咸蛋的加工原理，熟悉其工艺流程，并了解蛋黄制作的操作要点。

二、实验材料和仪器设备

1. 实验材料

鸭蛋、食盐。

2. 仪器设备

腌制缸、蒸煮锅、温度计。

三、实验内容

1. 工艺流程

鲜鸭蛋→检验、洗蛋→料液浸泡→出缸清洗→蒸煮→成品

2. 参考配方

以 100 个鸭蛋为例，食盐 6kg、水 8kg。

3. 操作要点

（1）料液配制：将 5kg 食盐溶解于 8kg 开水中，放至常温，备用。

（2）检验、洗蛋：应选择新鲜的鸭蛋，剔除裂纹蛋、水响蛋、粘壳蛋、畸形蛋和异味蛋等，将挑选好的鸭蛋清洗干净。

（3）料液浸泡：将鸭蛋浸泡于盐水中，浸泡期间，需要在料液表面盖上海绵垫让最上层漂浮的蛋完全浸没在料液中，再把剩余的 1kg 食盐压在海绵垫上方，室温放置 30d。

（4）出缸清洗：将腌制好的鸭蛋放入清水中，清洗掉表面多余的食盐。

（5）蒸煮：将鸭蛋放入蒸煮锅内，100℃蒸煮 15min，自然冷却后即得成品。

4. 质量鉴定

（1）感官要求及检验

① 透视检验：抽取腌制到期的咸蛋，洗净后放到照蛋器上，用灯光透视检验。腌制好的咸蛋透视时，蛋内澄清透光，蛋清清澈如水，蛋黄鲜红并靠近蛋

壳。将蛋转动时，蛋黄随之转动。

② 摇振检验：将咸蛋握在手中，放在耳边轻轻摇动，感到蛋清流动，蛋黄如珠状碰击蛋壳，并有拍水的声响是成熟的咸蛋。

③ 除壳检验：取咸蛋样品，洗净后打开蛋壳，倒入盘内，观察其组织状态，成熟良好的咸蛋，蛋清与蛋黄分明，蛋清呈水样，无色透明，蛋黄坚实，指压即裂开，呈橙红色。

④ 煮制剖视：品质好的咸蛋，煮熟后蛋壳完整，煮蛋的水洁净透明，煮熟的咸蛋，用刀沿纵面切开观察，成熟的咸蛋蛋清鲜嫩洁白，蛋黄坚实，周围有露水状的油滴，品尝时咸淡适中，蛋黄起沙，鲜美可口。

（2）理化指标：污染物限量应符合 GB 2762—2022 的规定，农药残留限量应符合 GB 2763—2021 的规定，Pb（以 Pb 计，mg/kg）≤0.2，Cd（以 Cd 计，mg/kg）≤0.05，Hg（以 Hg 计，mg/kg）≤0.5。

（3）评价方法：按照 GB 2749—2015《食品安全国家标准 蛋与蛋制品》进行评价。

四、思考与讨论

① 哪些措施可以延长咸蛋的保质期？

② 咸蛋的蛋黄为何出油、起沙？

五、参考文献

[1] GB 2749—2015. 食品安全国家标准 蛋与蛋制品.

[2] DB 1310/T 84—2005. 咸鸭蛋.

[3] 张钟，李先保，杨胜远. 食品工艺学实验. 郑州：郑州大学出版社，2012.

[4] 周光宏. 畜产品加工学. 北京：中国农业出版社，2002.

[5] 马美湖. 蛋与蛋制品加工学，北京：中国农业出版社，2007.

[6] Kaewmanee T，Benjakul S，Visessanguan W. Changes in chemical composition，physical properties and microstructure of duck egg as influenced by salting. Food Chemistry，2009，112，560-569.

六、数字资源

视频：爱课程/食品技术原理/10-5/媒体素材/咸蛋、松花蛋的制作技术.

（刘会平）

实验 15 皮蛋的制作

一、实验原理和目的

皮蛋是以新鲜鸭蛋或其他禽蛋为原料，经由纯碱、氢氧化钠及食盐、茶叶等辅料配成的料液或料泥加工而成的产品，又称松花蛋。料液或料泥中的碱性物质从蛋壳外渗透到蛋清和蛋黄中，致使蛋白质分解，凝固并放出少量的硫化氢。渗入的碱进一步与蛋白质分解出的氨基酸发生中和反应，生成不溶性氨基酸盐。这些不溶性氨基酸盐与 $Mg(OH)_2$ 共同以几何形状结晶出来，形成松花。硫化氢则与蛋黄和蛋清中的铁、铜等矿物元素作用生成硫化物，而使蛋清呈茶棕色，蛋黄呈墨绿色及黑色层纹状结构。食盐可使皮蛋收缩离壳，增加口感和防腐等。加入食品级硫酸铜或硫酸锌，便于碱液渗透的控制和成品蛋色泽的形成。本实验要求掌握皮蛋的制作原理，熟悉皮蛋的加工方法和操作要点。

二、实验材料和仪器设备

1. 实验材料

鸭蛋、纯碱、氢氧化钠（食品级）、食盐、茶叶、食品级硫酸铜（或硫酸锌）、水、液体石蜡。

2. 仪器设备

蒸煮锅、腌制缸、温度计、pH 计。

三、实验内容

1. 工艺流程

原料处理→料液检验

选蛋入缸→料液浸泡→出缸清洗→晾晒干燥→涂膜→成品

2. 参考配方

以加工 100 个鸭蛋为例，纯碱 40g、食品级氢氧化钠 330g、食盐 380g、红茶末 100g、食品级硫酸铜 25g、水 6.5kg。

3. 操作要点

（1）原料处理：按原料配比将茶叶末加热煮沸，加入食盐、纯碱，搅拌均匀后加入氢氧化钠，最后加入硫酸铜，充分搅匀后静置冷却至室温。

（2）选蛋入缸：应选择新鲜的鸭蛋，剔除裂纹蛋、水响蛋、粘壳蛋、畸形蛋和异味蛋等。

（3）料液浸泡：将料液加入缸内，温度控制，冬季为 19～20℃，夏季为 25～28℃，春季、秋季为 17～18℃。浸泡期间需要在料液表面盖上塑料膜或者海绵垫，让最上层漂浮的蛋完全浸没在料液中；腌制缸在化清期不得移动，以免影响蛋的凝固（化清期是鲜蛋遇碱所发生的第一个明显变化，蛋清由原来的黏稠状态变成稀薄透明的水样，蛋黄有轻微凝固的现象）。浸泡时间根据温度的高低和纯碱、氢氧化钠的比例用量确定，一般为夏季 24～28d；春、秋、冬季需 30d以上。蛋入缸后每隔 10d 检查 1 次，出缸时再检查 1 次。

第 1 次检查：检查蛋清的凝固情况。检查方法：取样蛋 3 个，用光照透视，若蛋清似黑贴皮，说明蛋清凝固不动，属正常，不用动；若蛋清像鲜蛋一样，料液中碱量不够，应予补充；若蛋清全部发黑，料液太浓，要用冷茶水稀释。

第 2 次检查：剥开蛋壳，如蛋清表面光洁，褐黄中带青，全部上色，说明情况正常。

第 3 次检查：如剥开蛋壳见蛋清烂头，粘壳，则碱性太强，要提前出缸；若蛋清软化不坚实，则碱性不够，需延长浸泡时间。

第 4 次检查：用光照透视检查，若全蛋呈灰黑色，尖端为红色或橙色，剥开蛋壳见蛋清凝固，不粘壳，呈黑绿色，蛋黄呈绿褐色，蛋清中心较小，皮蛋成熟，应及时出缸，避免老化。

（4）出缸清洗：皮蛋出缸时用冷开水或浸泡料液中的上层清液，洗掉粘在皮蛋上的污物和茶叶末。

（5）晾晒干燥：将清洗后的皮蛋沥水晾干。

（6）涂膜保存：将晾干后的皮蛋涂上液体石蜡膜，置于阴凉干燥处保存。

4. 成品评价

（1）感官要求：外观不应有霉变，蛋壳清洁完整，敲摇时无水响声；蛋体完整，有光泽，颠动有弹性，不粘壳；有松花或花纹、呈溏心，可有大溏心、小溏心、硬心；蛋清呈半透明的青褐色、棕色或不透明的深褐色、透明的黄色，蛋黄呈墨绿色或绿色；具有皮蛋应有的气味和滋味，无异味，可略带辛辣味。

（2）理化指标：pH（1∶15 稀释）≥9.0，铅（以 Pb 计）≤0.2mg/kg。

（3）评价方法：按照 GB/T 9694—2014《皮蛋》进行评价。

四、思考与讨论

① 通过测定不同阶段样品 pH 说明加碱量对皮蛋质量的影响。

② 简述料液处理对皮蛋腌制质量的影响。

③ 阐述无铅皮蛋与传统皮蛋在配料上的区别。

五、参考文献

［1］GB/T 9694—2014. 皮蛋.

［2］司俊玲. 蛋制品加工技术，北京：化学工业出版社，2007.

［3］马美湖. 蛋与蛋制品加工学，北京：中国农业出版社，2007.

［4］张献伟，郭善广. 锌铜法加工无铅皮蛋技术. 食品与机械，2011，(2)：149-152.

六、数字资源

视频：爱课程/食品技术原理/10-5/媒体素材/咸蛋、松花蛋的制作技术.

（刘会平）

实验 16　卤蛋的制作

一、实验原理和目的

禽蛋经卤煮、干燥、包装、杀菌等工艺制作而成卤蛋。卤蛋是我国的传统蛋制品之一。卤蛋是用各种调料或肉汁加工而成的熟制蛋。本实验采用卤煮、真空包装的方法，先将鲜蛋置于冷水中煮熟，煮熟后剥去蛋壳放进配制好的卤料中卤制，经真空包装、加压杀菌、冷却，得到卤蛋产品。本实验要求理解卤蛋的制作原理，掌握卤蛋制作的加工工艺，了解卤蛋加工中可能出现的问题，并掌握卤蛋的包装方式和杀菌方式。

二、实验材料和仪器设备

1. 实验材料

鲜蛋、白砂糖、食盐、味精、酱油、绍酒、葱、姜、蒜、焦糖色素、干红辣椒及部分香辛料。

2. 仪器设备

鲜蛋挑选清洗设施、酱卤锅、台秤或杆秤、放蛋容器、照蛋器、不锈钢锅、微波炉、电磁炉、电热恒温鼓风干燥箱、高压灭菌锅。

三、实验内容

1. 工艺流程

鲜蛋→水煮→冷却→剥壳→卤煮→冷卤→真空包装→杀菌→冷却→成品

2. 工艺要点

（1）鲜蛋的选择：原料蛋以鲜鸡蛋为主，也可用鸭蛋、鹅蛋或鹌鹑蛋等。要求鲜蛋的蛋壳完整、鲜度较高。也可用淡水盐保存过的蛋。

（2）水煮：禽蛋入清水煮沸，(95 ± 5)℃条件下维持 5min。

（3）冷却：煮熟后的蛋去壳迅速入冷水中冷却。剥壳后保持蛋外表完整、洁净、光滑、无缺损。

（4）卤煮：剥壳蛋直接放入酱卤锅中加热卤制（即热卤），常压煮制 3h，温度 (95 ± 5)℃。卤料组成：食盐 3%、白砂糖 4%、绍酒 2.5%、味精 0.6%、酱油 4%、干红辣椒（自定量）、甘草 2%、八角 1%、桂皮 1%、小茴香 1%、丁香 1%、花椒 1.5%、姜 0.5%、葱 5%、蒜 4%、焦糖色素 2%。

（5）卤制：热卤后的蛋令其在卤汁中再进行常温酱渍 36h。

（6）包装杀菌：用复合薄膜蒸煮袋将卤蛋单个进行包装（或每 2～4 个蛋作为一个包装单位亦可），真空包装，真空度 94kPa 以上。加压杀菌，杀菌方式为（10-15-15）min/121℃。冷水冷却至常温，擦干装箱即可。

3. 产品评价

（1）感官要求：卤蛋蛋清呈浅棕色至深褐色，蛋黄呈黄褐色至棕褐色，具有该产品应有的滋气味，无异味。蛋粒基本完整，肉质结实，有弹性，有韧性。无可见外来杂质。

（2）理化指标：水分≤70%。

（3）评价方法：按照 GB/T 23970—2009《卤蛋》进行评价。

四、思考与讨论

① 简述卤蛋的工艺流程及各工序中影响卤蛋质量的主要因素。

② 简述卤蛋的包装方式和杀菌方式。

③ 卤蛋制作过程中应注意哪些问题？

五、参考文献

[1] GB/T 23970—2009. 卤蛋.

[2] 迟玉杰. 蛋制品加工技术. 北京：中国轻工业出版社，2018.

[3] 张钟. 食品工艺学实验. 郑州：郑州大学出版社，2012.

[4]（美）孔福尔蒂. 食品工艺学实验指导. 北京：中国轻工业出版社，2012.

六、数字资源

视频：爱课程/食品技术原理/10-8/媒体素材/鸡蛋生产、Sanovo 煮蛋生产线.

（郑捷）

实验 17 蛋黄酱和沙拉酱的制作

一、实验和目的

蛋黄酱是以精炼植物油、食醋、鸡蛋黄为基本成分，通过乳化制成的半流体食品。蛋黄酱属于油在水中型（O/W）的乳化物，内部的油滴分散在外部的醋、蛋黄和其它组分之中。蛋黄在该体系中发挥乳化剂的作用，醋、盐、糖等除具有调味的作用以外，还在不同程度上起到防腐、稳定产品的作用。沙拉酱是以改性淀粉、黄原胶等原料部分或全部替代蛋黄，经调味乳化后制成的产品。本实验要求通过学习蛋品基料制备过程，了解搅拌乳化及调和稳定技术，进行黏度和品质检测，观察稳定性；理解油包水型乳化的原理和食品保藏栅栏技术的概念，掌握蛋黄酱和沙拉酱工艺。

二、实验材料和仪器设备

1. 实验材料

鸡蛋、色拉油（精炼植物油）、食用白醋、糖、柠檬酸、芥末粉、改性淀粉、黄原胶、食盐、山梨酸。

2. 仪器设备

混料罐、加热锅、打蛋机、胶体磨、塑料热合封口机、温度计、旋转黏度计、色差计、pH 计、天平。

三、实验内容

1. 工艺流程

```
                    分离蛋黄
                       ↓
                  蛋黄杀菌冷却      制备亲水胶体

山梨酸 → 油加热 → 冷却 → 预乳化 ← 醋、盐、糖、芥末粉、柠檬酸
                       ↓
                  胶体磨均质
                       ↓
                     灌装
                       ↓
                     成品
```

2. 参考配方

（1）蛋黄酱（1000g）：蛋黄150g、精炼植物油790g、食用白醋（醋酸4.5%）20mL、砂糖22g、食盐9g、山梨酸2g、柠檬酸2g、芥末粉5g。

（2）沙拉酱（1500g）：全蛋100g、精炼植物油475g、食用白醋（醋酸4.5%）30mL、糖85g、食盐10g、柠檬酸2g、芥末粉5g、改性淀粉20g、黄原胶3g、水270mL。

3. 操作要点

（1）蛋黄酱

① 加热精炼植物油至60℃，加入山梨酸，缓缓搅拌使其溶于油中，呈透明状冷却至室温待用。

② 鸡蛋除去蛋清，取蛋黄打成匀浆，水浴加热至60℃，在此温度下保持3min，以杀灭沙门氏菌，冷却至室温待用，如果使用巴氏杀菌的商品蛋黄，可以省略此步骤。

③ 用打蛋机搅打蛋黄，加入二分之一的醋，边搅拌边加入油，油的加入速度不大于100mL/min（总量为1000g），直至搅打成淡黄色的乳状物。随后加入剩余的醋等成分，搅打均匀。

④ 均质乳化：胶体磨要冷却到10℃以下，经胶体磨均质成膏状物。使用玻璃瓶或尼龙/聚乙烯复合袋包装，封口后即得成品。

（2）沙拉酱

① 改性淀粉预乳化：将改性淀粉与100g油充分混合均匀，备用。

② 干混糖、食盐、柠檬酸、黄原胶、芥末粉，充分混匀备用。

③ 用打蛋机充分搅打全蛋和醋，然后缓慢加入混粉末。

④ 边搅拌边缓慢加入油，油的加入速度不大于 100mL/min（总量为 375g）。

⑤ 边搅拌边缓慢加入变性淀粉与油的混合物，搅打均匀。

⑥ 均质乳化：胶体磨要冷却到 10℃ 以下，经胶体磨均质成膏状物。

⑦ 使用玻璃瓶或尼龙/聚乙烯复合袋包装，封口后即得成品。

4. 异常工艺条件的实验设计

（1）提高油的加入速度。

（2）提高打蛋机的搅打速度。

（3）改变沙拉酱制作中水的加入顺序和速度。

（4）改变沙拉酱制作中变性淀粉的类型和添加方式。

5. 成品评价

（1）蛋黄酱

① 感官要求：乳白色或淡黄色；具有产品应有的香气，无酸败（哈喇）气味及其他不良气味；酸咸并带有产品的特征风味，无异味；柔软适度，无异物，呈黏稠、均匀的软膏体，无明显油脂析出、分层现象。

② 理化指标：脂肪含量≥65%，pH 值≤4.2。

③ 物理性质测定：使用旋转黏度计、色差计测定样品的黏度和色差。

④ 评价方法：按照 SB/T 10754—2012《蛋黄酱》进行评价。

（2）沙拉酱

① 感官要求：乳白色或淡黄色；具有沙拉酱应有的香气；酸咸或酸甜味，无异味；细腻均匀一致，明显分层。

② 理化指标：脂肪含量≥10%，pH 值≤4.3。

③ 物理性质测定：使用旋转黏度计、色差计测定样品的黏度和色差。

④ 评价方法：按照 SB/T 10753—2012《沙拉酱》进行评价。

四、思考与讨论

① 各组分在蛋黄酱中的作用是什么？

② 乳化的操作条件对蛋黄酱产品的质量有何影响？

③ 蛋黄酱依靠什么防止微生物引起腐败，保持产品的稳定性？

④ 在蛋黄酱的工业化生产中，应选用什么设备？

五、参考文献

[1] SB/T 10754—2012. 蛋黄酱.

[2] SB/T 10753—2012. 沙拉酱.

[3] 严泽湘. 调味品加工大全. 北京：化学工业出版社，2015.

[4] 尚丽娟. 蛋黄酱和沙拉酱. 农产品加工，2014，01：38-39.

六、数字资源

视频：爱课程/食品技术原理/13-1/媒体素材/蛋黄酱和沙拉酱.

（汪建明）

第四章

乳制品和豆制品工艺实验

实验 1 灭菌乳的制作

一、实验原理和目的

灭菌乳是以牛乳（羊乳）或复原乳为主料，不添加或添加辅料，经灭菌制成的产品。灭菌乳可分为保持灭菌乳和超高温灭菌乳。本实验研究超高温灭菌乳的工艺流程，采用超高温处理技术（UHT），使物料在连续流动的状态下通过热交换器加热至 135~150℃，在这一温度下进行不少于 1s 超高温瞬时灭菌（以完全破坏其中可以生长的微生物和芽孢），以达到商业无菌水平，然后在无菌状态下灌装于无菌包装容器中。本实验要求理解灭菌乳的加工原理，掌握超高温灭菌乳加工的工艺流程、加工的特点、基本要求和主要设备以及影响工艺效果的主要因素。

二、实验材料和仪器设备

1. 实验材料

原料牛乳。

2. 仪器设备

过滤器、脱气罐、均质机、灌装机、巴氏杀菌机、UHT 杀菌机、玻璃（塑料）瓶。

三、实验内容

1. 工艺流程

原料乳的验收→过滤、净化→标准化→巴氏杀菌→脱气→均质→超高温杀菌→冷却→无菌灌装→半成品保温→分销

2. 工艺要点

（1）原料乳的验收：检验乳样的酸度（<19°T）、新鲜度、抗生素，必要时检查乳的理化指标。

（2）过滤、净化：过滤、离心分离或净化的目的是去除混入到原料乳中的机械杂质和其中的部分微生物。

（3）标准化：在巴氏杀菌之前把部分全脂乳分离成稀奶油和脱脂乳。

（4）巴氏杀菌：杀死引起人类疾病的所有致病微生物，同时杀灭牛乳中影响产品风味和保质期的绝大多数其他微生物以及酶类，以保证产品质量并提高产品的贮存稳定性。

（5）脱气：使用真空脱气罐除去细小的分散气泡和溶解氧。

（6）均质：使用无菌均质机，采用二级均质。第一级均质压力为 15～20MPa，第二级均质压力为 5MPa。经均质后的脂肪球直径可控制在 $1\mu m$ 左右，乳脂肪的表面积增大，浮力下降。经均质后的牛乳脂肪球直径减小，易于消化吸收。

（7）超高温杀菌：均质后的牛乳进入加热段，牛乳被加热至灭菌温度（通常为 137℃），在保温管中保持 4s，然后进入热回收管。

（8）无菌灌装：冷却后的牛乳直接进入灌装机或无菌罐贮存。若牛乳的灭菌温度低于设定值，则牛乳就返回平衡槽。

3. 产品评价

（1）感官要求：产品呈乳白色或微黄色。具有乳固有的香味，无异味。呈均匀一致液体，无凝块、无沉淀、无正常视力可见异物。

（2）理化指标：脂肪≥3.1g/100g，蛋白质≥2.9g/100g，非乳脂固体≥8.1%，酸度＝12～18°T。

（3）评价方法：按照 GB 25190—2010《食品安全国家标准　灭菌乳》进行评价。

四、思考与讨论

① 简述超高温瞬时灭菌技术的原理。

② 简述灭菌乳产品的特点。

③ 灭菌乳加工过程中关键点是什么，应如何控制？

五、参考文献

［1］GB 25190—2010. 食品安全国家标准　灭菌乳.

　　[2] 李述刚 . 食品加工及检验技术实验指导 . 北京：北京邮电大学出版社 .2012.

　　[3] (美) 孔福尔蒂 . 食品工艺学实验指导 . 北京：中国轻工业出版社 .2012.

　　[4] 赖健 . 食品加工与保藏实验技术 . 北京：中国轻工业出版社 .2010.

六、数字资源

视频：爱课程/食品技术原理/2-6/媒体素材/牛乳超高温杀菌与无菌包装实验、液态乳 ESL 杀菌 .

（胡爱军）

实验 2　凝固型酸乳的制作

一、实验原理与目的

凝固型酸乳是原料乳经巴氏杀菌后，在一定温度条件下添加有益菌，经灌装、发酵、冷却等工艺加工出来的乳制品。其加工原理主要是利用发酵剂中的保加利亚乳杆菌和嗜热链球菌等在牛乳中生长，分解乳糖生产乳酸。乳酸将酪蛋白胶体颗粒中的胶体磷酸钙转化为可溶性磷酸钙，降低了酪蛋白胶体颗粒的稳定性，并在 pH4.6～4.7 时，酪蛋白发生凝集沉淀，形成酸乳。在酸乳生产过程中，可加入 1%～5% 的脱脂乳粉，以提高干物质的含量，改善产品组织状态，促进乳酸菌产酸。另外，常添加 6%～8% 的白砂糖，可缓和酸乳的酸味，使产品产生良好的风味，凝块细腻光滑，提高黏度，并且有利于乳酸菌产酸量的增加。但要控制白砂糖的添加量，如果添加量过多，则会提高溶液的渗透压，抑制乳酸菌的生长繁殖，使乳酸菌脱水死亡，相应活力降低，牛乳也不能很好凝固。本实验要求掌握凝固型酸乳的加工原理及加工工艺；了解酸乳发酵的影响因素、所用微生物的种类及其特点；熟悉凝固型酸乳的质量指标及评价方法。

二、实验材料和仪器设备

1. 实验材料

鲜牛乳、脱脂乳粉、白砂糖、发酵剂、果胶、琼脂。

2. 仪器设备

高压均质机、恒温培养箱、搅拌机、pH 计、不锈钢容器、冰箱、电子秤、灭菌锅、玻璃瓶。

三、实验内容

1. 工艺流程

鲜牛乳→标准化→预热→均质→杀菌→冷却→接种→灌装→发酵→冷藏

2. 参考配方

一般使用以鲜牛乳或者全脂乳粉制成的复原乳为主要原料，白砂糖的添加量一般为鲜牛乳的 6.5%，稳定剂（果胶、琼脂）添加量为 1.5%，发酵剂添加量为 3%。

3. 操作要点

（1）鲜牛乳：用于生产酸乳的原料乳必须是高质量的，要求酸度在 18°T 以下，杂菌数不高于 5×10^5 CFU/mL，乳中全乳固体含量不得低于 11.5%。

（2）标准化：合格的原料乳脂肪含量是大于 3.1% 的，用于加工酸乳时最好添加脱脂乳粉进行处理，将脂肪含量控制在 0.5%～1.5%。

（3）预热、均质：将原料乳预热至 55～60℃，送入高压均质机，均质压力为 18～20MPa。

（4）杀菌、冷却：将均质后的料液倒入灭菌锅中，在 95℃条件下灭菌 5min。然后迅速冷却至 41～43℃，以备添加发酵剂。

（5）接种：按照比例将发酵剂添加到物料中，并用搅拌机充分搅拌均匀。

（6）灌装、发酵：将接种后的物料装入事先消毒灭菌好的玻璃瓶中，在 41～43℃条件下培养 3.0～4.0h 左右，达到发酵终点时即可终止发酵。

发酵终点的判断：滴定酸度达 80°T 以上；pH 值＞4.6；已基本凝乳，奶的流动性变差。

（7）冷藏：发酵后立即移入 0～4℃的冷库中，冷藏 12h 进行后熟。同时可以抑制乳酸菌的生长，以免继续发酵而造成酸度升高。

4. 成品评价

（1）感官要求：色泽均匀一致，呈乳白色或微黄色；具有发酵乳特有的滋味、气味；组织细腻、均匀，允许有少量乳清析出。

（2）理化指标：脂肪≥3.1g/100g，非脂乳固体≥8.1g/100g，蛋白质≥

2.9g/100g，酸度≥70.0°T。

（3）微生物指标：乳酸菌数≥1×10⁶CFU/g（mL），不得检出致病菌。

（4）评价方法：按照 GB 19302—2010《食品安全国家标准 发酵乳》和 RHB 104—2020《发酵乳感官评鉴细则》进行评价。

四、思考与讨论

① 如何解决凝固型酸乳的质构不稳定问题？

② 发酵剂接种量过高会对凝固型酸乳产品质量产生怎样的影响？

③ 凝固型酸乳加工中对原料有什么要求？

④ 凝固型酸乳加工中为何要对鲜牛乳进行标准化操作？

五、参考文献

[1] 马俪珍，刘金福．食品工艺学实验．北京：化学工业出版社，2011.

[2] 张钟，李先保，杨胜远．食品工艺学实验．郑州：郑州大学出版社，2012.

[3] 倪娜．食品加工实验指导．北京：中国质检出版社，2015.

[4] 李晓东．乳品加工实验．北京：中国林业出版社，2013.

[5] 王然，项铁男，孙明哲，等．水包油型乳液在无乳脂酸乳中的应用研究．中国酿造，2020，39（8）：151-155.

[6] RHB 104—2020．发酵乳感官评鉴细则．

[7] GB 19302—2010．食品安全国家标准 发酵乳．

六、数字资源

视频：爱课程/食品技术原理/9-5/媒体素材/酸乳的加工．

（胡爱军）

实验3 发酵型乳饮料的制作

一、实验原理和目的

发酵型乳饮料是以鲜牛乳为原料，在经乳酸菌培养发酵制得的乳液中，加入水、糖液等调制而成的具有相应风味的活性或非活性乳酸菌饮料。本实验要求理解发酵型乳饮料的定义及分类，熟知和掌握发酵型乳饮料制作的工艺流程、工艺参数及其加工技术。

二、实验材料和仪器设备

1. 实验材料

原料乳、全脂奶粉、白砂糖、稳定剂、安赛蜜、山梨酸钾、柠檬酸、乳酸、香兰素（香精）、氢氧化钠（0.1mol/L）、酚酞指示剂。

2. 仪器设备

碱式滴定管（25mL）、滴定架、混料缸、高压均质机、恒温培养箱、高速搅拌机、温度计、pH 计、电磁炉、灭菌锅、直投式酸奶发酵机、小型灌装机。

三、实验内容

（一）发酵乳的制备

1. 工艺流程

全脂奶粉→溶解→标准化原料乳→均质→灭菌→冷却→接种→发酵→冷却→发酵乳

2. 工艺要点

（1）原料乳验收及预处理：原料乳的酸度要求在 18°T 以下，杂菌数不得超过 5×10^5 CFU/mL，总干物质含量不得低于 11.5％。特别注意不能使用病畜乳（比如乳房炎乳和含有抗生素、杀菌剂的牛乳）。将原料乳经纱布（4 层，用沸水煮 15min）滤入干净容器中。

（2）标准化：对原料乳的脂肪含量进行调整使其达到所要求的标准（一般脂肪含量为 3.1％，质量分数）。如果原料乳的脂肪含量偏低，可将全脂奶粉配制成复原乳加入原料乳中，使原料乳的脂肪含量达到要求。

（3）均质：用于制作发酵乳的原料乳必须经过均质处理，使乳脂肪分散均匀，避免脂肪上浮现象的发生。原料乳经标准化以后，预热至 60℃左右，然后在均质机中进行均质处理。一级均质压力控制在 15～20MPa 和二级均质压力控制在 3.5～5.0MPa，或者都采用 18～20MPa 的均质压力。

（4）灭菌：将均质后的原料乳置于水浴上加热杀菌，杀菌温度要求为 90～95℃，时间为 15min。经过灭菌后，原料乳中的杂菌基本上被杀灭，确保发酵过程中乳酸菌的正常生长和繁殖。

（5）冷却：将杀菌处理后的原料乳移置于冷水中迅速冷却至 45℃左右，待接种。

（6）接种：取发酵乳质量 0.02％的直投式酸奶发酵剂干粉，接入冷却至 42℃左右的原料乳中，充分搅拌、混匀后，倒入经过灭菌的不锈钢容器中，等待发酵。

（7）发酵：将装有含乳酸菌牛乳的容器置于 42℃恒温培养箱中发酵培养 3～4h，达到凝固状态时即可发酵。发酵终点可以按照如下条件进行判断：滴定酸度达到 80°T 以上；pH 低于 4.6；原料乳变得黏稠，流动性很差。

（8）冷却：发酵结束，应立即移入 4℃左右的冰箱中，贮藏 2～4h，即得到发酵乳。

（二）发酵型乳饮料的制备

1. 工艺流程

白砂糖+山梨酸钾+安赛蜜+稳定剂 → 杀菌 → 冷却 ⎫

发酵乳 → 破乳 ⎬ → 混合配制 → 预热 → 均质 →

柠檬酸+乳酸+香兰素 ⎭

灌装 → 杀菌 → 冷却 → 成品

2. 工艺要点

（1）破乳处理：将制得的发酵乳在高速搅拌器中搅拌破乳 10min，然后称取所需的发酵乳液，备用。

（2）混合调配：发酵乳 35％、白砂糖 4％、山梨酸钾 0.03％、安赛蜜 0.1％、稳定剂 0.7％、柠檬酸 0.15％、乳酸 0.1％、香兰素 0.003％。将白砂糖、山梨酸钾、安赛蜜和稳定剂均匀混合，加入 70～80℃的热水中，在高速匀浆机中匀浆剪切 15～20min，使胶体溶解充分，然后进行巴氏杀菌（杀菌温度为 60～63℃，时间为 25～30min），杀菌后立即冷却至 30℃左右，备用。将发酵乳液与上述胶液混合均匀，然后将稀释好的酸液（柠檬酸和乳酸）缓慢加入混合料液中，充分搅拌，将整个溶液的 pH 调整为 3.8～4.2（加酸时温度不宜过高或过低，一般以 30℃以下较为适宜），最后加入香兰素。

（3）预热、均质：将上述料液预热至 50℃，然后在均质机中进行均质处理，采用 18～20MPa 的均质压力。

（4）灌装、杀菌：将均质后的料液先灌装至塑料瓶中，再进行巴氏杀菌，一般采用 95～98℃、20～30min 的杀菌条件。

（5）冷却：杀菌后立即放入冷水中冷却至室温，即得到成品。

3. 产品评价

（1）感官要求：产品应具有特有的发酵芳香滋味和气味，无异味；均匀乳白色、乳黄色或带有添加辅料的相应颜色；均匀细腻的乳浊液，无分层现象，允许有少量沉淀，无正常视力可见外来杂质。

（2）理化指标：蛋白质≥1.0g/100g，发酵过程中产生的苯甲酸≤0.03g/kg。

（3）评价方法：按照 GB/T 21732—2008《含乳饮料》进行评价。

四、思考与讨论

① 简述发酵型乳饮料制作中各种配料的作用及添加方法。

② 根据发酵型乳饮料的配方计算出原辅料的添加量。

③ 如何解决发酵型乳饮料分层的问题？

五、参考文献

［1］GB/T 21738—2008. 含乳饮料.

［2］潘思轶. 食品工艺学实验. 北京：中国农业出版社，2015.

［3］张和平. 自然发酵乳制品中乳酸菌生物多样性. 北京：科学出版社，2012.

［4］王双飞. 食品加工与贮藏实验. 北京：中国轻工业出版社，2009.

六、数字资源

视频：爱课程/食品技术原理/5-1/媒体素材/发酵系统 3D 动画.

（胡爱军）

实验 4 配制型乳酸饮料的制作

一、实验原理和目的

配制型乳酸饮料是以乳或乳制品为原料，加入水、白砂糖和（或）甜味剂、稳定剂、乳化剂、酸味剂调制而成的饮料。蛋白质的等电点和液体分离的斯托克斯定律是主导乳酸饮料制作的基本原理。在其加工过程中，通过均质改变蛋白质粒子的大小，添加稳定剂增加黏度并改变蛋白质粒子表面电荷的分布，添加乳化剂使乳脂肪能均匀分布于产品中，调节酸液的加入速率和均匀度，控制 pH 的变化，增加乳酸饮料的稳定性，防止分层沉淀。本实验要求掌握乳酸饮料稳定的机理和方法，熟悉乳酸饮料混合和乳化操作。

二、实验材料和仪器设备

1. 实验材料

全脂乳粉、白砂糖、羧甲基纤维素钠、黄原胶、双乙酰酒石酸单双甘酯、柠檬酸、乳酸、香精、塑料瓶。

2. 仪器设备

不锈钢容器、手持剪切搅拌器、胶体磨、均质机、塑料瓶、封口机、水浴锅、pH 计。

三、实验内容

1. 工艺流程

白砂糖 → 溶解 → 过滤 ┐　　柠檬酸、乳酸、香精等

全脂乳粉 → 溶解 ┤→ 混合 → 胶体磨 → 调配 → 定容 → 均质 → 灌装 → 杀菌 → 成品

稳定、乳化剂 → 溶解 ┘

2. 参考配方

全脂乳粉 38～40g、白砂糖 85～11g、柠檬酸和乳酸 6～8g、稳定剂、乳化剂 3.5～5g、香精 1mL，用饮用水补至 1000mL。

3. 操作要点

（1）乳粉处理：将全脂乳粉和水按 1∶7 的比例混合，加热至 45～50℃，使用手持剪切搅拌器搅拌溶解全脂乳粉，使之成为乳液，复水 30min。

（2）稳定剂处理：将羧甲基纤维素钠（0.35%）、黄原胶（0.10%）、双乙酰酒石酸单双甘酯（0.07%）和白砂糖以 1∶10 的比例进行混合，加入适量的 85℃ 热水，使料液保持在 70～75℃，用手持剪切搅拌器搅拌 10～15min，使稳定剂充分溶解、分散。

（3）制备糖浆：将剩余的白砂糖加 60℃ 热水溶解，过滤制成糖浆。

（4）制备酸液：把柠檬酸和乳酸加水溶解成为 10% 的溶液，加入果汁制成酸液。

（5）混合和冷却：将乳液、糖浆和稳定剂溶液在不锈钢容器中混合均匀，过胶体磨一次，并将物料冷却至 15℃ 以下。

（6）调配和定容：在上述混合料液中，在高速搅拌下将酸液加入湍流区域，让酸液尽快均匀分散，避免局部酸化，使物料的 pH 迅速通过乳蛋白的等电点，达到 pH4.0～3.9。温度控制在 30℃以下，均匀后再加入香精等。根据配方，加饮用水定容。

（7）均质：预热调配物料至 65～70℃，在 20MPa 压力下均质。

（8）灌装、杀菌：使用水浴把均质物料加热到 70℃，趁热灌装密封；85℃水浴杀菌 15min，冷却至室温，即为成品。

4. 成品评价

（1）感官要求：具有特有的乳香滋味和气味或具有与加入辅料相符的滋味和气味，无异味；呈均匀乳白色、乳黄色或带有添加辅料的相应色泽；组织状态为均匀细腻的乳浊液，无分层现象，允许有少量沉淀，无正常视力可见的外来杂质。

（2）理化指标：蛋白质≥1.0g/100g。

（3）评价方法：按照 GB/T 21732—2008《含乳饮料》进行评价。

四、思考与讨论

① 在混合和乳化过程中，需要使用哪几种设备？各具有什么特点？

② 采取什么方法保持配制型乳酸饮料的稳定性？

③ 除了本实验采用的稳定剂之外，配制型乳酸饮料还可以选用什么稳定剂？

④ 在配制型乳酸饮料大规模工业化生产中，采用什么加工和包装方法？

五、参考文献

［1］GB/T 21732—2008. 含乳饮料.

［2］梁曼君. 乳酸饮料生产工艺. 食品工业科技，2000，（5）：62-63.

［3］郭卫强. 新型乳酸饮料的研制和开发. 食品研究与开发，2001，（4）：42-44.

［4］徐伟，马力. 高甲氧基果胶对酸奶饮料的稳定作用. 食品工业科技，2005，（7）：179-181.

（刘会平）

实验 5　半硬质干酪的制作

一、实验原理和目的

国际乳品联合会（International Dairy Federation，IDF）根据干酪水分含量

将其分为超硬质干酪（含水量 30%～35%）、硬质干酪（30%～40%）、半硬质干酪（38%～45%）和软质干酪（40%～60%）4 大类。切达干酪（cheddar cheese）和莫泽瑞拉干酪（Mozzarella cheese）是半硬质干酪中目前生产、消费量最大的两类干酪。切达干酪是酶凝、成熟的半硬质干酪，在加工中，其凝乳团块经过反复堆叠，使产品形成类似于鸡胸肉纤维状的质构。莫泽瑞拉干酪凝乳加工的条件与切达干酪相近。不同的是，在凝块加热、拉伸、揉捏的过程中，使凝乳由三维结构转化为线性结构，从而形成了莫泽瑞拉干酪特有的可以融化拉丝的特性。热拉伸是莫泽瑞拉干酪特有的单元操作，凝块的 pH、加热温度和拉伸机的转速是拉伸操作需要选择的参数。本实验要求掌握干酪凝乳的原理和半硬质干酪制作操作要点，熟悉制作干酪的设备，了解干酪的评价方法。

二、实验材料和仪器设备

1. 实验材料

牛乳、氯化钙、发酵剂、凝乳酶、食盐、胭脂树橙、真空塑料袋等。

2. 仪器设备

全自动乳成分分析仪、小型牛奶分离机、加热拉伸机、干酪槽、干酪刀、干酪铲、压榨器、干酪模具、pH 计、量筒、烧杯、包装机、冷藏柜、不锈钢锅等。

三、实验内容

1. 工艺流程

原料乳的预处理→标准化→杀菌→冷却→添加发酵剂→调整酸度→添加氯化钙→（添加色素）→凝乳→凝块切割→搅拌→加温→排出乳清→堆叠

① 切达干酪：成型压榨→盐渍→真空包装→成熟→成品

② 莫泽瑞拉干酪：切割凝乳块→热烫拉伸→装模→冷却→腌渍→包装→冷藏

2. 操作要点

（1）切达干酪制作：

① 原料乳的预处理与标准化：生产干酪的原料乳需要经过严格的检验，要求抗生素检验阴性等。实验可用双层纱布过滤牛乳。对原料乳进行标准化，需先测定牛乳中脂肪和蛋白质含量，计算出牛乳中酪蛋白的含量，使酪蛋白与脂肪的比例（C/F）达到 0.7。原料乳酪蛋白含量（%）＝0.4×原料乳含脂率百分值＋0.9。

② 杀菌：采用 63～65℃、30min 的巴氏杀菌。

③ 添加发酵剂：取原料乳量 1％～2％工作发酵剂（或相当的直投式发酵剂），边搅拌边加入，并在 30～32℃条件下充分搅拌 3～5min。加入发酵剂后发酵 30～60min，取样测定酸度，使最后 pH 控制在 6.2～6.3。

④ 调整酸度：依靠乳酸菌发酵达到要求的酸度需要较长时间，故可用 1mol/L 的盐酸将牛乳的 pH 调整为 6.2～6.3。

⑤ 添加氯化钙和色素：可以加入氯化钙来调节盐类平衡，促进凝块形成，添加胭脂树橙色素以改善和调和颜色。通常每 1000kg 原料乳中加 30～60g 氯化钙，色素以水稀释约 6 倍，充分混匀后加入。

⑥ 凝乳：首先确定凝乳酶需要量。将 100mL 原料乳置于烧杯中，加热到 35℃后，加入 1％凝乳酶食盐溶液 10mL，搅拌均匀，并加少许炭粒为标记，准确记录开始加入酶到乳凝固所需的时间（s），此时间称为酶的绝对强度。根据下式计算活力：

$$活力＝试乳数量×2400/（凝乳酶量×凝乳时间）$$
$$凝乳酶需要量＝原料乳量/凝乳酶活力$$

在达到酸度要求的牛乳中，加入凝乳酶溶液，迅速搅拌均匀后静置。

⑦ 凝块切割：刀在凝乳表面切深为 2cm，长为 5cm 的切口，再用食指斜向从切口的一端插入凝块中约 3cm。当手指向上挑起时，如果切面整齐平滑，指上无小片凝块残留，且渗出的乳清透明时，即可开始切割，一般切割成 10mm×10mm×10mm 的立方体。

⑧ 搅拌及加温：升温的速度应严格控制，初始时每 3～5min 升高 1℃，当温度升至 35℃时，则每隔 3min 升高 1℃。当温度达到 38℃时，停止加热并维持此时的温度。

⑨ 排出乳清：维持 38℃，用干酪铲将凝块收拢于干酪槽的一端，插入滤网，打开排水口，放出乳清。

⑩ 堆叠：将干酪凝块重叠堆积在干酪槽一端，每隔 15min 翻转一次，保持在 39℃，当乳清的 pH 为 5.2～5.3 时停止。

⑪ 成型压榨：将干酪凝块装入干酪模具中，先进行预压榨，一般压力为 0.2～0.3MPa，时间为 20～30min；或直接正式压榨，压力为 0.4～0.5MPa，时间为 12～24h。压榨结束后，从成型器中取出的干酪称为生干酪。

⑫ 盐渍：将压榨后的生干酪浸于盐水容器内浸渍，盐水为 18％～20％，盐水温度为 8℃左右，浸泡时间随干酪大小而变化，一般盐渍 68h。

⑬ 真空包装：采用塑料膜或金属复合膜真空包装。

⑭ 成熟：将生干酪置于 10～12℃下，在乳酸菌等有益微生物和残留凝乳酶的作用下，经 3～6 个月的成熟，形成干酪的质构和风味。

（2）莫泽瑞拉干酪制作：

① 从牛乳杀菌到切割凝乳块，均可参照切达干酪工艺参数执行。

② 在堆积、折叠凝乳时，需要每 15min 测定一次 pH，至 pH 达到 4.9～5.3，取 50g 样品，搓成大约 1cm 的条，进行热烫和拉伸。

③ 在 75～90℃的水浴中热烫凝乳条，分别进行纵向和横向拉伸。纵向拉伸超过 80cm，横向拉伸形成薄膜，凝乳即可以进行正式拉伸，水浴温度可以设为机械拉伸或机器拉伸的热水温度。

④ 热水与物料的比为（2～3）∶1，加热拉伸机的转速设为 30～50r/min，设定加热水温度，拉伸和揉捏 pH 适宜的凝乳块进行至塑性团块。

⑤ 如果没有拉伸机，可以把热烫后的凝块放在不锈钢容器的热水中，使用不锈钢工具进行搅拌，直至成为均匀的塑性团块。

⑥ 塑性团块入模后，于 0～4℃冷盐水中成型，中心温度至 20℃时脱模，腌渍，腌渍条件与切达干酪相同。

⑦ 真空包装后，10～12℃冷藏成熟二周。

3. 成品评价

（1）切达干酪

① 感官要求：具有该种干酪特有的良好滋味和气味，香味浓郁；质地均匀，软硬适度，组织细腻，可塑性较好；具有该种干酪正常的纹理图案；淡黄色；有光泽；外形正常，均匀细致无损伤；包装良好。

② 理化指标：非脂物质水分含量为 49.0%～56.0%，干物质脂肪含量为 45.0%～59.9%。

③ 评价方法：按照 GB 5420—2021《食品安全国家标准 干酪》进行评价。

（2）莫泽瑞拉干酪

① 感官要求：呈乳白色，均匀，有光泽；具有奶油味，具有该种干酪特有的滋味和气味；质地紧密、光滑、硬度适中；遇热具有良好的拉丝特性。

② 理化指标：干物质≥45%，干物质中脂肪≥45%。

③ 焙烤性能：烘烤比萨饼上，熔化干酪被叉尖的挑起高度不少于 7.62cm，呈咀嚼感，但不能呈橡胶感。切分样品呈截面为 0.5cm×0.5cm 的条，放于面包片上，在 210℃烤炉中烘烤 10min 至完全熔化，试验拉伸性，感官评价样品的

口感。

④ 评价方法：按照 USDA Specifications for Mozzarella Cheese 进行评价。

四、思考与讨论

① 干酪原料乳的质量有何重要性？干酪乳的标准化对产品的质量有何影响？

② 干酪制作过程中的预发酵有何作用？

③ 干酪的凝乳机理与酸奶有何不同？如何控制凝乳过程？

④ 切达干酪制作过程中堆叠工序有何作用？

⑤ 讨论在莫泽瑞拉干酪制造过程中酪蛋白所发生的变化。

⑥ 简述莫泽瑞拉干酪的生产流程和设备。

五、参考文献

［1］GB 5420—2021. 食品安全国家标准 干酪.

［2］USDA Specifications for Mozzarella Cheeses，1980.

［3］张和平，张列兵. 现代乳品工业手册. 北京：中国轻工业出版社，2005.

［4］Dairy Processing Handbook. Lund：Tetra Pak Processing Systems，2003.

［5］McSweeney P L H. Cheese problems solved，Woodhead Publishing Limited and CRC Press LLC，2007.

六、数字资源

视频：爱课程/食品技术原理/9-5/媒体素材/ Mozzarella 干酪（Tetra pak）、Cheddar 干酪（Tetra pak）.

（李红娟）

实验 6　卡门贝尔干酪的制作

一、实验原理和目的

卡门贝尔干酪（camembert cheese）原产于法国诺曼底，是一种表面干燥覆盖白色的卡门贝尔青霉（*Penicillium camemberti*）或白青霉（*Penicillium candidum*）的霉菌干酪。卡门贝尔干酪现在使用牛奶制成，直径 10～11cm，质量小于 350g，脂肪含量不少于 38%。卡门贝尔干酪属于软质干酪，乳酸发酵在凝乳形成中发挥比较重要的作用，凝乳 pH 较低而酶的加入量少于硬质干酪，凝乳含有较多的水分。在制作中没有压制和揉捏凝乳过程，凝乳依靠自重压缩和翻转成型。由于霉菌水解蛋白质和脂肪的作用，干酪质地柔软细腻，香气浓郁。本实验要求掌握卡门贝尔干酪的制作工艺条件，理解霉菌在干酪成熟过程中的作用。

二、实验材料与仪器设备

1. 实验材料

无抗生素鲜牛奶、嗜温型乳酸菌发酵剂、卡门贝尔干酪青霉和白青霉发酵剂或其孢子悬浮液、凝乳酶、食品级氯化钙、食盐。

2. 仪器设备

干酪槽、干酪切刀（刀刃间距 2cm）、干酪勺铲、干酪模子、pH 计、温度计、恒温恒湿箱（库）。

三、实验内容

1. 工艺流程

牛奶→杀菌→加入发酵剂和霉菌孢子悬浮液→加入凝乳酶凝乳→装模，排乳清→翻转→腌制、干燥→成熟→包装→冷藏

2. 操作要点

① 在干酪槽中进行牛奶的巴氏杀菌，63～65℃、30min，冷却到 32℃。

② 加入 0.01％嗜温型乳酸菌发酵剂或 2％活化的发酵剂，发酵 15～25min，可以在此时加入霉菌发酵剂或霉菌孢子悬浮液。

③ 当 pH 降低到 5.6 时加入 20mL/100kg 牛乳的凝乳酶。

④ 32℃下，45～60min 形成结实的凝乳。

⑤ 使用干酪切刀，切割凝乳，不搅拌。

⑥ 15min 后，使用干酪勺铲将凝乳和乳清一起像移动豆腐脑一样移入模具，利用凝乳的自重压缩，排乳清。静置放置 3h，翻转模具，其后 2h 再翻转模具一次，然后每隔 30min 翻转一次，翻转 3～4 次，促进排乳清和形成均匀的质地。

⑦ 喷入霉菌孢子悬浮液，隔 30min 翻转一次，静置 30min。

⑧ 脱模后的生干酪放在乳清排出台上 5～6h。

⑨ 反复正反两面在食盐中腌渍生干酪 1d 后，移入 4℃，相对湿度 95％～98％的恒温恒湿箱成熟，放置 5～7d，翻转一次。

⑩ 14d 后取出，使用铝箔包装。

3. 成品评价

（1）感官要求：滋味和气味具有本品种的特征；外皮均匀覆盖白色的霉菌，偶尔也有少数橘黄色的亚麻杆菌的色斑；质地软但不易碎；内部白色或稀奶油黄色；没有孔洞。感官评价 14d 后的样品的风味、色泽和质地。

（2）理化指标：干物质脂肪含量 30%～50%，水分含量 50%～60%。

（3）评价方法：按照 Codex StanC-33-1973 Codex International Individual Standard for Camembert Cheese 进行评价。

四、思考与讨论

① 讨论在卡门贝尔干酪凝乳及成熟过程中，酪蛋白所发生的变化。
② 说明在卡门贝尔干酪加工中霉菌的作用原理。

五、参考文献

［1］Codex StanC-33-1973 Codex International Individual Standard for Camembert.

［2］Dairy Processing Handbook. Lund：Tetra Pak Processing Systems，1995.

［3］McSweeney P L H. Cheese problems solved. Woodhead Publishing Limited and CRC Press LLC，2007，

［4］郑志强，赵征，魏玮，等. 霉菌成熟软质干酪工艺参数优化的研究. 中国乳品工业，2007，35（6）：17-20.

六、数字资源

视频：爱课程/食品技术原理/9-5/媒体素材/Camembert 干酪.

（李红娟）

实验 7　再制干酪的制作

一、实验原理和目的

再制干酪是以一种或多种干酪为主要原料，粉碎后添加或不添加乳制品、水、调味料及食品添加剂等辅料，经混合、乳化、杀菌等工艺制成的产品。再制干酪起源于对干酪残料和不合格干酪的利用，现在已经发展成为大型的加工行业。在加工

中，干酪中的酪蛋白受热成为流体，冷却时固化而致再制干酪塑化。再制干酪添加的"乳化盐"包括：磷酸氢二钠、柠檬酸钠、偏磷酸钠和酒石酸钠及其混合物。乳化盐的应用可以促进塑化过程。乳化盐实际上不是乳化剂而是改变了酪蛋白的性质使其成为基本的乳化剂。乳化盐调节 pH，螯合钙离子，发挥离子交换剂的作用。本实验要求掌握再制干酪的工艺过程，理解再制干酪工艺过程的影响因素。

二、实验材料与仪器设备

1. 实验材料

3 个月干酪、5 个月干酪、酪蛋白酸钠、植物油、柠檬酸、柠檬酸三钠、磷酸氢二钠、乳糖、饮用水、成熟干酪、乳清粉、改性淀粉、亲水胶体。

2. 仪器设备

Armfield 夹层锅或者水浴和搅拌器、切刀、电子天平、包装容器、冷库或冷柜。

三、实验内容

1. 工艺流程

原料配合→原料整理→切割→粉碎→加水→加盐→加色素→加热溶化→乳化→抽真空→充填→静置冷却→成品

2. 参考配方：见表 4-1 和表 4-2。

表 4-1 参考配方（1）

组分	用量/g
3 个月干酪	357
5 个月干酪	153
酪蛋白酸钠	80
植物油	90
柠檬酸	4
柠檬酸三钠	16
磷酸氢二钠	5
乳糖	80
水	215（mL）
总计	1000

注：干酪的成熟度和种类以及乳品组分的类别影响乳化剂的选择。成熟度低的干酪需要较多的柠檬酸盐，而成熟度高的干酪需要较多的磷酸盐。

表 4-2 参考配方 (2)

组分	用量/g
成熟干酪	450~550
植物油	100~150 (mL)
柠檬酸	3
柠檬酸三钠	10~18
磷酸氢二钠	3~6
乳清粉	80~100
改性淀粉	100
亲水胶体	10
水	200~220 (mL)
总计	1000

3. 操作要点

(1) 原料配合：通常用成熟度不同的同一种干酪或不同风味的两种以上干酪进行配合。

(2) 原料整理：将选好的干酪，先除去表面的蜡层和包装材料，并将霉斑等清理干净。

(3) 切割、粉碎：将清理好的干酪切成块状，然后用粉碎机或用绞肉机代替进行粉碎。

(4) 加热溶化：在夹层锅（或水浴）中加入适量的水（通常为原料干酪质量的 5%~10%）、食盐、调味料、防腐剂及色素等，然后倒入搅碎的干酪，并往夹层锅的夹层中通入热水进行加热，当温度达到 50℃ 左右时加入乳化盐，进行搅拌。如用磷酸氢二钠及柠檬酸钠结晶粉末时，应先混合溶化后再加入锅中。最后将温度升至 75~85℃，保持 4~6min，使其完全溶化。

(5) 乳化：加乳化盐后，如果需要调整酸度时，可以用乳酸、柠檬酸、醋酸等。可以混合使用，也可以单独使用。成品的 pH 为 5.6~5.8，不得低于 5.3。乳化剂中，磷酸盐能提高干酪的保水性，可以形成光滑的组织；柠檬酸钠有保持颜色和风味的作用。乳化剂需用水溶解后再加入，色素采用胭脂树橙或类胡萝卜素，并充分搅拌。

(6) 充填和静置冷却：乳化后，趁热注入包装容器中，并在室温下放置 24h，使气泡上浮。

(7) 冷藏：静置后移入 0~5℃ 冷库（柜）冷藏。

4. 成品评价

（1）感官要求：色泽均匀一致的乳白色、乳黄色和深黄色，添加辅料的干酪呈所加辅料相应的色泽；具有该种干酪特有的滋味和气味，具有相应的添加物的风味，无异味；质地均匀一致，有弹性，软硬适度，组织细腻，可塑性好，无肉眼可见外来杂质。

（2）理化指标：产品干物质中的干酪≥51％，干物质中脂肪含量和最小干物质含量的要求如表 4-3 所示。

表 4-3　再制干酪干物质中脂肪含量和最小干物质含量的要求

干物质中脂肪含量/%	最小干物质含量/%	干物质中脂肪含量/%	最小干物质含量/%
65	53	30	42
60	52	25	40
55	51	20	38
50	50	15	37
45	48	10	36
40	46	<10	34
35	44		

（3）评价方法：按照 GB 25192—2022《食品安全国家标准 再制干酪和干酪制品》进行评价。

四、思考与讨论

① 如何设计实验证明乳化盐在再制干酪加工中的作用？

② 控制 pH 值在再制干酪加工中有何重要作用？如何控制？

③ 工业化生产再制干酪应该采用什么工艺流程和设备？

五、参考文献

［1］GB 25192—2022. 食品安全国家标准 再制干酪和干酪制品.

［2］张和平，张列兵. 现代乳品工业手册. 2 版. 北京：中国轻工业出版社，2012.

［3］Dairy Processing Handbook. Lund：Tetra Pak Processing Systems，2003.

［4］Tamime A Y. Processed Cheese and Analogues，Blackwell Publishing Ltd.，2011.

六、数字资源

视频：爱课程/食品技术原理/9-5/媒体素材/再制干酪．

（李红娟）

实验 8　全脂乳粉的制作

一、实验原理和目的

全脂乳粉是以牛乳为原料，经杀菌、浓缩、干燥制成的粉状产品。原料乳的含水率一般为 87.5%～88.5%，为了提高干燥效率，增加乳粉的分散性和冲调性，需要将原料乳真空浓缩至原体积的 1/4 左右，干物质达到 45% 左右，然后采用喷雾干燥，将浓缩乳制成乳粉。本实验要求掌握乳粉生产的基本原理和方法，特别是真空浓缩和喷雾干燥的操作原理，了解评价乳粉质量的方法。

二、实验材料和仪器设备

1. 实验材料

牛乳、70% 酒精溶液、0.1mol/L NaOH 标准溶液、塑料袋。

2. 仪器设备

乳稠计、全自动牛乳成分分析仪、温度计、不锈钢锅、牛奶分离机、真空浓缩器或旋转蒸发仪、水循环式真空泵、均质机、小型离心喷雾干燥器、塑料袋封口机等。

三、实验内容

1. 工艺流程

牛乳→检验→加热→分离→标准化→预热与均质→杀菌→真空浓缩→喷雾干燥→出粉→冷却→包装

2. 操作要点

（1）牛乳检验：①感官检验，色泽乳白或微黄，具有乳固有的香味，无异味，组织状态呈均匀一致液体，无凝块、无沉淀、无正常视力可见异物；②理化检验，测量牛奶的密度，折算成标准相对密度 d（20℃/4℃）≥1.027，滴定酸度 12～18°T，70% 酒精试验阴性。

（2）加热：使用不锈钢锅加热牛乳至 35～40℃。

（3）分离：使用牛奶分离机分离牛乳成稀奶油和脱脂乳。测定牛乳、稀奶油和脱脂乳的脂肪含量，并根据牛乳的密度和脂肪含量计算乳固体含量。

（4）标准化：制成的乳粉成品的指标为脂肪含量 25%～30%。以 1000g 成品乳粉为基准，使用全脂乳、稀奶油和脱脂乳配制所需的标准化乳，乳脂含量标准化至 3.1%。

（5）均质：均质标准化乳，均质温度 55～60℃，均质压力 15～22MPa。

（6）杀菌：使用不锈钢锅加热均质后的标准化乳，以 85℃、5min 的工艺条件杀菌。

（7）真空浓缩：使用真空浓缩器或旋转蒸发仪浓缩牛乳，真空度为 0.08～0.10MPa，加热温度 60～70℃，料温为 50℃，将乳浓缩至干物质为 38%～42%，以供喷雾干燥。

（8）喷雾干燥：空气温度 190～220℃，雾化器离心转盘转速 20000r/min，排风温度 85℃。

（9）冷却和包装：自然冷却至室温，使用塑料袋包装，塑料袋包装机热合密封。

3. 成品评价

（1）感官要求：色泽呈均匀一致的乳黄色，具有纯正的乳香味，干燥均匀的粉末。

（2）理化指标：蛋白质≥非脂乳固体的 34%，脂肪≥26.0%，复原乳酸度≤18°T，杂质度≤16mg/kg，水分≤5.0%。

（3）评价方法：按照 GB 19644—2010《乳粉》进行评价。

四、思考与讨论

① 阐述乳粉原料乳的标准化方法及要求。
② 真空浓缩在生产乳粉工艺中有何意义？
③ 喷雾干燥之前为何要浓缩？喷雾干燥的原理是什么？
④ 影响乳粉质量的主要因素有哪些？如何控制？

五、参考文献

[1] GB 19301—2010. 牛乳.

[2] GB 19644—2010. 乳粉.

[3] 张和平，张列兵. 现代乳品工业手册. 2 版. 北京：中国轻工业出版

社，2012.

[4] Westergaard V. MilkPowder Technology，Copenhagen：NIRO A/S，2004.

[5] Dairy Processing Handbook. Lund：Tetra Pak Processing Systems，2003.

六、数字资源

视频：爱课程/食品技术原理/9-4/媒体素材/乳粉的加工.

（李洪波）

实验 9 酸性奶油的制作

一、实验原理和目的

牛乳经分离得到含脂率高的稀奶油（cream），稀奶油经成熟、搅拌、压炼而制成奶油（butter）。奶油分为甜性奶油和酸性奶油。甜性奶油是用稀奶油不经发酵直接制成的奶油。酸性奶油是用经乳酸菌发酵的稀奶油制成的奶油。两者的稀奶油均需冷却成熟并搅拌，稀奶油在搅拌过程中，完成水包油到油包水的相位转换，形成奶油团块。酸性奶油具有浓郁的风味，工艺流程中一般不需要水洗和加盐。通过本实验掌握酸性奶油的加工原理和加工工艺，了解发酵奶油的加工设备。

二、实验材料和仪器设备

1. 实验材料
牛奶、发酵剂、食盐、胭脂树橙等。

2. 仪器设备
手摇牛奶分离机或电动牛奶分离机、不锈钢杀菌锅、水浴、恒温培养箱、pH 计、冷藏箱、小型奶油搅拌机（器）、奶油压炼板、奶油模具等。

三、实验内容

1. 工艺流程

脱脂乳

原料乳 → 预处理 → 分离稀奶油 → 杀菌、冷却 → 乳酸发酵 → 物理成熟 → 添加色素 → 搅拌 → 分离奶油粒 → 压炼、成型 → 包装

酪乳

125

2. 操作要点

(1) 原料乳预处理：将牛奶用双层纱布过滤，并将过滤好的牛奶水浴加热至 40℃。

(2) 分离稀奶油：使用牛奶分离机分离稀奶油，测定稀奶油和脱脂乳脂肪含量。

(3) 杀菌、冷却：采用巴氏杀菌，80℃保持 30s，杀菌后冷却至 21℃。

(4) 乳酸发酵：菌种为丁二酮乳链球菌（*Streptococcus diacetilucs*）和乳脂链球菌（*Streptococcus cremoris*）。发酵剂的添加量为 1%～5%，发酵温度 21℃，发酵终点 pH 5.5，冷却到成熟温度。

(5) 物理成熟：成熟温度为 7～13℃，成熟时间为 12～24h，其间脂肪结晶，部分液态脂肪转变为固态脂肪。

(6) 添加色素：奶油颜色过淡时，需要添加稀奶油量 0.01%～0.05% 的胭脂树橙。

(7) 搅拌稀奶油：搅拌是利用机械冲击力，破坏脂肪球膜而形成奶油颗粒。实验室可以使用装有桨叶的搅拌器和电动小型低速搅拌机，稀奶油装入量为搅拌机容积的 40%～50%，转速为 25～35r/min，5min 后排放搅拌机内的气体，然后继续转动 20～40min，当可见奶油团粒，液体色泽转淡时，排放酪乳，取出奶油团块，测定奶油团块和酪乳的脂肪含量。

(8) 压炼、成型：使用奶油压炼板，在不锈钢工作台上反复折叠，碾压奶油团块，使水分在奶油组织中均匀分布，使用奶油模具使之成型。

3. 成品评价

(1) 感官要求：呈均匀一致的乳白色或乳黄色；具有奶油的香味，无异味；均匀一致，允许有相应辅料的沉淀物，无正常视力可见异物；柔软、细腻，无孔隙，无析水现象。

(2) 理化指标：水分≤16.0%，脂肪≥80.0%，非脂乳固体≤2.0%。

(3) 评价方法：按照 GB 19646—2010《食品安全国家标准 稀奶油、奶油和无水奶油》进行评价。

四、思考与讨论

① 比较牛乳和稀奶油的巴氏杀菌的强度，并说明原因。

② 稀奶油成熟的参数对于奶油的质量有何影响？

③ 根据现有文献，说明稀奶油经过搅拌，形成奶油团块的机制。

④ 工业化制造奶油选用什么流程和设备？

⑤ 可否使用人造奶油的工艺流程制造奶油？

五、参考文献

[1] GB 19646—2010. 食品安全国家标准 稀奶油、奶油和无水奶油.

[2] 张和平，张列兵. 现代乳品工业手册. 第 2 版. 北京：中国轻工业出版社，2012.

[3] Dairy Processing Handbook. Lund：Tetra Pak Processing Systems，2003.

六、数字资源

视频：爱课程/食品技术原理/9-4/媒体素材/奶油.

（李洪波）

实验 10 乳酸菌发酵剂的制作

一、实验原理和目的

乳酸菌发酵剂（starter culture）是指用于制造酸奶、开菲尔等发酵乳制品以及制作奶油、干酪等乳制品的乳酸菌培养物，一般为液状或固形粉末。用于制造目的的发酵剂称为工作发酵剂，为了制备生产用发酵剂而预先制备的发酵剂称为母发酵剂或种子发酵剂。传统的酸奶发酵剂菌种通常为德氏乳杆菌保加利亚亚种（*Lactobacillusdelbrueckii* subsp. *bulgaricus*）和嗜热乳酸链球菌（*Streptococcus thermophilus*）以 1：1 的比例混合的菌种。发酵剂添加到产品中，在一定控制条件下繁殖。发酵的结果是乳酸菌产生一些能赋予产品特性如酸度、滋味、香味和黏稠度等的物质。当乳酸菌发酵乳糖而产生乳酸时，引起产品体系 pH 值的下降，不仅延长了产品的保存时间，同时改善了产品的营养价值和可消化性。乳酸菌发酵剂是一类含高浓度乳酸菌的产品，一般乳酸菌数在 $10^9 \sim 10^{10}$ CFU/mL，有的发酵剂乳酸菌含量可达 10^{11} CFU/mL。本实验要求掌握解乳酸菌发酵剂的制备、储存和应用方法。

二、实验材料和仪器设备

1. 实验材料

德氏乳杆菌保加利亚亚种和嗜热乳酸链球菌（或其他可用于发酵乳制品的菌

株）、脱脂乳粉。

2. 仪器设备

试管、锥形瓶、烧杯、玻璃棒、移液管、高压灭菌锅、水浴锅、培养箱、恒温箱、干燥箱、冰箱。

三、实验内容

1. 工艺流程

实验器材灭菌→菌种活化→母发酵剂制备→工作发酵剂制备→发酵剂储存

2. 参考配方

脱脂乳培养基：脱脂乳粉 12g，以蒸馏水定容至 100mL，pH 值自然，115℃灭菌 20min。菌种活化、母发酵剂培养基均采用脱脂乳培养基。

3. 操作要点

（1）实验所用试管、锥形瓶、烧杯、玻璃棒、移液管使用前均于 121℃灭菌 20min。

（2）菌种活化：将德氏乳杆菌保加利亚亚种和嗜热链球菌按体积分数 4%的接种量分别在灭菌后的脱脂乳培养基中活化数代，至菌株活力恢复。

（3）母发酵剂制备：将活化好的德氏乳杆菌保加利亚亚种和嗜热乳酸链球菌分别按体积分数 2%接种量（德氏乳杆菌保加利亚亚种∶嗜热乳酸链球菌＝1∶1）添加到灭菌后的脱脂乳培养基中，（37±1）℃静置培养，培养时间以凝乳后继续培养 2h 为宜，4℃条件下保存备用。

（4）工作发酵剂制备：配制 12g/100mL 的脱脂乳，热处理杀菌（85℃，连续搅拌 30min），迅速冷却降温到（42±1）℃，按体积分数 2%的接种量添加母发酵剂；并在（42±1）℃条件下静置恒温厌氧发酵，直至凝乳。

（5）储存：0～4℃冰箱冷藏，减少或者控制微生物的新陈代谢，它可用于发酵剂的短期保藏，一般一周之内可以保持菌种活力。

若制备固体发酵剂可进一步干燥保藏：工作发酵剂经离心后（4℃，3000～4000r/min，15min）弃去上清液，在无菌条件下将菌体细胞重新悬浮在灭菌的牛奶培养基或其他介质中，最后经冷冻干燥或者喷雾干燥制备成发酵剂粉末，可长期保存。

4. 异常工艺条件的实验设计

（1）用全脂乳粉或鲜牛奶代替脱脂奶。

（2）培养基中添加生长因子，如 Mn^{2+}、Ca^{2+} 等。

（3）接种量可略为增加，按体积分数 3%～5%接种。

5. 成品评价

（1）凝块需要有适当的硬度，细滑而富有弹性，组织均匀一致，表面无变色、气泡及乳清分离等现象。

（2）需具有优良的酸味及风味，不得有腐败味、苦味、饲料味和酵母味等异味。

（3）凝块完全粉碎后，细腻滑润，略带黏性，不含块状物。

（4）按上述方法接种后，在规定时间内凝固，无延长现象，活力测定（酸度、感官评价、挥发酸）符合规定指标。

四、思考与讨论

① 制备工作发酵剂时，对脱脂乳进行热处理的目的是什么？

② 影响乳酸菌发酵剂活力的因素有哪些？

③ 发酵剂多使用两种或两种以上的混合菌，其目的是什么？

④ 如何判断菌株的活力已恢复正常水平？

⑤ 如果菌株发生退化，应如何进行复壮？

⑥ 培养基中添加生长因子的目的是什么？

⑦ 如何判断菌株发酵性能的优劣？

五、参考文献

[1] 郭本恒．酸奶．北京：化学工业出版社，2003．

[2] 郭本恒．乳品微生物学．北京：中国轻工业出版社，2001．

[3] Dairy Processing Handbook. Lund：Tetra Pak Processing Systems，2003．

[4] 詹现璞．乳制品加工技术．北京：中国科学技术出版社，2012．

[5] 郭成宇，吴红艳，许英一．乳与乳制品工程技术．北京：中国轻工业出版社，2016．

六、数字资源

视频：爱课程/食品技术原理/9-5/媒体素材/酸乳发酵剂的制备．

（李超）

实验 11 冰淇淋的制作

一、实验原理和目的

冰淇淋是以饮用水、乳品、蛋品、甜味料、食用油脂等为主要原料，加入适量的香料、稳定剂、着色剂、乳化剂等食品添加剂，经混合、杀菌、均质、老化、凝冻等工艺或再经成型、硬化等工艺制成的体积膨胀的冷冻食品。保持适当的膨胀率，防止重结晶是冰淇淋制造的关键问题，冰淇淋的配料、加工与贮藏均与此密切相关。通过本实验，了解冰淇淋的加工工艺和冰淇淋膨胀率的评价方法，掌握对冰淇淋的香气、色泽、质地进行感官评价的描述性检验法。

二、实验材料和仪器设备

1. 实验材料

全脂乳粉、白砂糖、麦芽糊精、奶油、棕榈油、淀粉、玉米糖浆、葡萄糖粉、瓜尔豆胶、海藻酸钠、明胶、单甘酯、蔗糖脂肪酸酯、食用色素、黄原胶、乙基麦芽酚、香兰素、乳化炼奶香精等。

2. 仪器设备

高速混料缸或手持混料器、夹层锅、冷藏箱、均质机、凝冻机、模具、低温冰箱等。

三、实验内容

1. 工艺流程

油溶香精   水溶香精
     ↓   ↓

原料预热 → 混合 → 巴氏杀菌、均质、冷却 → 老化 → 凝冻 → 添加辅料 → 灌装 → 硬化 → 冻藏

2. 参考配方

棕榈油 55mL、奶油 20g、全脂乳粉 100g、白砂糖 120g、麦芽糊精 20g、葡萄糖粉 20g、玉米糖浆 60mL、海藻酸钠 1g、瓜尔豆胶 1g、黄原胶 1g、明胶 2g、分子蒸馏单甘酯 1g、蔗糖脂肪酸酯 0.5g、乙基麦芽酚 20mg、香兰素 40mg、乳化炼奶香精 0.5mL，用饮用水补至 1000g。

3. 操作要点

（1）操作步骤

① 配料：把 50～60℃ 的热水按计算的量倒入混料罐中，把乳粉全部倒入混料罐中，用电动搅拌器继续搅拌乳粉，直到全部溶解，把稳定剂倒入糖粉中，用勺混匀（不能沾水），边搅拌边将稳定剂和糖的混合物加入奶液中，继续搅拌至无肉眼可见固体。

② 杀菌：85℃，25min。

③ 均质条件：温度约 60℃，均质压力 15～20MPa。

④ 冷却：自来水水浴冷却至温度到 35℃ 以下，然后用冰水浴冷却至温度到 10℃ 以下。

⑤ 老化：2～4℃，4h。

⑥ 凝冻，测膨胀率。

⑦ 灌装：按需要灌装为不同大小及形状。

⑧ 硬化：－28～－23℃ 速冻硬化。

⑨ 冻藏：在 －18℃ 下贮存流通。

（2）操作注意事项

①单甘酯、蔗糖脂肪酸酯、各种胶体与白砂糖混合后，再与水、乳粉、油、麦芽糊精、玉米糖浆、色素等混合。

②乙基麦芽酚、香兰素及油溶香精在均质前加入。水溶香精在老化后期加入。

4. 成品评价

（1）膨胀率的计算公式：

$$A = 100 \times (B - C) / C$$

式中 A——膨胀率；

B——混料的质量；

C——与混料同容积的冰淇淋的质量。

（2）感官要求：主体色泽均匀，具有品种应有的色泽；形态完整，大小一致，不变形，不软塌，不收缩；组织细腻滑润，无气孔，具有该品种应有的组织特征；柔和乳脂香味，无异味；无正常视力可见外来杂质。

（3）理化指标：非脂乳固体 ≥6.0g/100g，总固体 ≥30.0g/100g，脂肪 ≥8.0g/100g，蛋白质 ≥2.5/100g。

（4）评价方法：按照 GB／T 31114—2014《冷冻饮品 冰淇淋》进行评价。

四、思考与讨论

① 影响冰淇淋膨胀率的因素有哪些？如何提高冰淇淋的膨胀率？

② 增稠剂和乳化剂在冰淇淋中各起什么作用？对制品的质地和口感有何影响？

③ 冰淇淋制品可能会发生哪些质量缺陷？如何避免这些情况的出现？

五、参考文献

[1] GB/T 31114—2014. 冷冻饮品 冰淇淋 .

[2] Douglas Goff H，Richard W. Hartel. Ice Cream. 7th Ed. New York：Springer，2013.

[3] 刘爱国，杨明 . 冰淇淋配方设计与加工技术 . 北京：化学工业出版社，2008.

六、数字资源

视频：爱课程/食品技术原理/9-5/媒体素材/冰淇淋制造 .

（汪建明）

实验 12　豆乳和腐竹的制作

一、实验原理和目的

当大豆经浸泡后，蛋白体膜同其他组织一起吸水膨胀，受到外界机械破坏破碎，大豆中的蛋白质及其他水溶性物质与水结合而被提取形成豆浆，经调味、均质、杀菌灌装后得到豆乳饮品。腐竹，又称腐皮或豆腐皮，是煮沸豆浆表面凝固的薄膜，可鲜食或干燥后用于烹饪。豆浆加热后，蛋白质发生热变性，被豆浆中产生的对流上推到液面，变性的蛋白质被浓缩，通过 S—S 结合形成膜，干燥后的豆腐皮含有53％的蛋白质，28％的脂质。腐竹的制作受到豆浆温度、豆浆浓度、豆浆 pH 等因素的影响。本实验要求掌握腐竹制作的基本原理并探索上述因素对于腐竹质量的影响。

二、实验材料和仪器设备

1. 实验材料

大豆、蔗糖、乳粉、羧甲基纤维素钠（CMC-Na）。

2. 仪器设备

混料罐、腐竹锅、加热锅、磨浆机、灭菌锅、温度计、pH 计、天平、玻璃瓶、豆乳比重计、旋转黏度计、色差计、质构仪。

三、实验内容

1. 工艺流程

$$豆浆饮品 \leftarrow 杀菌 \leftarrow 灌装 \leftarrow 均质 \leftarrow 调味$$

大豆 → 清选 → 脱皮 → 浸泡 → 磨浆 → 浆渣分离 → 煮浆 → 揭竹 → 干燥 → 包装 → 腐竹成品

2. 操作要点

（1）浸泡：按 1：3 添加泡豆水，水温 17～25℃，pH 在 6.5 以上，时间为 8～12h，浸泡适当的大豆表面比较光亮，没有皱皮，豆瓣易被手指掐断。

（2）水洗：用自来水清洗浸泡的大豆，去除浮皮和杂质，加入碳酸氢钠降低泡豆的酸度。

（3）磨制：用磨浆机磨制水洗的泡豆，磨制时每千克原料豆加入 50～55℃ 的热水 4000mL。

（4）煮浆：煮浆使蛋白质发生热变性，煮浆温度要求达到 95～98℃，保持 2min。

豆乳的制作

（5）调味/原味：每 100mL 豆浆中加入 10g 蔗糖、1.5g 全脂乳粉、0.25g CMC-Na 充分搅拌加入。

（6）均质：75～80℃，200kgf❶/cm^2，一次均质。

（7）灌装：装入玻璃瓶中，密封。

（8）杀菌：105℃，15min，得到豆浆饮料。

腐竹的制作

（5）提取腐竹：熟浆过滤后加入腐竹锅内，温度应严格控制，一般以（82±2)℃为宜，并要保持稳定，10～15min 就可起一层油质薄膜（油皮），利用锐利特制小刀将薄膜从中间轻轻划开，分成两片，分别提取。提取时用手旋转成柱形，挂在竹竿或不锈钢棍上即成湿腐竹。

（6）烘干包装：把挂在竹竿上的腐竹送到干燥箱中，顺序排列起来，干燥温度为 50～60℃，经过 4～7h，待腐竹表面呈明亮的黄白色，水分≤12%，即为成品。

---

❶　1kgf＝9.8N。

3. 异常工艺条件的实验设计

（1）不同浓度和酸度对豆浆饮料稳定性的影响。

（2）不同揭竹条件对于腐竹品质的影响。

4. 成品评价

（1）感官要求

豆浆饮料：呈黄白色、质地均匀，有豆香味。

腐竹：呈黄白色、明亮透光，枝条均匀，有腐竹产品特有的风味和质地。

（2）豆浆饮料稳定性评定

① 快速判断法：在洁净的玻璃杯内壁上倒少量饮料成品，若其形成牛乳似的均匀薄膜，则证明该饮料质量稳定。

② 自然沉淀观察法：将饮料成品在室温下静置于水平桌面上，观察其沉淀产生时间，沉淀产生越早，则证明该饮料越不稳定。

（3）质地测定

使用旋转黏度计、色差计测定样品的黏度和色差；应用食品质地测定仪的TPA探头测定腐竹的硬度和泡发后的弹性韧性。

（4）评价方法：按照 NY/T 1052—2014《绿色食品　豆制品》进行评价。

四、思考与讨论

① 影响豆浆稳定性的因素有哪些？如何提高豆浆饮料的稳定性？

② 探讨腐竹生产中豆乳的加热温度和膜的韧度之间的关系。

③ 比较豆腐皮和大豆的营养价值。

④ 影响腐竹品质的因素有哪些？如何进行实验设计，优化腐竹加工操作？

五、参考文献

[1] NY/T 1052—2014. 绿色食品 豆制品.

[2] 曾学英. 经典豆制品加工工艺与配方. 湖南：湖南科技出版社，2013.

[3] 张明. 大豆 豆浆 豆腐. 天津：天津科学技术出版社，2014.

[4] 李诗龙. 腐竹食品的现代加工技术. 粮油加工与食品机械，2005.

六、数字资源

视频：爱课程 \ 食品技术原理 \ 9-5 \ 媒体素材 \ 腐竹制造.

（汪建明）

实验 13　钙盐豆腐和内酯豆腐的制作

一、实验原理和目的

大豆蛋白质发生热变性之后，加入钙盐破坏蛋白质外层的水化膜和双电层；改变大豆蛋白质溶液的等电点，使蛋白质从溶胶状态转变为凝胶状态。在蛋白质凝胶的网络中包含了水分，成为具有弹性的豆腐类制品。制作手工豆腐使用卤水（氯化钙和氯化镁的混合物）或石膏（硫酸钙）作为凝固剂，生产时需要对大豆蛋白凝胶进行压制和脱水。内酯豆腐使用 δ-葡萄糖酸内酯作为凝固剂，生产时在包装袋（盒）内凝固，不需要压制和脱水。豆腐的制作受到豆浆温度、豆浆浓度、豆浆 pH、凝固剂种类等因素的影响。本实验要求掌握豆腐制作的基本原理并探索上述因素对于豆腐凝胶质量的影响。

二、实验材料和仪器设备

1. 实验材料

大豆、硫酸钙、氯化钙、δ-葡萄糖酸内酯、卤水。

2. 仪器设备

混料罐、加热锅、磨浆机、豆腐布、豆腐模框、温度计、pH 计、电子天平、压榨器、塑料包装容器、塑料热合机、豆乳比重计、质构仪。

三、实验内容

1. 工艺流程

点浆 → 凝固 → 上箱 → 压制 → 切块 → 钙盐豆腐

大豆 → 浸泡 → 水洗 → 磨制 → 煮浆 → 冷却 → 混合 → 灌装 → 加热成型 → 冷却 → 内酯豆腐

2. 操作要点

（1）豆乳的制作

① 浸泡：按 1∶3 添加泡豆水，水温 17～25℃，pH 在 6.5 以上，时间为 8～12h，浸泡适当的大豆表面比较光亮，没有皱皮，豆瓣易被手指掐断。

② 水洗：用自来水清洗浸泡的大豆，去除浮皮和杂质，降低泡豆的酸度。

③ 磨制：用磨浆机磨制水洗的泡豆，磨制时每千克原料豆加入 50～55℃ 的热水 4000mL。

④ 煮浆：煮浆使蛋白质发生热变性，煮浆温度要求达到 95～98℃，保持 2min。

（2）钙盐豆腐

① 点浆和凝固：用稠度计测定豆浆的浓度，应不小于 11%，测量温度为 70～75℃。分别使用硫酸钙或卤水作为凝固剂，硫酸钙的加入量为 0.8%～1.5%，卤水的加入量为 0.8%～1.0%。用水混匀硫酸钙或溶解卤片后在搅拌之下加到豆浆之中，迅速搅拌后静置，保持 20～25min 以凝固成豆腐脑。

② 上箱压制：把豆腐脑轻轻地撒在豆腐布上，包好放在豆腐箱内，在盖板上施加压力，压制 5～20min。

（3）内酯豆腐

① 冷却：δ-葡萄糖酸内酯在 30℃ 以下不发生凝固作用，为使它能与豆浆均匀混合，把豆浆冷却至 30℃；但 δ-葡萄糖酸内酯的混合物可以使豆浆的凝固温度提高到 60℃ 以上，因此使用新的 δ-葡萄糖酸内酯时，需要确认其凝固温度。

② 灌装：把混合好的豆浆注入塑料盒，每盒重 200g，用热合机封口。

③ 加热凝固：把封装好的豆浆盒放入锅中隔水静置加热，当温度超过 50℃ 后，δ-葡萄糖酸内酯开始发挥凝固作用，使袋内的豆浆逐渐形成豆腐脑。加热的水温为 90℃，加热时间为 10min，到时间后立即冷却，以保持豆腐的形状。

3. 异常工艺条件的实验设计

（1）不同加热条件对于大豆蛋白凝胶的影响。

（2）硫酸钙和氯化钙对于豆腐凝固速度、豆腐品质的影响。

4. 成品评价

（1）感官要求：色泽呈白色或淡黄色；具有豆腐特有的香味，无异味；块形完整，软硬适宜，质地细腻，有弹性；无肉眼可见外来杂质。

（2）理化指标：钙盐豆腐，水分≤85.0g/100g，蛋白质含量≥5.9g/100g；内酯豆腐，水分≤92.0g/100g，蛋白质含量≥3.8g/100g。

（3）质地测定：应用食品质地测定仪的 TPA 探头测定二种豆腐的凝胶强度。

（4）评价方法：根据 NY/T 1052—2014《绿色食品 豆制品》进行评价。

四、思考与讨论

① 制作内酯豆腐时的两次加热各有什么作用？

② 豆腐的凝固剂的作用原理是什么？

③ 影响钙盐豆腐品质的因素有哪些？如何进行实验设计，优化豆腐加工操作？

④ 根据实验结果，试设计一条内酯豆腐的生产线。

五、参考文献

［1］NY/T 1052—2014. 绿色食品 豆制品.

［2］黄明伟，刘俊梅，王玉华，等. 大豆蛋白组分与豆腐品质特性的研究. 食品工业科技，2015，13：94-98.

［3］邹艳楠. 豆腐加工生产中几个关键问题研讨. 黑龙江科学，2015，07：80.

［4］于新，吴少辉. 叶伟娟. 豆腐制品加工技术. 北京：化学工业出版社，2012.

［5］Keshun Liu. Soybeans Chemistry，Technology and Utilization. Springer，1997.

六、数字资源

视频：爱课程/食品技术原理/9-5/媒体素材/豆腐制造技术.

（汪建明）

第五章

水果和蔬菜制品工艺实验

实验 1 速冻草莓的加工

一、实验原理和目的

草莓上市时间短而集中，草莓果实易受外力损伤及微生物感染而导致食用性下降或腐烂。采用速冻技术制得的速冻草莓具有较长的保质期，保留了草莓的营养价值，满足消费者需求，带动经济增长。本实验要求理解速冻草莓的加工原理，掌握速冻草莓加工的工艺流程、加工的特点、基本要求和主要设备以及影响工艺效果的主要因素。

二、实验材料和仪器设备

1. 实验材料

草莓、白砂糖。

2. 仪器设备

电子天平、恒温水浴锅、速冻机。

三、实验内容

1. 工艺流程

原料选择→清洗、去蒂及萼片→冲洗→拌糖→包装→速冻→成品

2. 工艺要点

（1）原料选择：选用新鲜、成熟度八九成的草莓作原料。过熟、过生、病虫害、损伤以及白色、青色果均不宜用作材料。

（2）清洗、去蒂及萼片：用流动清水冲洗，除去泥土、杂物，然后去果蒂、萼片，并按大小分级，用清水冲洗或先用 600g/kg 的漂白粉乳液浸果，然后再用清水冲洗。

（3）拌糖：不加糖的整果速冻草莓，就直接速冻。加糖的整果速冻草莓，要先拌糖，其用糖量为果重的 1/14～1/6。加糖可减缓变色程度。

（4）包装：将拌糖后的草莓放在木桶、铁罐、薄膜袋内，封口。

（5）速冻：在温度为 −35℃ 的速冻装置内快速冻结。

（6）外包装：速冻前的包装为内包装，还须外包装，如装箱。不加糖的速冻草莓先装入薄膜袋内，再装箱。贴封条。

（7）贮藏：在 −18℃ 以下的环境中贮藏。

3. 产品评价

（1）感官要求：产品呈红色，具有草莓应有的形态，形态规则、大小均一、质地良好，无粘连、结块、结霜、风干现象；具有草莓的气味及滋味、无异味；洁净，无果柄、叶片、沙粒、石砾及其他肉眼可见外来杂质。

（2）污染物指标：铅（以 Pb 计）≤1mg/kg，镉（以 Cd 计）≤0.05mg/kg。

（3）评价方法：按照 NY/T 2983—2016《绿色食品 速冻水果》进行评价。

四、思考与讨论

① 简述速冻草莓加工的工艺流程及各工序中的注意事项。

② 简述草莓在储存过程中，防止腐烂变质的方法。

③ 影响速冻草莓质地和风味的因素有哪些？

五、参考文献

[1] NY/T 2983—2016. 绿色食品　速冻水果.

[2] 马道荣. 食品工艺学实验与工程实践. 合肥：合肥工业大学出版社，2016.

[3] 李丽. 速冻草莓品质评价体系的建立研究. 沈阳：沈阳农业大学，2016.

[4] 郑捷，胡爱军. 食品工艺学实验指导. 北京：中国轻工业出版社. 2021.

六、数字资源

视频：爱课程/食品技术原理/11-8/媒体素材/水果的速冻.

（郑捷）

实验 2　糖水橘子罐头的制作

一、实验原理和目的

酸碱法是工业化较为成功的柑橘脱囊衣方法，采用稀盐酸和稀碱对橘瓣进行顺序处理，稀盐酸可水解囊衣中的果胶长链，形成附在橘片上的凝胶状物体；碱的作用一方面中和其中的酸，另一方面继续降解凝胶物，使其脱离橘片。本实验要求掌握糖水类水果罐头制造的一般生产过程，了解不同去囊衣方法对糖水橘子罐头品质的影响；掌握固形物的装填量以及糖水浓度的选定方法；了解并初步掌握原材料消耗定额的计算过程和方法，以及不同杀菌条件对成品品质及保存期的影响。

二、实验材料和仪器设备

1. 实验材料

橘子、白砂糖、盐酸、氢氧化钠、甲基纤维素、β-环状糊精。

2. 仪器设备

台秤、电子天平、不锈钢容器、酸碱处理容器、温度计、糖度计、烧杯、汤勺、漏勺、手套、纱布、真空表、杀菌锅、封罐机、电炉、金属罐或玻璃瓶。

三、实验内容

1. 工艺流程

　　　　　　　　　　　　　　　　　　　　　　　　　　　　　糖水制备

原料验收 → 洗果分级 → 烫橘 → 去皮、分瓣 → 去囊衣 → 漂洗 → 整理 → 装罐称重 →

排气密封 → 杀菌 → 冷却、成品　　　　　　　　空罐（瓶）洗涤、消毒

2. 工艺要点

（1）原料验收：要求橘子形态完整，颜色均一，成熟度在八至九成，橘子无畸形没有虫斑，不腐烂。

（2）选果分级：按果实横径每隔 10mm 分成一级。

（3）烫橘：95～100℃水中浸烫 30～45s。

（4）去皮、分瓣：趁热剥去橘皮、橘络，并按大小瓣分级。

（5）去囊衣：半去囊衣，0.15%盐酸溶液浸泡 30min 后，再用 0.05%的氢氧化钠溶液 30℃浸泡 5min，随后以清水漂洗 2h；全去囊衣，用 0.09%盐酸溶液浸泡 20min 后，再 0.09%氢氧化钠 45℃浸泡 5min，随后以清水漂洗 30min。

（6）整理：全去囊衣，橘片装入带水盒中逐瓣去除残余囊衣、橘络及橘核，并洗涤一次；半去囊衣，橘皮用弧形剪心刀去心并去核，以流动水洗涤一次。

（7）糖水配制：

① 装罐用糖水中糖液浓度按下式计算：

$$Y（\%）= (W_3Z - W_1X) / W_2 \times 100$$

式中　W_1——每罐装入果肉量，g；

　　　W_2——每罐装入糖水量，g；

　　　W_3——每罐净重，g；

　　　X——装罐前果肉可溶性固形物含量，%；

　　　Y——装罐用糖水的浓度，%；

　　　Z——要求开罐时糖水的浓度，%。

② 糖水中 β-环状糊精浓度为 0.6%

③ 糖水配制：根据所需浓度及用量直接称取砂糖和水。放入不锈钢桶中加热、搅拌、溶解，煮沸 5～15min 后趁热过滤，校正浓度后备用。

测定糖液浓度时，注意温度校正。

（8）空罐洗涤和消毒：空罐用清水洗净，再以沸水消毒 30～60s 后倒空备用。

（9）装罐：净重 500g，橘瓣 250g，糖水 250g。每罐的橘瓣数量、色泽形态基本一致，糖水装满。

（10）排气、密封：采用热力排气，罐头中心温度达到 80℃以上；排气后迅速密封、杀菌。

（11）杀菌冷却：玻璃瓶，净重 500g，杀菌条件为 10～20min/100℃，（75℃水下锅）。杀菌后急速冷却至 40℃左右。

（12）原料消耗定额：按工艺损耗率编算定额。工艺损耗率的计算用基数连减法，各道工序的工艺损耗率，都以第 1 次的投料为基数，连续相减（增重率相加），它的"差"即为利用率。

利用率（%）＝100%－（各项工艺损耗率－增重率）

$$原料消耗定额（kg/T）= \frac{固形物装入量（kg/T）}{利用率（\%）}$$

在实验过程中注意各工序数据的获得。根据所获得的数据计算出各工序的损耗率、增重率和利用率。

3. 不同工艺比较实验

杀菌条件为：5min/100℃，10min/100℃，15min/100℃，20min/100℃，其它同正常罐。

4. 产品评价

（1）感官要求：应符合表 5-1 的规定。

表 5-1　糖水橘子罐头的感官要求

检验项目	检验结果
色泽	橘片呈橙黄色；汤汁澄清
滋味气味	酸甜适口，无异味
组织形态	橘片饱满完整，大小厚薄较均匀
净重	500g
固形物	≥50%
糖水浓度	10%

（2）理化指标：玻璃瓶装柑橘罐头优级品固形物含量≥55%，一级品固形物含量≥50%；pH 值应为 3.1～3.8。

（3）评价方法：根据 GB/T 13210—2014《柑橘罐头》进行评价。

四、思考与讨论

① 糖水橘子罐头加工中需注意什么问题？

② 讨论不同的去囊衣方法与糖水橘子罐头品质之间的关系。

③ 讨论不同杀菌时间与温度和成品的质量之间的关系。

④ 橘子罐头出现苦味的原因是什么？在加工过程如何预防其苦味的产生？

五、参考文献

[1] GB/T 13210—2014. 柑橘罐头.

[2] 赵晋府. 食品工艺学. 北京：中国轻工业出版社，2008.

[3] 杨邦英. 罐头工业手册. 北京：中国轻工业出版社，2002.

[4] Shan Y. Canned Citrus Processing：Techniques，Equipment，and Food Safety，Academic Press，2015.

六、数字资源

视频：爱课程/食品技术原理/11-6/媒体素材/橘子的罐藏.

（吴涛）

实验 3　草莓果酱的制作

一、实验原理和目的

果胶是一种胶体物质，存在于植物的细胞间隙，是半乳糖醛酸甲酯以 α-1，4 键形成的聚合物。在一定温度下，当果胶、糖、酸比例适当时，就会形成凝胶，成为果酱和果冻食品。果胶形成的凝胶，按果胶中甲氧基含量的不同有两种，一种是高甲氧基果胶型的凝胶，另一种是低甲氧基果胶的离子结合型凝胶。高甲氧基果胶在温度低于 50℃，加入糖使糖浓度达到 60%～70%，加入酸，控制 pH 为 2～3.5，就可形成凝胶；而低甲氧基果胶则在有高价金属离子、适量糖和酸存在情况下，才能形成凝胶。本实验要求掌握草莓果酱制造的一般生产过程，理解不同食品增稠剂对草莓果酱品质的影响。

二、实验材料和仪器设备

1. 实验材料

草莓、白砂糖、柠檬酸、果胶、海藻酸钠、黄原胶、金属罐或玻璃瓶。

2. 仪器设备

台秤、电子天平、温度计、糖度计、烧杯、汤勺、手套、纱布、水果刀、恒温水浴锅、不锈钢锅、杀菌锅、封罐机、电炉。

三、实验内容

1. 工艺流程

                                            糖液、增稠剂、柠檬酸

    原料选择 → 清洗 → 去蒂 → 加热、软化 → 破碎、过滤 → 调配 → 熬制 →
装罐称重 → 密封 → 杀菌 → 冷却 → 成品
空罐洗涤、消毒

2. 工艺要点

（1）原料选择：选择新鲜良好、成熟度高、颜色鲜艳、无霉烂和病虫害的果实，剔除果梗及青果等不合格草莓。

（2）去蒂：去果蒂时要用手握住蒂把转动果实，或用去蒂刀去尽蒂叶。

（3）加热、软化：在不锈钢锅中加入果量 10％ 左右的水分，将清洗干净的果实倒入锅中加热到 70～80℃，使果实基本软化，同时钝化酶，减少色素等物质氧化。

（4）破碎、过滤：用破碎机将软化后的果实打成果泥，然后 20～30 目过筛或者两层纱布，去掉种子和杂质。

（5）调配：按如下比例准备糖浆等添加剂。草莓 2.5kg，砂糖 2.0kg，柠檬酸 25g，果胶 9.0g。

（6）熬制：在熬制过程中需不停搅拌，以防焦糊。当浓缩到预计的浓度后，再加入果胶，并煮沸。浓缩过程如能在真空浓缩锅中进行，则更有利于提高产品的品质和风味。

（7）空罐洗涤和消毒：空罐用清水洗净，再以沸水消毒 30～60s 后倒空备用。

（8）装罐：净重 500g。

（9）密封：采用热力排气，罐头中心温度达到 80℃ 以上；排气后迅速密封、杀菌。

（10）杀菌冷却：玻璃瓶，净重 500g，杀菌条件为 10～20min/100℃，（75℃水下锅）。杀菌后分段冷却至 40℃ 左右。

3. 不同工艺比较实验

分别用同等含量的海藻酸钠、黄原胶取代果胶，其它同正常罐。

4. 产品评价

（1）感官要求：应符合表 5-2 的规定。

表 5-2　草莓果酱的感官要求

检验项目	检验指标
色泽	色泽均匀
滋味与口感	无异味，酸甜适中，口味纯正，果香浓郁
组织状态	均匀，无明显分层和析水，无结晶
涂抹性	易于涂抹，涂层均匀，连续，光滑

（2）理化指标：可溶性固形物（以 20℃折光计）≥25％，总糖≤65％。

（3）评价方法：根据 GB/T 22474—2008《果酱》评价。

四、思考与讨论

① 草莓果酱加工中需注意什么问题？

② 讨论不同的增稠剂对草莓果酱品质有什么影响。

③ 草莓加热软化的机制是什么？

五、参考文献

[1] GB/T 22474—2008. 果酱.

[2] Hui Y H. Handbook of Fruits and Fruit Processing. John Wiley & Sons，2006.

[3] 赵晋府. 食品工艺学. 北京：中国轻工业出版社，2008.

六、数字资源

视频：爱课程/食品技术原理/11-5/媒体素材/草莓酱的加工技术.

（吴涛）

实验 4　葡萄干的加工

一、实验原理和目的

葡萄干是以葡萄为原料，通过干制过程得到的产品。葡萄干作为葡萄的主要加工产品之一，不仅可作为休闲果干，还可作为烘焙食品、冷饮食品的重要辅料。葡萄干的干制方法可分为自然干制和人工干制。葡萄干含糖量高，是典型的高能量食品。本实验要求掌握葡萄干制原理、干制工艺及设备使用。

二、实验材料和仪器设备

1. 实验材料
葡萄鲜果、氢氧化钠溶液、95％乙醇、油酸乙酯、碳酸钾。

2. 仪器设备

电子天平、电热鼓风干燥箱。

三、实验内容

1. 工艺流程

原料→清洗→干制→分级→包装

2. 工艺要点

（1）原料：选择干制的葡萄鲜果，宜选择固形物含量高，风味色泽好，酶褐变不严重，果粒皮薄，肉质软，含糖量在20%以上的无核品种。

（2）清洗：一般用1.5%～4.0%的氢氧化钠溶液洗涤，洗除果皮上所附着的蜡质、有害微生物，同时又可消毒，并使果皮出现细小裂缝，以利于水分蒸发，促进干燥。

（3）干制：分自然干制和人工干制。

自然干制：①曝晒，将葡萄装入晒盘，在阳光下曝晒10天左右，当表面有一部分干燥时，可以全部翻动一遍，湿一点的放在表层继续晒，至三分之二的果实呈干燥状，用手捻果实无葡萄汁液渗出时，即可将晒盘叠起来，阴干一周。在晴天下，全部干燥时间共约20～25天。②回软，将果串堆放15～20天，使之干燥均匀，同时除去果梗，即成制品。

人工干制：①浸渍液及其乳化，用0.6g氢氧化钾和6mL 95%乙醇混合液后，加入3.7mL油酸乙酯，摇匀，再兑入1000mL 3%碳酸钾水溶液，边倒边搅拌，获得醇溶油碱乳液。②热泵烘干，托盘装载量14～20kg/m²，初温45～50℃，终温70～75℃，干燥时间42～60h。系统除湿量要大，脱水率已达70%。全干后仍保持绿色。干燥适度的葡萄干，肉质柔软，用手紧压无汁液渗出。含水量为15%～17%，干燥率为3∶1～4∶1。

（4）分级：去掉果柄、干叶和瘪粒等杂质，然后按色泽饱满度及酸甜度进行分级。

（5）包装：葡萄干的包装方式多采用塑料食品包装袋，包装袋同时要有防潮和密封的功能。

3. 产品评价

（1）感官要求：具有本产品应有的色泽且色泽均匀；颗粒饱满均匀；具有本品种的风味，无异味。

（2）理化指标：水分≤15g/100g，总酸（以酒石酸计）≤2.5g/100g，总糖（以葡萄糖计）≥65g/100g。

（3）评价方法：根据 NY/T 705—2023《葡萄干》进行评价。

四、思考与讨论

① 如何抑制葡萄干在干燥开始后褐变的发生？

② 简述葡萄干特征香气组成及其产生机制。

③ 葡萄干加工的核心过程是哪一过程？葡萄内部糖分转化的最佳温度段是多少？

④ 葡萄干制有自然干制和人工干制两类方法，比较这两类干制方法的优缺点。

五、参考文献

[1] 宋艳超，刘青，王冬，等."无核白"葡萄在干制工艺中的褐变机制. 保鲜与加工，2020（2）：85-90.

[2] 王冬. 葡萄干特征干化香气组成及其产生机制研究. 北京：中国农业大学，2017.

[3] 郑永菊. 绿葡萄干加工的关键技术研究. 咸阳：西北农林科技大学，2012.

[4] 郭春苗，伍新宇，周晓明，等. 葡萄干饱满度评定指标及影响因子研究. 新疆农业科学，2015（6）：1033-1039.

[5] NY/T 705—2023 葡萄干.

[6] 郑捷，胡爱军. 食品工艺学实验指导. 北京：中国轻工业出版社，2021.

六、数字资源

视频：爱课程/食品技术原理/11-7/媒体素材/果蔬的干制.

（郑捷）

实验 5　果蔬脆片的制作

一、实验原理和目的

果蔬脆片是以水果、蔬菜为主要原料，经减压油炸脱水或非油炸脱水工艺，添加或不添加其他辅料制成的口感酥脆的即食型水果、蔬菜干制品。减压油炸是利用减压环境下沸点降低的原理，以较低油温使物料中的水分汽化，从而获得具有一定水分含量的干制品的方法。

黄秋葵含有丰富的碳水化合物、蛋白质、黄酮、维生素等成分，具有较高的食用价值和保健价值，但其富含黏液不便于鲜食和不耐储运。通过减压低温油炸工艺能很好地克服黄秋葵的上述缺点。本实验要求理解秋葵干制加工的工艺流程，掌握减压低温油炸主要设备和影响其工艺效果的主要因素。

二、实验材料和仪器设备

1. 实验材料

黄秋葵、食用棕榈油。

2. 仪器设备

果蔬清洗机、冷冻冷藏柜或冷藏库、真空低温油炸机以及电子秤、其他常规器具。

三、实验内容

1. 工艺流程

原料→挑选→清洗→去头→热烫→冷却→冷冻→真空油炸→离心脱油→调味→包装→成品

2. 工艺要点

（1）原料：新鲜无纤维的黄秋葵嫩果荚。

（2）挑选：选无病虫伤、无霉烂、无机械伤、色泽正常的新鲜黄秋葵，人工剔除不合格原料。

（3）清洗：将原料放入流动的清水中反复清洗，清除黄秋葵表面的尘土、泥沙、农药等不洁物，并把水沥尽。

（4）去头：去掉黄秋葵的头部，保证还有外表皮裹着嫩荚，以免热烫时水全部浸入嫩果内部。

（5）热烫：将原料放进 80～90℃ 的热水中，热烫 60～90s。

（6）冷却：及时将热烫后的原料放入冷水中冷却，冷却至 30℃ 以下，并洗去原料表面的黏性物质，以保证色泽美观，冷却后沥水 3～5min。

（7）冷冻：将黄秋葵放进冷冻柜中存放，在 −10℃ 下温度缓冻，冻结时间 10～24h。

（8）油炸：将油温预热至 100℃后，装入原料放进油炸罐内，将真空度提至 0.09MPa 以上，启动系统内油循环系统，将油炸室充入热油，油炸温度设定在 85℃左右，启动油炸，油炸时间为 55min、60min、65min。

（9）脱油：油炸过后黄秋葵脆片含油量较高，油炸结束后立即脱油，在真空状态下离心脱油 10min 左右。

（10）冷却：脱油后，原料要散开放置于浅盘中，用风扇吹凉或自然冷却。

（11）调味：黄秋葵脆片可通过调味改善其风味，调味时将椒盐撒在黄秋葵脆片上混合均匀即可。

（12）包装：采用真空包装或充氮包装，也可以采用瓶装。

3. 产品评价

（1）感官要求：色泽均匀，具有黄秋葵经加工后应有的正常色泽、滋味、香味，无异味，口感酥脆，形态基本完好均匀，无肉眼可见外来杂质。

（2）理化指标：筛下物≤5.0%，水分≤5.0%，脂肪≤20g/100g，酸价（以 KOH 计）≤3.0mg/g，过氧化值（以脂肪计）≤0.25mg/g，二氧化硫残留量（mg/kg）不得检出（＜3.0）。

（3）评价方法：根据 NY/T 435—2021《绿色食品　水果、蔬菜脆片》进行评价。

四、思考与讨论

① 黄秋葵进行清洗、漂烫的目的是什么？
② 黄秋葵漂烫时间及加热温度控制不好会出现的现象是什么？
③ 为什么油炸温度和油炸时间对黄秋葵品质的影响较明显？
④ 黄秋葵干产品的感官要求有哪些？如何进行评价？

五、参考文献

[1] 周甫娟，杨明彰，欧小青，等．黄秋葵的加工生产工艺．江西农业．2018，（4）：48.

[2] 张洪磊，刘孟霞，余剑，等．黄秋葵果荚真空低温油炸关键工艺研究．现代农业科技，2017，（23）：240-241，245.

[3] 刘娜．黄秋葵的综合利用及前景．中国食物与营养．2007，（06）：27-30.

[4] NY/T 435—2021 绿色食品 水果、蔬菜脆片．

［5］郑捷，胡爱军．食品工艺学实验指导．北京：中国轻工业出版社，2021．

六、数字资源

视频：爱课程/食品技术原理/11-7/媒体素材/马铃薯片．

（郑捷）

实验 6　桃脯的制作

一、实验原理和目的

果脯制作的基本原理是利用高浓度糖液的较高渗透压，析出果实中的多余水分，在果实的表面与内部吸收适合的糖分，形成较高的渗透压，抑制各种微生物的生存而达到保藏的目的。本实验以桃为原料制作桃脯，要求掌握桃脯制作的工艺过程，理解不同原料对桃脯品质的影响。

二、实验材料和仪器设备

1. 实验材料

久保桃、白砂糖、亚硫酸氢钠、氢氧化钠。

2. 仪器设备

台秤、电子天平、温度计、糖度计、烧杯、汤勺、手套、水果刀、不锈钢锅、恒温水浴锅、真空搅拌锅、电炉、包装机。

三、实验内容

1. 工艺流程

原料→清洗→碱液去皮→切半→去核→护色→糖渍→糖煮→烘烤→冷却→成品

2. 工艺要点

（1）原料选择：成熟、新鲜、大小适度、肉厚、无腐烂、无损伤的桃子，剔除霉烂和病虫害的果实。

（2）碱液去皮：用 4%～6% 的氢氧化钠溶液，保持在 90～95℃ 的温度下，浸 30～60s，进行脱皮。然后取出桃子投入流动水中冷却。成熟度过高的桃子，则不用碱液去皮，可直接进行热浸后剥皮。热浸后的桃子立即放入清洁流水内冷却，漂洗 15min。漂洗时轻轻搅动，使桃子稍有摩擦，脱净果皮。

（3）切半、去核：沿缝对切，挖出果核。

（4）护色：去皮去核后将桃瓣放入 0.4% 亚硫酸氢钠溶液中浸泡护色。

（5）糖渍：将护色后的桃瓣冲洗干净，随后将桃片浸于浓度 30% 的糖液中，入真空锅进行抽真空处理，真空度维持在 0.08～0.09MPa，抽空 15～20min，然后破除真空。或者将桃片浸于浓度 30% 的糖液中 24h。

（6）糖煮：将桃片浸于浓度 60% 的糖液中煮制，煮制至糖液浓度达到 80% 后停止加热，浸泡 24h，捞出沥干糖液。

（7）烘烤：60～65℃下烘烤至成品要求。

3. 不同原料比较实验

分别用同等质量的水蜜桃、大白桃、黄桃取代久保桃，其它同正常工艺。比较不同种类桃子果脯的品质。

4. 产品评价

（1）感官要求：具有品种应有形态、色泽、组织、滋味和气味，无异味，无霉变，无杂质，允许有糖结晶析出。

（2）理化指标：水分≤35g/100g，总糖（以葡萄糖计）≤85g/100g。

（3）评价方法：根据 GB/T 10782—2021《蜜饯质量通则》评价。

四、思考与讨论

① 桃脯加工中需注意什么问题？

② 桃子去皮的主要机制是什么？

③ 桃脯护色的机制是什么？

五、参考文献

［1］GB/T 10782—2021. 蜜饯质量通则.

［2］杨玉斌. 果脯蜜饯加工技术手册. 北京：科学技术出版社，1988.

［3］Hui Y H. Handbook of Fruits and Fruit Processing. John Wiley & Sons，2006.

［4］赵晋府. 食品工艺学. 北京：中国轻工业出版社，2008.

六、数字资源

视频：爱课程/食品技术原理/11-5/媒体素材/什锦果脯的加工技术．

（吴涛）

实验 7　果冻的制作

一、实验原理和目的

果冻是以食用胶和食糖等为主要原料，经煮胶、调配、灌装、杀菌等工序加工而成的胶冻食品。果冻食感可口，具有原果的特殊风味，果冻制作工艺简单。果冻是果汁加糖后，在一定糖、酸及果胶比例下经煮制、冷却形成的凝胶状产品。其制作原理是，利用果胶物质的凝胶作用，形成具有一定弹性的、口感滑爽的食品。通过本实验，要求了解果冻制作的基本原理，掌握果冻加工的基本工艺流程及操作要点。

二、实验材料和仪器设备

1. 实验材料

新鲜苹果、柠檬为主要使用原料，食用琼脂、白砂糖、柠檬酸、雪碧、明胶。

2. 仪器设备

小烧杯、锥形瓶、玻璃棒、量筒、天平、温度计、铁架台、水浴锅、电炉、电子天平、恒温水浴锅、果实取汁器、过滤器、夹层锅、塑料杯等。

三、实验内容

1. 工艺流程

溶胶→调配→灌装→杀菌→冷却定型→脱模→检验→成品

2. 操作要点

（1）溶胶：称明胶 6g 于 150mL 烧杯中，加 10mL 冷开水浸泡 0.5h，在沸水浴中加热 30mim。

（2）调配：苹果果汁添加量为 10%，柠檬果汁添加量 10%，食用琼脂添加量 1.5%，白砂糖添加量 3%（食用琼脂：白砂糖＝1∶2），柠檬酸添加量 1%，雪碧添加量 10％。烧杯中加 90mL 水，在电炉上加热至沸腾。将全部原料混合，搅拌后冷却。

果冻添加增稠剂：根据果冻配方中的要求，先添加琼脂，然后再添加明胶。

琼脂的添加量为原料质量的 1.5％，琼脂的添加量为原料质量的 0.4％。

（3）灌装：将煮熟的琼脂放在预先清洗和灭菌的玻璃罐中。（可以将玻璃罐消毒 5～8min，并用热水将盖子煮沸 10～15s）将玻璃罐放在沸水中消毒并释放热量，及时清洁罐口，防止被果酱污染，避免贮存长霉。

（4）杀菌：放入恒温水浴锅中 85℃，20min 进行灭菌处理。

（5）冷却定型：将准备好的果冻液倒入模具中，然后放入冰箱中冷却和成型，迅速放入冰箱冷却至室温，最大限度保持果冻成品和色泽。

（6）脱模：从冰箱中取出成型产品后，在取出果冻之前用温水稍微加热模具底部和周围实现脱模作用。

（7）检验：按照产品技术进行检验，合格为成品。

3. 产品评价

（1）感官要求：分别从果冻成品的色泽、风味、组织状态、口感四个方面进行评价。（以优质的果冻成品为例。）

① 色泽：颜色均匀一，有原料本身色素的颜色。

② 风味：味道浓郁，酸甜适中，入口细腻爽滑，软硬适中，有弹性，咀嚼性好。

③ 组织状态：半透明，有弹性，韧性好，无气泡。

④ 口感：细腻爽滑，软硬适中，有弹性，咀嚼性好。

（2）理化指标：可溶性固形物（以折光计）≥15.0g/100g。

（3）评价方法：GB/T 19883—2018《果冻》评价。

四、思考与讨论

① 果胶、糖和酸三者的用量比对果冻的品质有何影响？

② 阐述果冻制作的基本原理和工艺过程。

五、参考文献

[1] 张睿涵，杨国翠，沈伊婷，等 . 果冻制作工艺的研究 . 科技风. 2020（25）：197-198.

［2］丁燕，呼凤兰，王华．山楂果冻制作工艺研究．天津农业科学．2017（09）：31-34.

［3］GB/T 19883—2018. 果冻．

［4］郑捷，胡爱军．食品工艺学实验指导．北京：中国轻工业出版社，2021.

六、数字资源

视频：爱课程/食品技术原理/11-5/媒体素材/果冻．

（郑捷）

实验 8　果丹皮的制作

一、实验原理和目的

果丹皮是以富含果胶及有机酸的水果为主要原料，经过加工制得的一种老幼皆宜的大众化食品。果丹皮的制作常选用含糖量、含酸量和含果胶物质较多的水果作原料，如苹果、桃、沙棘、山楂等，但以新鲜山楂较为理想。果丹皮为山楂制成的卷，味酸、甘，有助于消化，有开胃消食、活血散瘀、降血脂等的功效。本实验要求掌握果丹皮的加工方法、工艺流程、加工特点、基本要求和主要设备以及影响工艺效果的主要因素。

二、实验材料和仪器设备

1. 实验材料

山楂、白砂糖、水。

2. 仪器设备

电子天平、电磁炉、不锈钢锅、勺子、锡箔纸、刮刀、刮板、高速打浆机、电热恒温鼓风干燥箱。

三、实验内容

1. 工艺流程

原料选择→预处理→软化→打浆→浓缩→刮片→烘干→起片→包装

2. 工艺要点

（1）原料选择：选择含糖量、含酸量和果胶物质较多的新鲜山楂作为原料。

（2）预处理：将山楂挖去蒂把，削净虫蛀及腐烂部分，并将山楂挖去籽核。

（3）软化：用清水洗净放入不锈钢锅中，加入适量清水，用大火煮沸30min，使山楂果肉充分软化，然后将煮好的山楂捞出，捣烂，倒入适量煮过山楂果的水中，搅拌均匀。

（4）打浆：打浆机打浆，用纱布过滤山楂酱，去除残余的果皮、种子等杂物，并搅拌果酱，使之成为细腻的糊状物。

（5）浓缩：山楂：白砂糖的比例为2：1。分次加入白砂糖，用小火加热，边加热边搅拌，避免粘锅，当砂糖全部溶化，果酱浓缩成稠泥状后，停火降温，使其成为果丹皮的坯料，固形物含量在60%以上。

（6）刮片、烘干：将坯料置于平整的板面上，按照所需要的厚度抹平后（0.5cm），再放入干燥箱内，在60℃的温度下烘干10～12h，直到坯料成为有韧性的皮状物。

（7）起片、包装：将果丹皮从锡箔纸上缓缓揭下，切制成一定规格和形状的果丹皮卷成卷或一层一层放置。然后用玻璃纸进行包装，即可投放市场销售。

3. 产品评价

（1）感官要求：浅红色或浅棕色，组织细腻，略有韧性；具有原果风味，酸甜适口，无异味，无正常视力可见外来杂质。

（2）理化指标：水分≤30%，总糖（以葡萄糖计）≤75%，灰分≤1.5%。

（3）评价方法：参考GB/T 10782—2021《蜜饯质量通则》。

四、思考与讨论

① 工业化生产果丹皮的主要设备有哪些？

② 山楂果丹皮加工的操作要点有哪些？

③ 山楂果丹皮产品质量的影响因素有哪些？

五、参考文献

[1] 山楂果丹皮制作方法. 致富天地，2019（06）：67.

[2] GB/T 10782—2021. 蜜饯质量通则.

［3］赵景联．果丹皮食品的加工技术．实用技术市场，1990（3）：18-19.

［4］朱俊玲，卢智．果蔬复合果丹皮的加工工艺研究．安徽农业科学，2011，39（13）：7695-7696，7698.

［5］郑捷，胡爱军．食品工艺学实验指导．北京：中国轻工业出版社，2021.

（郑捷）

实验 9　清水蘑菇罐头的制作

一、实验原理和目的

蔬菜罐藏是将蔬菜原料经预处理后密封在容器或包装袋中，通过杀菌工艺杀灭大部分微生物的营养细胞，在维持密闭和真空的条件下，得以在室温下长期保存的果蔬加工保藏方法。本实验以蘑菇为原料进行罐头加工，针对蘑菇采收后极易褐变的特点，在工艺过程中进行护色处理，经过预煮、切片、装罐、高压杀菌，达到商业无菌状态，并利用罐藏容器的密封性达到长期保存的目的。本实验要求理解蔬菜罐藏的基本原理，掌握蔬菜罐头的加工工艺。

二、实验材料和仪器设备

1. 实验材料

双孢蘑菇、食盐、柠檬酸、EDTA、四旋瓶。

2. 仪器设备

夹层锅或不锈钢锅、高压蒸汽杀菌锅、电炉、天平、台秤、不锈钢刀、不锈钢盆、温度计、汤勺、漏勺等。

三、实验内容

1. 工艺流程

空罐准备　配盐水

原料 → 检验 → 清洗 → 预煮 → 拣选、修整 → 称重 → 装罐 → 加盐水 → 排气 → 封口 → 杀菌 → 冷却 → 成品

2. 操作要点

（1）原料：选用菌盖良好、菇色正常、无损伤、无病虫害、菌盖直径 20～

156

40mm 的蘑菇。

（2）清洗：先在清水中浸泡 15min，切忌揉搓或上下搅动。

（3）预煮：用 0.1％的柠檬酸液进行预煮。菇水比为 1∶（1～1.2）。先在夹层锅内煮沸漂烫 2～3min，捞出后立即用清水冷却。

（4）拣选、修整：去除杂质及碎屑，并按大小进行分级，修整菇柄，使其小于 8mm。

（5）配盐水：预煮菇汤中加入 2.5％的盐、0.05％～0.06％的柠檬酸和 0.01％～0.015％ EDTA，加热溶化后过滤。

（6）空罐准备：四旋瓶用清水洗净，再以沸水消毒 30～60s 后倒置备用。

（7）装罐：将整朵菇与块菇分别装罐，使每罐内容物形状、大小基本一致，装填量应达净重的 55％，然后装盐水，保持 3～5mm 的顶隙度。

（8）排气：采用加热排气法，使中心温度达到 75～90℃，然后立即封罐。

（9）杀菌：10～30min/110℃。

（10）冷却：杀菌后迅速分段冷却至 37℃。

3. 异常工艺条件的实验设计

（1）省略预煮过程。

（2）预煮用清水进行。

4. 成品评价

（1）感官要求：色泽呈淡黄色，汤汁清晰；具有鲜蘑菇加工的蘑菇罐头应有的滋味和气味，无异味；组织柔软而有弹性，菌径 18～35mm，同一瓶（罐）内菌径大小均匀，菌盖形态完整，无畸形菇和开伞菇，菌柄长度不超过 8mm，同一瓶（罐）内菌柄长度基本一致。

（2）理化指标：固形物含量≥42.0％，氯化钠含量 0.3％～1.5％，pH 值≥5.0。

（3）评价方法：按照 GB/T 14151—2022《食用菌罐头质量通则》进行评价。

四、思考与讨论

① 预煮液中添加柠檬酸的作用是什么？

② 盐水中添加 EDTA 的作用是什么？

③ 在工业生产中应选用什么设备？

④ 以本工艺流程为基础，还可以采用什么单元操作保藏蘑菇？

五、参考文献

[1] GB/T 14151—2022. 食用菌罐头质量通则.

[2] 刘大勇. 蘑菇罐头颜色变化机理探讨. 食品工业科技，2000，21
(1)：34-36.

六、数字资源

视频：爱课程/食品技术原理/11-6/媒体素材/食用菌加工技术.

（刘锐）

实验 10　番茄酱和番茄沙司的制作

一、实验原理和目的

番茄酱是鲜番茄的酱状浓缩制品，呈深红或红色酱体，具番茄特有的风味，
是一种富有特色的调味品，一般不直接入口。番茄酱由成熟红番茄经清洗、破
碎、打浆、去除皮和籽等物质后，再经浓缩、装罐、杀菌而成。干物质含量一般
分 22%～24% 和 28%～30% 两种。

番茄沙司是以浓缩番茄酱为主要原材料，添加或不添加食糖、食盐或冰醋
酸、香辛料和食用增稠剂等辅料均匀混合、调制、杀菌而成的复合调味料，也称
番茄调味酱。其主要原料——番茄酱中含有大量的果胶，因此番茄酱具有弱凝胶
的特性。醋、盐、糖、香料等除具有调味的作用以外，还在不同程度上起到防
腐、稳定产品的作用。

本实验要求掌握番茄酱和番茄沙司的加工工艺。

二、实验材料和仪器设备

1. 实验材料

番茄、白砂糖、食盐、食醋、葡萄糖、变性淀粉、维生素 C、黄原胶、洋
葱、大蒜、红辣椒粉、生姜粉、玉果粉、丁香、桂皮、水。

2. 仪器设备

夹层锅或加热锅、打浆机、不锈钢刀、配料罐、胶体磨、杀菌设备、灌装设
备、温度计、折光计、旋转式黏度计、pH 计、色差计、电子天平、台秤、四旋瓶。

三、实验内容

1. 工艺流程

番茄酱：

原料选择 → 清洗 → 修整 → 预热打浆 → 加热浓缩 → 灌装密封 → 杀菌 →

冷却 → 成品　　　　　　　　　　　　　　　　　　空罐准备

番茄沙司：

香料处理 → 熬调味液 → 过滤

　　　　　　　　↓

　　　　　　调味液

　　　　　　　　↓

番茄酱、食盐、砂糖搅拌加热 → 调配 → 均质 → 灌装 → 密封 → 杀菌 → 冷却 → 包装
　　其他辅料

2. 参考配方

（1）番茄：用于番茄酱实验的原料量，根据工艺和设备确定。

（2）调味液：洋葱 66.7g、食醋 37g、丁香 3.7g、桂皮 5.2g、生姜粉 0.75g、红辣椒粉 2.6g、大蒜 0.75g、玉果粉 0.56g、清水 370g。

（3）番茄沙司：固形物含量为 28%～30% 的番茄酱 296g、白砂糖 156g、调味液 74mL、葡萄糖 74g、食盐 26g、维生素 C 0.75g、食醋 16mL、变性淀粉 15～25g，饮用水补齐至 1000g。

3. 操作要点

（1）番茄酱：

① 原料选择：选用大红、全红、可溶性固形物含量高和成熟的新鲜番茄做原料，剔除裂果、腐烂果。

② 清洗：用清水洗净果面的泥沙、污物。

③ 修整：切除果蒂及绿色和腐烂部分。

④ 预热打浆：将修整后的番茄倒入沸水中 2～3min，使果软化，便于打浆。打浆时，通常采用双道打浆机打浆，第一道筛孔直径为 1.0～1.2mm，第二道筛孔直径为 0.8～0.9mm。打浆后浆汁立即加热浓缩，以防果胶酶作用而分层。实验室可以考虑使用小型食品打浆机。

⑤ 加热浓缩：番茄原浆通常含可溶性固形物 4%～7%，必须经浓缩排出大量水分，才能达到制品所需求的 28% 左右的浓度。当可溶性固形物达 28% 时停止加热。浓缩过程中注意不断搅拌，以防焦糊。实验室可以考虑使用不锈钢锅和

159

电炉加热浓缩。

⑥ 装罐密封：将瓶盖、玻璃瓶先用清水洗干净，然后用沸水消毒 3～5min，沥干水分，装罐时保持罐温 40℃以上。浓缩的番茄浆需快速加热至 90～95℃，趁热装罐（酱温不低于 85℃），装罐后迅速拧紧罐盖。

⑦ 杀菌冷却：采用水浴杀菌，5～25min/100℃，升温时间 5min，沸腾下保温 25min；然后产品分别在 75℃、55℃水中逐步冷却至 40℃左右，得成品。

（2）番茄沙司：

① 香料处理：洋葱剥去外皮，切除根须，洗净后切成细丝；大蒜去除根须，剥去外衣，洗净后斩成碎末；桂皮洗净后敲碎使用；丁香洗净后使用；辣椒粉、玉果粉、生姜粉用布袋包扎。

② 熬调味液：在不锈钢夹层锅（或加热锅）内，加入所有香料（粉状香料装入布袋中）及水和配料中的一半食醋，搅拌均匀，加热煮沸后在微沸下焖煮 4～6h，熬煮时必须加盖，熬煮结束后过滤加入另一半食醋储存在不锈钢容器中，调味液在 5h 内使用。

③ 番茄沙司配制：先将番茄酱、砂糖、食盐及葡萄糖一起倒入夹层锅中加热搅拌至全部溶解后，使用胶体磨均质，然后再加入夹层锅内，并加入调味液煮沸 5min 以上，同时加入维生素 C，并搅拌均匀出锅，打入贮料桶中准备装罐（瓶）。

④ 灌装和密封：容器处理，把合格的玻璃瓶、盖放入清洗槽中清洗干净，沥去瓶中的水分，放在 80℃的杀菌锅中消毒 3～5min，及时装入番茄沙司。装瓶量要求：装入量不低于规定净重；装瓶时酱体温度不低于 80℃；番茄酱不得污染瓶口，若有污染，排除；及时封盖，并保证封口质量。

⑤ 杀菌与冷却：常压蒸汽杀菌 20min，杀菌时瓶体竖直放置，盖朝上，冷却时分两级冷却，先在 50～60℃的水中冷却 10min，再放入 20℃左右的水中冷却至 40℃以下。冷却完毕沥干水分。

4. 改良工艺条件的实验设计

（1）在调配时添加变性淀粉、黄原胶等作为增稠剂。

（2）改变番茄酱的浓度。

5. 成品评价

（1）番茄酱：

①感官要求：色泽呈深红色或红色，允许酱体表面有轻微褐色；组织形态呈均匀细腻的酱体，无肉眼可见的外来异物；具有番茄酱应有的气味和滋味，无

异味。

② 理化指标：可溶性固形物（折光计）不低于 28％，pH4.0～4.5。

③ 评价方法：按照 NY/T 956—2006《番茄酱》进行评价。

④ 物性检测：使用旋转式黏度计测定样品的黏度，使用色差计测定样品的色差。

（2）番茄沙司：

① 感官要求：色泽呈均匀的鲜红色；组织形态呈均匀细腻的酱体，可含有香辛料小颗粒，无肉眼可见的外来异物；具有番茄调味酱应有的气味和滋味，无异味。

② 理化指标：可溶性固形物（折光计）不低于 20％，pH3.6～4.0，氯化钠含量 2.5％～3.0％。

③ 物性检测：使用旋转式黏度计测定样品的黏度，使用色差计测定样品的色差。

④ 评价方法：按照 SB/T 10459—2008《番茄调味酱》进行评价。

四、思考与讨论

① 番茄酱黏稠度对调味酱质量有何影响？

② 番茄调味酱中番茄酱含量对产品质量有什么影响？

③ 在番茄调味酱中添加增稠剂对产品品质有什么影响？

④ 番茄酱工业生产中应选用什么设备？

五、参考文献

［1］NY/T 956—2006．番茄酱．

［2］SB/T 10459—2008．番茄调味酱．

［3］李鹏．番茄调味酱生产制造工艺．食品工业科技，2001，22：3．

［4］陈军．增稠剂在番茄调味酱生产中的应用．中国食品添加剂，2007，（Z1）：382-385．

六、数字资源

视频：爱课程/食品技术原理/11-9/媒体素材/番茄酱、番茄加工线、番茄汁．

（刘锐）

实验 11　干制香菇的制作

一、实验原理和目的

干制香菇是以新鲜香菇为原料，经干燥加工制成的产品。香菇是世界上第二大食用菌，也是我国特产之一，在民间素有"山珍"之称。它是一种生长在木材上的真菌，味道鲜美，香气沁人，营养丰富。香菇的香味成分主要是香菇酸分解生成的香菇精。而且香菇是人们重要的食用、药用菌。本实验要求理解香菇烘干原理、烘干技术以及果蔬干制工艺特点、主要设备和影响工艺效果的主要因素。

二、实验材料和仪器设备

1. 实验材料
香菇。

2. 仪器设备
电子天平、电热恒温鼓风干燥箱、数显恒温水浴锅。

三、实验内容

1. 工艺流程
原料选择→切片→预处理→干燥→定型→成品

2. 工艺要点
（1）原料选择：选取新鲜的香菇为原料，去除病害、虫蛀、霉烂的香菇。

（2）切片：将选好的香菇清洗干净，修剪香菇柄蒂。

（3）预处理：将切好的蘑菇片置于温度为 80℃ 的恒温水浴锅中，漂烫 3min，进行烫漂处理。

（4）干燥：将所得的香菇中大小相近的香菇按菌褶统一向下均匀整齐排列后放入烘箱，控制烘箱内温度在 32～37℃，当将香菇含水量烘干至水分 65%～70% 时，取出烘箱，摊晾 1.5～2.5h；再在 45℃～50℃ 热风温度条件下，脱水6h；停火 2h，进行检菇。最后在 50～60℃ 下脱水直到烘干为止。

（5）定型：香菇水分蒸发速度减慢，菇体开始变硬，对干菇形状起决定作用，温度保持在 55℃，需 3～4h。

（6）成品：烘箱内温度由 55℃ 上升至 60℃，并保持 1h 左右可杀死虫卵，直至香菇内部湿度与表面湿度一致，色泽光滑，干燥完成。

3. 产品评价

（1）感官要求：具有香菇的气味，香味浓，无异味；色泽好（菌盖咖啡色、菌格淡黄色，色泽一致），菌褶清爽不断裂，要求整齐、均匀，无碎屑，无霉变、无病虫害、无杂质。

（2）理化指标：含水量≤8％（质量分数）。

（3）评价方法：依据 NY/T 2320—2013《干制蔬菜贮藏导则》进行评价。

四、思考与讨论

① 简述对蘑菇进行预处理的目的。

② 简述蘑菇干烘烤技术的关键。

③ 简述制成的蘑菇干成品的贮藏方式。

五、参考文献

［1］程洪花．香菇的采收及干制技巧．农家顾问．2012（2）：55.

［2］何东璟．一种香菇干的制备方法：201810374807.X.2018-04-24.

［3］杨玲，王小龙．不同预处理方式对天祝野蘑菇干制品品质的影响．中国食品工业．2021（23）：99-103.

［4］NY/T 2320—2013.《干制蔬菜贮藏导则》.

六、数字资源

视频：爱课程/食品技术原理/11-7/媒体素材/果蔬的干制.

（胡爱军）

实验 12 蔬菜蜜饯的制作

一、实验原理和目的

蜜饯是以果蔬为原料，用糖或蜂蜜腌制而成的食品。根据产品的性状分为蜜饯类、果脯类、凉果类、话化类、果丹类、果糕类、其他类等。本实验以冬瓜为原料，采用糖渍糖煮的方法，令成品表面干燥附有白色糖霜，得到呈不透明状、质地清脆、含糖量较高的冬瓜蜜饯。本实验要求理解蜜饯的加工原理，掌握蜜饯加工的工艺流程、主要设备以及操作要点，分析影响工艺效果的主要因素。

二、实验材料和仪器设备

1. 实验材料

八九成熟无腐烂变质的冬瓜；白砂糖，要求一级（蔗糖含量 99％以上）；氧化钙，要求分析纯或食品级。

2. 仪器设备

电子天平、刨皮刀、不锈钢刀、烘箱、研磨器、40～60 目筛子、糖渍用不锈钢桶、电磁炉。

三、实验内容

1. 工艺流程

去皮切分→硬化漂洗→烫煮漂洗→加糖浓缩→制取糖粉→收汗上糖衣→成品

2. 工艺要点

（1）去皮切分：选取 15～20kg 冬瓜，应形态整齐，肉质新鲜。将冬瓜洗净去皮，掏去内部种子和瓜瓤，将瓜切分成宽为 10cm 左右的瓜圈，再切成 1.5cm 厚的瓜条。

（2）硬化漂洗：先配制含氧化钙 0.6％～1.0％的石灰乳溶液；再将切好的瓜条倒入并浸泡 8～10h，使瓜条硬化；然后取出用清水漂洗 8～10h，其间换水 3～4 次，以去除黏附的石灰溶液。

（3）烫煮漂洗：经漂洗后取出，沥干表面水分，置于沸水中烫煮 5～7min，使瓜条下沉、肉质呈半透明为止；然后用清水漂洗 8～10h，其间换水 3～4 次，除去肉质中的黏性物质。

（4）加糖浓缩：沥干水分后将瓜条置于缸中，倒入 20％～25％的砂糖溶液浸渍瓜条 8～10h，再加糖使浓度增加到 40％，再浸渍 8～10h；然后将瓜条及糖液倒入锅内，再次加入糖使含糖量达到 50％；然后煮沸浓缩，直到糖液质量分数达到 75％～76％（温度为 110℃）时出锅。

（5）制取糖粉：将白砂糖烘干后研磨成粉，或在白糖中加入少许清水后加热使白糖充分溶化，然后倒入槽中，冷却干燥后取出，然后碾碎成粉末，过筛即成。

（6）收汗上糖衣：将浓缩起锅后的瓜条摊开，稍冷无黏性时便可收汗。如果瓜条表面的糖衣不收汗，可铺在太阳光下晒干或在 60℃ 温度以下烘干，使之收汗为止；烘干后随即用糖粉拌匀（糖粉质量为瓜条的 10%），搅匀后筛去多余的糖粉，装入食品袋内并密封袋口，以便长期贮存。

3. 产品评价

（1）感官要求：蜜饯要求形态完整饱满，色白呈半透明、外干内湿、无黏性、不返砂而且具有冬瓜的清香味。

（2）理化指标：总糖（以葡萄糖计）≤85g/100g，最佳含糖量为 70%～72%。

（3）评价方法：按照 GB/T 10782—2021《蜜饯质量通则》进行评价。

四、思考与讨论

① 本实验中为什么采用氧化钙作硬化剂？简述其原理。

② 计算冬瓜蜜饯成品率。

③ 列举五种其他蔬菜蜜饯产品。

④ 分析冬瓜条表面糖衣不收汗的原因。

⑤ 简述产品表面裹糖粉的作用以及筛去多余糖粉的原因。

五、参考文献

［1］GB/T 10782—2021 蜜饯质量通则.

［2］王艳红. 几种蔬菜蜜饯的加工. 中国农村科技，2007（2）：26.

［3］饶璐. 三款蔬菜蜜饯的制作. 农产品加工，2010（10）：22-23.

［4］何强，唐君，郑友谊，等. 冬瓜蜜饯加工新工艺. 农村新技术，2020，（8）：57.

［5］张邦安. 冬瓜蜜饯制作方法. 农村新技术，2021（7）：59.

［6］陆成明，陆强，宁赞琼. 一种冬瓜糖的加工方法. CN 107259054A，2017-10-20.

［7］莫海涛，刘元，吴瀚翔，等. 一种牛大力冬瓜糖及其制备方法. CN 109566834A，2019-04-05.

六、数字资源

视频：爱课程/食品技术原理/11-5/媒体素材/什锦果脯的加工技术.

（胡爱军）

实验 13 酸菜的制作

一、实验原理和目的

自然界或人工培养的乳酸菌发酵白菜中的单糖生成乳酸，是腌渍酸菜的基本反应。厌氧环境不仅促进乳酸菌的生长，而且抑制好氧微生物如单胞菌、霉菌和酵母菌的生长。形成厌氧环境是腌渍酸菜的关键环节。本实验要求掌握酸菜制作的基本原理和加工方法。

二、实验材料和仪器设备

1. 实验材料

大白菜（菜叶鲜嫩，菜帮洁白，菜心基本结实，无病虫害）、抗坏血酸。

2. 仪器设备

不锈钢锅、菜刀、聚乙烯塑料袋、大口塑料桶。

三、实验内容

1. 工艺流程

鲜白菜→整理→洗涤→漂烫→冷却→入袋（桶）→封口、压紧→灌水→发酵→成品

2. 操作方法

（1）整理：大白菜切去菜根，剥去老帮、黄帮；每棵质量超过 1kg 者，从根部纵向各劈成两瓣；每棵质量超过 2kg 者，纵向切成 4 瓣。

（2）洗涤：用水洗净泥土杂质等。

（3）漂烫：将洗涤的白菜浸没在沸水锅中，漂烫 2～3min 至菜帮呈乳白色，以菜叶柔熟透明、脆度不变、不疲软为度。

（4）冷却：将白菜从沸水中捞出，立即投入清水中，冷却至常温。

（5）入袋（桶）、封口。

① 把聚乙烯塑料袋衬在桶内侧，再将冷却的白菜捞出，排列在袋内，一层菜根对菜根，一层菜梢对菜梢，排满袋。用绳扎紧袋口。

② 将冷却的白菜捞出，排列在桶内，一层菜根对菜根，一层菜梢对菜梢，用不锈钢孔板压住白菜。

（6）灌水：将水灌入装满白菜的桶，水漫过袋的顶部 10cm，或水漫过菜的顶部 10cm。

（7）发酵：灌水后，在 0～20℃下自然发酵 20d 左右即为成品。

3. 成品评价

（1）感官要求：酸菜叶呈淡黄色至深黄褐色，酸菜心呈玉白色至微黄色，应具有特有的酸味、香气，不得有其他异味；组织致密，质地脆嫩，手触应有韧感；无正常肉眼可见异物。

（2）理化指标：总酸（以乳酸计）≥0.4g/100g。

（3）评价方法：根据 DBS 22/025—2014《食品安全地方标准　酸菜》进行评价。

四、思考与讨论

① 自然界什么乳酸菌是发酵酸菜的主要发酵剂？上述工艺过程如何促进乳酸菌发酵并抑制有害微生物的生长？

② 工业化生产酸菜选择什么工艺流程和设备？

五、参考文献

［1］DBS 22/025—2014. 食品安全地方标准　酸菜.

［2］杜连祥，赵征. 乳酸菌及其发酵制品生产技术. 天津：天津科技出版社，1999.

［3］尹明安. 果品蔬菜加工工艺学. 北京：化学工业出版社，2010.

六、数字资源

视频：爱课程/食品技术原理/11-4/媒体素材/东北酸菜的制作、酸黄瓜.

（王田心）

实验 14　咸菜（榨菜）的制作

一、实验原理和目的

根据榨菜的加工工艺分为风干脱水和盐脱水两种方式。本实验采用传统的盐脱水的腌制加工方法。用食盐、糖等腌制材料处理食品，使其渗入食品组织内，以提高渗透压，降低其水分活度，有选择地促进和抑制微生物活动，防止腐败，改善食用品质。本实验要求掌握榨菜的加工原理，了解榨菜等腌制菜加工的工艺流程，掌握榨菜加工的工艺特点、影响因素和基本要求，熟练操作实验所需主要设备。

二、实验材料和仪器设备

1. 实验材料

新鲜榨菜、白砂糖糖粉、柠檬酸、食盐、植物油、五香粉（50％茴香粉、20％姜粉、20％甘草粉、5％胡椒粉、5％肉桂粉）、味精、花椒、葡萄糖、麦芽糖等。

2. 仪器设备

不锈钢刀、电子天平、刨皮刀、腌渍用不锈钢桶、电磁炉。

三、实验内容

1. 工艺流程

原料除杂、称重→清洗成型→拌料腌制→脱盐处理→糖渍糖煮→上糖衣包装→灭菌护色

2. 工艺要点

（1）原料除杂、称重：在鲜榨菜头采收时，修掉叶柄，采摘下榨菜叶子，削去老皮和筋，储备待用。选取外形完整、大小颜色一致、无腐烂、无损伤的榨菜芯。

（2）清洗成型：用流动的水将榨菜芯表面的杂质和表面土壤颗粒清洗干净，捞出控干水分，然后把榨菜芯大块切成150～200g的小块，直接腌制，腌制的盐糖水配液比例为4∶2，腌制1周。

（3）拌料腌制：菜头经过盐糖腌-热烫-脱水-压榨后可拌料腌制。每100kg菜头加精盐少许、五香粉200g和整粒花椒50 g。拌料要均匀，一般分2次拌入较好。拌完料，将菜头分层装入池内，压紧压料。装满后，池上再撒上一层精盐，上面压上竹片板等重物，经2个月左右即可起池，做下一步脱盐准备。

（4）脱盐处理：将腌制的榨菜头取出，进行脱盐，脱盐时间要控制好，一般控制在30min～1h，即可保持其脆度。

（5）糖渍糖煮：将第一次腌制的新鲜榨菜头取出，按每100kg榨菜坯加入浓度45％的糖液90kg（内含70％葡萄糖浆1kg，其余糖分为麦芽糖）配比糖煮液，一起倒入夹层锅中，待糖温达到108℃时热烫5min起锅，取出，沥去糖液，即

为半成品。

（6）上糖衣：待榨菜蜜饯冷却至 60℃ 时，拌上白砂糖糖粉、精细调味盐即成。

（7）灭菌护色：添加柠檬酸防止褐变，并进行巴氏杀菌。

3. 产品评价

（1）感官要求：无异味，无异嗅；无霉变，无霉斑白膜，无正常视力可见的外来异物。

（2）污染物限量：应符合 GB 2762—2022 中腌渍蔬菜的规定。

（3）评价方法：按照 GB 2714—2015《食品安全国家标准　酱腌菜》进行评价。

四、思考与讨论

① 榨菜加工过程中，为什么柠檬酸要在最后才加入？

② 简述影响榨菜的质地和风味的因素。

③ 如何才能防止榨菜在腌制过程发生腐烂变质？

④ 腌制菜的分类和常用的腌制方法有哪些？

五、参考文献

［1］GB 2714—2015. 食品安全国家标准　酱腌菜.

［2］马丽萍，陆军良，冯辉. 即食风味榨菜的加工工艺. 浙江农业科学，2015，56（10）：1633-1635.

［3］周火强，弭宝彬. 榨菜加工及其综合利用研究进展. 湖南农业科学，2015，（2）：150-152.

［4］风味方便榨菜加工技术. 乡村科技，2016，（1）：43.

［5］李瑶，余永，陈海，等. 低盐榨菜加工中的危害因素分析及控制研究进展. 食品与发酵工业：1-8［2022-10-14］.

［6］SB/T 10439—2007 酱腌菜.

［7］杨亚夫. 一种调味榨菜生产工艺. CN 112314902A. 2021-02-05.

六、数字资源

视频：爱课程/食品技术原理/11-4/媒体素材/涪陵榨菜.

（胡爱军）

实验 15　酱菜的制作

一、实验原理和目的

酱菜一般是取腌渍后的咸胚菜，去咸排卤后酱渍而成的。酱渍包括用酱或酱油加工两种。本实验采用酱油加工，获得具有最佳酱油、醋、盐、糖配比的萝卜条，并对腌制好的萝卜条加入辣椒油和食用油进行调配。最后生产出增酸、低盐、适甜的健康可口的酱菜。本实验要求熟练掌握酱菜产品的加工工艺，分析实验中出现的问题，具备独立操作所用设备的能力。

二、实验材料和仪器设备

1. 实验材料

白萝卜、生抽酱油、陈醋、大豆油、盐、糖、蒜、辣椒油、尖椒、姜、大料、花椒、花生米、黑芝麻。

2. 仪器设备

台秤、电子天平、不锈钢锅、盆、腌菜缸或腌菜罐、菜刀、案板。

三、实验内容

1. 工艺流程

（1）咸萝卜条制备

原料选择→预处理→盐渍脱水→晾晒→收起备用

（2）萝卜酱菜制备的工艺流程

称取咸萝卜干→醋和酱油按比例调配→确定盐和糖添加量→蒜、姜、辣椒定量称取→按一定顺序加入坛中→腌制半个月左右→切分→调配→包装→成品

2. 工艺要点

（1）萝卜条制备：选择新鲜、皮薄、光滑、肉质结实脆嫩的萝卜，加工季节应该在秋季，萝卜收获之后开始加工。将萝卜去掉叶子、须根、尾根，用水洗干净，切成条状。将萝卜和盐放入缸中，一层萝卜一层盐，第一次加盐量为6％，用重石压紧。经过12h后进行控水。再加入3％的盐，12h后再次控水。在阳光好的天气将盐渍好的萝卜条放在上下通风的晾晒架上进行晾晒，晒至初晒时质量的20％左右，手捏没有黏腻感，具有一定的柔韧度即可，收起来放在阴凉干燥处备用。

（2）咸萝卜干称取：咸萝卜干按照每份 500g 称取待用。先将一定比例的酱油和醋配好，然后放入包好的花椒大料煮开，晾凉备用。并按比例计算好盐和糖的加入量，待酱油和醋晾凉后将一定比例的盐和糖加入并搅拌均匀。姜、辣椒进行切分，大蒜剥去外皮称好（500g 干萝卜条，称取 20g 大蒜、40g 辣椒、20g 生姜）备用。

（3）入坛：将称好的萝卜条，按二分之一的比例加入坛中，再放入姜片、辣椒调料包、大蒜，然后将剩余萝卜条全部放入，用竹篾压紧。将配好的腌渍料加入罐中直到淹没全部原料。

（4）腌制：装好坛之后，应把坛子放置在阴凉地方，腌制 10～15d 即可成熟。

（5）切分：将腌制好的萝卜条取出，切成 1cm 左右的小块待用。

（6）调配：将花生米、黑芝麻和辣椒油加入切分好的酱菜中，其中黑芝麻可按一定量直接加入，花生米需经过醋泡一个月。食用大豆油需先加入花椒、大料，经高温使花椒、大料爆香后，去掉花椒、大料，热油喷入调配好的酱菜中即可。

（7）包装：把调配好的酱菜分别进行包装，并对包装材料进行严格的灭菌。塑料包装袋采用臭氧消毒柜灭菌 3～5min，玻璃瓶采用高温常压蒸汽灭菌 10min。本实验采用了三种包装方式。一种是普通食品袋热封，第二种是用真空包装机进行真空包装，第三种用玻璃瓶包装，以确定最佳保质期。

3. 产品评价

（1）感官要求：应符合表 5-3 的规定

表 5-3　酱菜的感官要求

项目	要求	检验方法
滋味、气味	无异味、无异嗅	取适量试样置于白色瓷盘中，在自然光下观察色泽和状态，闻其气味，用温开水漱口后品其滋味
状态	无霉变、无霉斑白膜、无正常视力可见的外来异物	

（2）理化指标：污染物限量应符合 GB 2762—2022 中腌渍蔬菜的规定。

（3）微生物指标：应符合表 5-4 的规定。

表 5-4　酱菜的微生物指标

项目	采样方案[①]及限量				检验方法
	n	c	m	M	
大肠菌群[②]/（CFU/g）	5	2	10	10[①]	GB 4789.3—2016 平板计数法

① 样品的采样和处理按 GB 4789.1—2016 执行。

② 不适用于非灭菌发酵型产品。

（4）评价方法：按照 GB 2714—2015《食品安全国家标准　酱腌菜》进行评价。

四、思考与讨论

① 简述影响酱菜质量的主要因素。

② 工业生产酱菜应该注意哪些关键控制点？

③ 导致酱菜腐败变质的微生物主要是哪些？如何预防？

④ 简述工业化生产酱菜和家庭自制酱菜的优缺点。

五、参考文献

[1] GB 2714—2015. 食品安全国家标准 酱腌菜.

[2] 巩小波. 萝卜酱菜生产技术工艺及包装流程阐述. 中国调味品，2021，46（5）：98-100.

[3] 杜立红，徐蔓，狄建兵，卢银洁，韩瑜. 萝卜酱菜的腌制工艺研究[J]. 山西农业大学学报（自然科学报）2015，35（06）：668-672.

[4] 袁玉华，付丽娜. 一种发酵萝卜条酱菜生产工艺研究. 安徽农业科学，2014，42（23）：7979-7980，7983.

[5] 纪永长. 一种低盐酱菜生产工艺 [P]. CN 114868893A. 2022-08-09.

六、数字资源

视频：爱课程/食品技术原理/11-4/媒体素材/蔬菜酱制.

（胡爱军）

实验 16　糖蒜的制作

一、实验原理和目的

糖蒜是通过糖渍加工形成的产品。其加工过程中用清水、食盐液浸泡，除去辛辣等不良风味，增强原料组织细胞的渗透性，以利于糖和食盐渗透；糖和食盐具有调味、着色、利于产品保藏等作用。本实验要求掌握糖蒜的制作流程和加工原理，了解工业化生产糖蒜需要注意的关键控制点，熟悉糖蒜出现质量问题的解决方案。

二、实验材料和仪器设备

1. 实验材料

鲜蒜、食盐、糖、饮用水。

2. 仪器设备

剪子、刀、蒜缸、蒜坛、耙、晾席。

三、实验内容

1. 工艺流程

食盐　　　　　　盐卤　白砂糖

原料选择 → 整理 → 盐渍 → 泡蒜 → 晾干 → 糖渍 → 成品

2. 工艺要点

(1) 原料选择：蒜头要求肥大，完整，表皮洁白，鲜嫩，要剔除粗老和有病虫害或腐烂的蒜头，除去包在蒜头外面的大部分老皮，仅留下最里面的 2～3 层嫩皮，以防蒜瓣脱散，剪去过长的茎，保留长度 1.5cm 左右，切平茎盘，然后投入清水中洗干净。

(2) 盐腌：整理分类的蒜头，每 1kg 鲜蒜用盐 60g。按层蒜层盐，下少上多方法，将蒜头与食盐逐层装入缸内，装时要摊平，装到半缸时为止，不可太满。盐渍经 12～18h 后开始转缸，每天转缸一次，灌入原卤。遇天气闷热时，早、晚各转缸一次，每次转缸完毕，要在蒜的中部扒成凹塘，以便散热，并集聚菜卤。午后，再用塘内菜卤回淋蒜头。6～7 天后，即成咸蒜头。

(3) 泡蒜：经盐渍过的蒜头用三倍的清水浸泡，3 天后开始换水，以后每天换水一次，打耙一次，其间换水六次，浸泡 8～9 天即可。

(4) 晾干：将泡好的蒜头捞出沥去余水。摊放在室内席上，晾至无明水。然后，撕掉浮皮，蒜头摊放厚度不得超过 5cm。经 8～12h 左右即可。

(5) 糖渍：

① 盐卤配制

每 1kg 咸蒜坯，用水 200g，溶解食盐 50g，加热至 100℃。

② 装坛

将空坛洗刷干净，沥干明水。每 1kg 蒜坯加糖 500g。层蒜层糖装入坛内，装至七成满，灌入冷却的盐卤，使蒜头完全浸没，扎紧坛口，放在阴凉通风处密封腌渍，以防发热变质，使蒜坛斜卧在方木上，坛身与地面成 15°夹角。每天滚坛二次，每次滚 2~3 圈。7 天以后每天滚坛一次，一个月以后每 3 天滚坛一次。其间每天夜间开坛放气一次，60 天后停止滚坛，再经两个月即为成品。

3. 产品评价

（1）感官要求：皮肉均为乳白色；有白糖蒜应有的香气，无异味、无异嗅；甜味纯正，微辣；蒜头圆整，无破瓣；脆嫩，无霉变，无霉斑白膜，无杂质。

（2）理化指标：污染物限量应符合 GB 2762—2022 中腌渍蔬菜的规定。

（3）评价方法：按照 GB 2714—2015《食品安全国家标准 酱腌菜》和 ZB X 10023—86《糖渍菜生产工艺通用规程　白糖蒜》进行评价。取适量试样置于白色瓷盘中，在自然光下观察色泽和状态，闻其气味，用温开水漱口后品其滋味。

四、思考与讨论

① 简述糖蒜加工过程中影响色泽的主要因素。

② 简述泡蒜前盐腌的作用。

③ 工业化生产糖蒜的主要问题是什么？

④ 腌制过程中部分糖蒜出现绿色的原因是什么？

五、参考文献

［1］ZB X 10023—86 糖渍菜生产工艺通用规程　白糖蒜.

［2］GB 2714—2015 食品安全国家标准 酱腌菜.

［3］贾庆超，游新侠. 糖蒜腌制及亚硝酸盐变化规律研究. 中国调味品，2020，45（5）：157-162.

［4］王皓，王嘉琳，李丽慧，等. 糖蒜腌制过程中化学成分的变化研究. 中国调味品，2017，42（8）：10-14，20.

［5］李蓉. 玫瑰糖蒜的制作. 农产品加工（创新版），2012（10）：50.

（胡爱军）

实验 17　辣椒酱的制作

一、实验原理和目的

辣椒酱是由多种材料组成的复合调味料，以基础调味品为原料，添加各种成分加工而成，是具有独特风味的调味品。辣椒酱分为蒜蓉辣椒酱、桂林辣椒酱、川味辣椒酱、豆豉辣椒酱、剁椒酱等。本实验加入金桔、百香果，制作蒜香浓郁、辣度温和的果味辣酱。本实验要求理解辣椒酱料加工的原理，掌握辣椒酱加工的工艺流程、工艺特点、基本要求和主要设备以及影响工艺效果的主要因素。

二、实验材料和仪器设备

1. 实验材料

鲜辣椒、金桔、百香果、蒜、食用油、盐、糖。

2. 仪器设备

榨汁机、电磁炉、电子天平、菜板、刀具、灌装瓶、水浴锅。

三、实验内容

1. 工艺流程

原料预处理→炒制→调味→装罐排气→杀菌→冷却→成品

2. 工艺要点

（1）原料预处理：选择新鲜的金桔和百香果，去籽榨汁，辣椒洗净晾干。

（2）炒制：加热食用油300g，油温温热时加入蒜末50g炒香，放入辣椒650g翻炒，防止水果香味挥发可在辣椒已经炒热后加入金桔150g和百香果汁120g（也可加入百香果果皮粒增加口感），翻炒均匀。不可炒制过久，否则会导致酱料发苦发黑。

（3）调味：加入糖70g、盐30g，辅料全部翻拌6min，直到均匀没有结块的状态即可。

（4）装罐排气：瓶子先漂烫杀菌，晾干水分后倒入热的辣椒酱，在90℃水浴中加热排气约6min，待中心温度在85℃以上时，趁热拧紧瓶盖密封好，防止再次污染。

（5）杀菌：将密封好的辣椒酱置于热水中再次没过瓶身水浴十分钟。

3. 产品评价

（1）感官要求：具有辣椒酱应有的颜色、滋味与气味；外观均匀酱状、无霉变、无异物。

（2）理化指标：水分≤80g/100g，食盐（以氯化钠计）≤17g/100g，总酸

（以乳酸计）≤2g/100g。

（3）评价方法：按照 NY/T 1070—2006《辣椒酱》进行评价。

四、思考与讨论

① 简述酱料加工工序中影响酱料质量的主要因素。

② 漂烫灌装瓶的原因是什么？这种方法的优缺点分别是什么？

③ 列举几种杀菌方法，并对比其优势。

④ 分析实验结果是否成功以及判断依据。

五、参考文献

［1］颜宇鸽，段桂媛，唐鑫静，等．不同品种辣椒制作的辣椒酱品质对比分析．食品与发酵工业：2023，（11）：230-237.

［2］吴洁，王娟，徐格，等．响应面法优化百香果茶油辣椒酱加工工艺．中国调味品，2022，47（7）：120-124.

［3］蚕豆瓣辣酱加工技术．农村新技术，2022，（3）：62-63.

［4］唐欣颖，聂相珍，覃琼妮，等．传统发酵型辣椒酱的工艺优化综述．农产品加工，2020，（1）：87-89.

［5］商学兵，李勇，李艳，等．风味辣椒酱加工工艺研究．中国调味品，2019，44（1）：120-124.

（胡爱军）

实验 18　红心萝卜水溶性色素的提取

一、实验原理和目的

水溶性食用色素广泛应用于食品中，天然的水溶性色素在自然界广泛存在，可以作为食用色素的重要来源，如萝卜红色素、紫甘薯色素、甜菜红色素等都是我国允许生产和在食品中使用的天然水溶性色素品种，此外，还有许多新的水溶性色素资源将被利用，如紫甘蓝、紫玉米等。本实验以富含花青素类色素的红心萝卜为原料，利用其易溶于水和在酸性条件下稳定的特性，采用酸性水溶液作为提取剂提取色素，并依据大孔吸附树脂对色素的吸附特性进行精制，从而制备出较高色价的食用天然色素。在水溶液中的花青素类物质可以与特定类型的大孔吸附树脂通过氢键结合被吸附到树脂上，而不能被吸附的组分则流出树脂，改变洗脱剂的极性可以使花青素从树脂上解吸下来，从而使其得到分离和精制。

本实验的目的是学习并掌握大孔吸附树脂分离纯化水溶性色素的原理和操作方法。

二、实验材料和仪器设备

1. 原材料和试剂

新鲜的红心萝卜、柠檬酸、磷酸氢二钠、大孔吸附树脂 AB-8、乙醇、氢氧化钠。

2. 仪器设备

恒温水浴、温度计、布氏漏斗、循环水泵、小型离子交换柱、部分收集器及恒流泵、pH 计、电子天平、分光光度计、电热干燥箱、真空旋转蒸发仪。

三、实验内容

1. 工艺流程

```
              提取剂   滤渣                      水洗剂   洗脱剂
                ↓      ↓                          ↓       ↓
原料处理 → 提取 → 过滤 → 滤液 → 树脂吸附 → 水洗 → 洗脱 → 洗脱液 →
                       ↓                  ↓       ↓       ↓
真空浓缩 → 成品                         流出液   水洗液   乙醇
```

2. 提取剂、洗脱剂和缓冲液的配制

（1）提取剂：0.5g/100mL 的柠檬酸水溶液，300mL。

（2）水洗剂：0.1g/100mL 柠檬酸水溶液，150mL。

（3）洗脱剂：60mL/100mL 的乙醇水溶液，100mL。

（4）pH3.0 柠檬酸-磷酸氢二钠缓冲液，250mL。

3. 操作要点

（1）原料处理：称取 100g 新鲜的红心萝卜，清洗干净，切成 3～5mm 的细丝，置 500mL 容器中。

（2）提取：加入 300mL 提取剂，于 50℃恒温水浴保温提取 1h，间歇式搅拌。

（3）过滤：用纱布或滤布粗过滤，弃去滤渣。滤液用布氏漏斗抽滤，弃去滤渣。记录提取液体积 V_1（mL）。

（4）树脂吸附：将预处理好的大孔吸附树脂湿法装柱，柱床体积约 50mL，整个实验过程保持液面高出树脂面。用蒸馏水或去离子水洗至无乙醇。将色素提

取液上柱吸附，吸附流速为每小时 2～4 倍柱床体积（BV/h），观察流出液颜色，至流出液吸光度值达到上柱液的 10% 时停止吸附，弃去流出液。

（5）水洗：用 0.1% 柠檬酸水溶液 150mL 洗去未被吸附的杂质，流速为 3 BV/h，弃去水洗液。

（6）洗脱：用洗脱剂解吸吸附的色素，流速为 1BV/h，待红色流出时开始收集，至颜色很淡时停止收集。

（7）真空浓缩：在 40℃，真空度 85～100kPa 条件下真空浓缩，回收乙醇，得到精制色素液，记录体积 V_2。

4. 提取和精制效果评价

通过提取、精制得率和精制后色价提高的倍数评价提取和精制实验的效果。

（1）色价的测定：1% 的色素在 pH3.0 柠檬酸-磷酸氢二钠缓冲液中，用 1cm 比色皿测得在其最大吸收波长处的吸光度值。

（2）提取液色素的得率：每 100g 原料经一次提取得到的色素量（以色价计），即总色价。

提取液的总色价测定：取 1mL 提取液，用缓冲液定容至 25mL，在 $\lambda =$ 530nm，测定吸光度值 A。

$$提取液总色价＝V_1 \times A \times 1/4$$

（3）提取液的色价（以干物质计）：另取 5mL 用烘干法测定样品的干重率，并计算总干物质量。

$$提取液的色价（以 1g 干物质计）＝提取液总色价/总干物质量（g）$$

（4）精制色素的得率：每 100g 原料经一次提取并精制后得到的色素量（以色价计），即总色价。

取 0.1mL 精制色素，用缓冲液定容至 25mL，在 $\lambda=$530nm，测定吸光度值 A。

$$精制色素的总色价＝V_2 \times A \times 2.5$$

（5）精制色素的色价（以干物质计）：另取 5mL 用烘干法测定样品的干重率，并计算总干物质量。

$$精制色素的色价（以 1g 干物质计）＝精制色素总色价/总干物质量（g）$$

（6）精制后色价提高的倍数：

$$精制后色价提高的倍数＝精制后样品的色价（以干物质计）/$$
$$提取液的色价（以干物质计）$$

5. 树脂的回收与处理

用 2mol/L 的 NaOH 处理 2h，用蒸馏水洗至中性。

6. 注意事项

整个实验过程要保持色谱柱中液面高出树脂面，否则柱床中会产生气泡影响吸附和解吸效果。

四、思考与讨论

① 提取温度对水溶性色素提取率的影响有何趋势？

② 本实验为什么在提取剂和水洗剂中加柠檬酸？

③ 测定花色苷的色价时，为什么要用 pH3.0 的柠檬酸-磷酸氢二钠缓冲液？

④ 工业化生产水溶性色素一般采取什么工艺和设备？

五、参考文献

[1] GB 25536—2010.食品安全国家标准　食品添加剂　萝卜红.

[2] 吕晓玲，王冀，龚鹏飞.紫玉米芯色素提取工艺条件研究，食品研究与开发，2006，（4）：76-78.

[3] 王冀，吕晓玲.大孔吸附树脂法紫玉米色素精制工艺的研究，中国食品添加剂，2006，（6）：61-64.

（吕晓玲）

实验 19　辣椒脂溶性色素的提取

一、实验原理和目的

油溶性食用色素在食品中应用广泛，天然的油溶性色素在自然界广泛存在，可以作为食用色素的重要来源，如辣椒红色素、红曲红色素、叶黄素、叶绿素、β-胡萝卜素、番茄红素等都是我国允许生产和在食品中使用的天然油溶性色素品种。本实验以富含油溶性色素的红辣椒为原料，利用其易溶于有机溶剂的特性，采用乙酸乙酯作为提取剂提取色素。目的是使学生理解和掌握油溶性色素提取的原理和操作方法。

二、实验材料和仪器设备

1. 原材料和试剂

红色干辣椒、乙酸乙酯、丙酮。

2. 仪器设备

微型植物试样碎粉机、旋转蒸发器、真空干燥箱、水循环式多用真空泵、电子天平、分光光度计、恒温水浴锅。

三、实验内容

1. 工艺流程

$$\begin{array}{c} \text{提取剂} \\ \downarrow \end{array}$$

原料处理 → 干粉 → 提取 → 过滤 → 减压蒸馏 → 真空干燥 → 成品

$$\qquad\qquad\qquad\qquad \downarrow \qquad\qquad \downarrow$$

弃滤渣　回收溶剂

2. 操作要点

（1）干红辣椒去籽，去梗，用自来水冲洗 2～3 次，晾干，放入 60℃ 鼓风干燥箱干燥 3h，粉碎过 10～20 目筛，备用。

（2）称取 2g 红辣椒粉于 500mL 圆底烧瓶中，加入 40mL 乙酸乙酯，安装好回流装置，在 80℃ 恒温水浴中，提取色素 1.5h。

（3）用抽滤装置过滤，60℃、真空度 0.085～0.1MPa 条件下浓缩回收溶剂，60℃、真空度 0.085～0.1MPa 条件下真空干燥到恒质量，得到辣椒红色素产品。

3. 产品评价

（1）辣椒红色素色价测定：准确称取 Wg 样品，精确至 0.002g，用丙酮溶解，定容到 100mL，再稀释一定倍数后，用分光光度计在 460nm 处测其 A 值：

$$E（色价，1\%，1cm，460nm）＝A \times f/W$$

色价值为被测试样 1%，1cm 比色皿，在最大吸收峰 460nm 处的吸光度；

式中　A——实测试样的吸光度；

　　　W——样品质量；

　　　f——稀释倍数。

（2）色素相对量：辣椒色素质量 m 与色价 E 的乘积，用来表示色素的提出效果。

$$色素相对量＝m \times E$$

（3）辣椒红色素产率＝辣椒红色素的质量/辣椒粉末的质量×100%。

四、思考与讨论

① 除乙酸乙酯外，辣椒红色素还可以用哪些溶剂提取？

② 用乙酸乙酯提取的辣椒红色素粗品中可能含有哪些杂质？

③ 如果要除去色素中包含的辣味成分，可以采取什么方法？

④ 工业化生产辣椒红色素采取什么工艺和设备？

五、参考文献

［1］张亮．酵母红色素的提取、分离及其抗氧化功能的研究．天津：天津科技大学，2004，2.

［2］张泽生，赵娟娟，王浩，等．超声波辅助提取番茄皮渣中番茄红素工艺的研究．食品科技，2008，（1）：140-145.

［3］胡江良，杨亚玲，刘谋盛，等．辣椒红色素提取工艺研究．2007，36（8）：803-806.

（吕晓玲）

第六章

水、饮料和酒工艺实验

实验1　饮用纯净水的制作

一、实验原理和目的

饮用纯净水是以符合生活饮用水卫生标准的水为原料，通过电渗析、离子交换法、反渗透法、蒸馏法或其他适当的加工方法制得的，密封于容器中且不含任何添加物可直接饮用的水。饮用纯净水在加工中过程中去除了水中的矿物质、有机物及微生物，目前饮用纯净水的生产主要采用反渗透法和蒸馏法。反渗透方法的原理是在高于溶液渗透压的作用下，依据其他物质不能透过半透膜的原理而将这些物质和水分离开来。反渗透膜的孔径非常小，能够有效地去除水中的无机盐、胶体、微生物和有机物等。本实验要求掌握饮用纯净水的生产原理和生产工艺，学会水处理的方法。

二、实验材料和仪器设备

1. 实验材料

自来水、NaClO 等。

2. 仪器设备

砂滤器、活性过滤器、微滤装置、二级反渗透装置、臭氧杀菌机、灌装机、封口机、纯净水瓶或桶等。

三、实验内容

1. 工艺流程

水源→多介质过滤→活性炭过滤→离子交换→微滤→一级反渗透→二级反渗

透→杀菌→精滤→灌装

2. 工艺要点

（1）水源：适合生活饮用水标准的水。

（2）多介质过滤：截留水中较大的悬浮液和胶体物质，需定期进行反冲洗。

（3）活性炭过滤：能有效地吸附水中有机污染物和余氯，并能有效去除一些金属离子，需定期进行反清洗。

（4）微滤：孔径范围为 $0.1\sim10\mu m$，能过滤病毒、细菌和胶体等，确保水质达到反渗透的进水指标，可作为反渗透膜和灌装前的保安过滤。

（5）反渗透：脱盐主要通过反渗透系统完成，经预处理后的水进入反渗透脱盐系统进行脱盐，主要去除水中的无机离子及小分子有机物。纯净水生产一般将一级、二级反渗透串联使用。在反渗透前要检测水的 pH，使其为 $5\sim7$，否则需要调整 pH。

（6）臭氧杀菌：臭氧杀菌是国内外纯净水生产中广泛采用的灭菌方法。臭氧浓度达到 $0.4\sim0.5mg/L$ 临界浓度时，接触时间大于 5min，就可将细菌基本杀灭，臭氧杀菌是一种广谱、高效、快速的杀菌方法。臭氧还能通过氧化反应分解有效去除水中残留的有害物质，如有机物、氰化物以及农药等。臭氧在空气中的半衰期一般为 $20\sim50min$，在水中的半衰期约为 35min。氧化反应多余的臭氧可以很快分解成氧气。由于其分解快，没有残留物质，故利用臭氧杀菌消毒既没有污染，又能利用其半衰期对灌装好的纯净水进行整桶杀菌，以获得真正洁净、安全的水。

（7）精滤：一般采用 $0.2\mu m$ 的精滤，去除水中残存的菌体。

（8）灌装：将成品纯净水通过灌装机灌入容器中，然后在专用封盖机上进行封盖。

3. 产品评价

（1）感官要求：合格的包装饮用水应该无正常视力可见外来异物，无异味、无异嗅，包装饮用纯净水浑浊度≤1NTU，色度≤5度。

（2）理化指标：余氯（游离氯）≤0.05mg/L，四氯化碳≤0.002mg/L，三氯甲烷≤0.02mg/L，耗氧量（以 O_2 计）≤2.0mg/L，溴酸盐≤0.01mg/L，挥发性酚（以苯酚计）≤0.002mg/L，氰化物（以 CN^- 计）≤0.05mg/L。

（3）微生物指标：微生物限量见表6-1。

表 6-1　饮用纯净水的微生物限量

项目	采样方案及限量			检验方法
	n	c	m	
大肠菌群/（CFU/mL）	5	0	0	GB 4789.3—2016 平板计数法
铜绿假单胞菌/（CFU/250mL）	5	0	0	GB 8538—2022

注：样品的采样及处理按 GB 4789.1—2016 执行。

（4）评价方法：按照 GB 19298—2014《食品安全国家标准 包装饮用水》进行评价。

四、思考与讨论

① 我国包装饮用水分为哪些类型？各有何特点？

② 使用反渗透设备应注意哪些事项？

③ 生产饮用纯净水有哪些脱盐方法？

④ 在本实验制作纯净水的过程中使用的两种过滤器主要除去的是哪些杂质？

⑤ 臭氧杀菌和紫外线杀菌的杀菌原理是什么？

五、参考文献

[1] GB 19298—2014. 食品安全国家标准　包装饮用水.

[2] 朱居泉. 纯净水生产工艺技术. 食品工业，2003.

[3] 张钟，李先保，杨胜远. 食品工艺学实验. 郑州：郑州大学出版社. 2012.8.

六、数字资源

视频：爱课程/食品技术原理/12-2/媒体素材/饮用水.

（郑捷）

实验 2　矿物质水的制作

一、实验原理和目的

矿物质水是在纯净水的基础上添加少量矿化元素制成的，是一种人工矿泉水，指通过人工矿泉水器，至少有一种元素或组分达到本标准中规定的界限指标的水，生产方法有直接溶解法和二氧化碳侵蚀法。近年来，利用二氧化碳侵蚀难溶性的碱土碳酸盐（碳酸钙、碳酸镁、碳酸锶等）制成阴离子碳酸氢根占优势的矿化水是人工矿化水工艺的一个重要发展。本实验要求掌握矿物质水的加工原理和生产工艺，了解几种人工矿化材料及矿物质水的生产设备。

二、实验材料和仪器设备

1. 实验材料

优质地下水、麦饭石、蔗糖、柠檬酸、蜂蜜等。

2. 仪器设备

纱布、电炉、温度计、高速离心机、板框式过滤机、沙芯过滤器、高压杀菌锅等。

三、实验内容

1. 工艺流程

优质地下水→麦饭石选择及清洗→麦饭石处理（矿化）→过滤→调制→微滤→杀菌→灌装→成品

2. 工艺要点

（1）水源：人工矿化水的原料水，应尽可能纯净，不受任何污染。因为在制成矿化水时还要外加一些成分，所以水基最好矿化度低一些。

（2）麦饭石的选择及清洗：麦饭石的粒度是影响矿化效果的主要因素之一。研究发现，麦饭石越细，矿化液中矿化度越高，Ca、Na、Mg 元素在矿化液中的比例越低，而 Fe、Mn、Zn、Cu 以 0.18mm 粒度的麦饭石溶出效果好。选择粒度为 0.18mm 麦饭石，用清水冲洗至无混浊，备用。

（3）麦饭石处理：将洁净的地下水与经过清洗的麦饭石按照 25~30g/L 比例混合处理 4~8h，使麦饭石溶出其有益元素。麦饭石量是影响矿化效果的主要因素之一。麦饭石量越多，矿化度越高，溶出元素量越多。但考虑到生产成本，以 25~30g/L 比例为宜。麦饭石重复使用不宜超过 3 次。

（4）过滤：矿化结束后，应分离麦饭石。生产上采用板框式过滤机与沙芯过滤器相连过滤。实验室可采用纱布粗滤与离心精滤结合。

（5）调制：根据口感配方，可加入适量的糖、蜂蜜、柠檬酸等调成甜酸口味的矿物质水；也可加入一定量的果汁，调配成各种果味饮料；或按照《食品安全国家标准 食品添加剂使用标准》（GB 2760—2014）的规定限量添加其他物质，调节矿泉水口味。

（6）杀菌：麦饭石矿化水营养价值高，易滋生细菌，必须进行杀菌。用蒸汽加热至 $90\sim100℃$ 杀菌 $5\sim10min$。

（7）灌装：杀菌后的矿化水（或饮料）趁热在无菌条件下灌装，并迅速冷却至室温。

3. 产品评价

（1）感官要求：产品浑浊度/NTU≤1，色度/度≤10，允许有极少量的矿物质沉淀，无异味、无正常视力可见外来异物、产品矿化度合理。

（2）理化指标：余氯（游离氯）/（mg/L）≤0.05，四氯化碳/（mg/L）≤0.002，三氯甲烷/（mg/L）≤0.02，耗氧量（以 O_2 计）/（mg/L）≤2.0，溴酸盐/（mg/L）≤0.01，挥发性酚（以苯酚计）/（mg/L）≤0.002，氰化物（以 CN 计）/（mg/L）≤0.05，阴离子合成洗涤剂/（mg/L）≤0.3，总 α 放射性/（Bq/L）≤0.5、总 β 放射性/（Bq/L）≤1。

（3）微生物指标：大肠菌群/≤5CFU/mL，铜绿假单胞菌/≤5CFU/250mL。

（4）评价方法：按照 GB 19298—2014《食品安全国家标准　包装饮用水》和 GB 2760—2014《食品安全国家标准　食品添加剂使用标准》进行评价。

四、思考与讨论

① 比较矿物质水和饮用纯净水生产工艺的异同。

② 二氧化碳在矿物质水加工中的作用是什么？

③ 常见的人工矿化的方法有哪些，其机理是什么？

五、参考文献

[1] GB 19298—2014. 食品安全国家标准　包装饮用水.

[2] GB 2760—2014. 食品安全国家标准　食品添加剂使用标准.

[3] 张钟，李先保，杨胜远. 食品工艺学实验. 郑州：郑州大学出版社，2012.

（郑捷）

实验 3　橙汁饮料的制作

一、实验原理和目的

橙汁饮料是在橙汁（浆）或浓缩橙汁（浆）中加入水、食糖或甜味剂、酸味剂等调制而成的饮料，可以加入柑橘类的囊胞，果汁（浆）含量（质量分数）不低于10％。因此橙汁饮料制作的关键是果汁成分以外的各种成分的调和技术，尤其是如何突出新鲜和清凉感，并有橙汁饮料的特征风味。本实验要求了解橙汁饮料制作的原理，掌握橙汁饮料的生产工艺流程和操作要点，了解橙汁饮料的生产设备。

二、实验材料和仪器设备

1. 实验材料
甜橙、白砂糖、柠檬酸、香料。

2. 仪器设备
打浆机（或组织捣碎机）、均质机、玻璃瓶、电炉、温度计、筛板、手持折光仪、电子天平、烧杯等。

三、实验内容

1. 工艺流程
原料→挑选→清洗→去皮→破碎榨汁→过滤→调配→均质→脱气→杀菌→灌装封口→冷却→成品

2. 工艺要点
（1）原料选择：选用酸甜适度，可溶性固体物含量高、出汁率高，无腐烂霉变和病虫害的果实。

（2）清洗：将选好的果置于水槽中，洗去果实表面的泥沙和杂质，减少农药的污染，清洗时应用流水为好。

（3）去皮：将果实放入100℃的沸水中，浸烫1min左右。如果皮厚，成熟度低，可延长浸泡时间，然后趁热手工剥皮。

（4）破碎榨汁：去皮后的橙子放入打浆机中打浆，要防止白皮层和囊衣的混入，这些成分会增加橙汁苦味和产生蒸煮味。

（5）过滤：将破碎后的果浆经孔径0.4～0.8mm的筛板筛滤，经上述处理后的果浆需经过20目的振动筛过滤，或用布袋进行精滤。

（6）调配：添加适量白砂糖、柠檬酸，将糖度调至16％，酸度调至0.9％，并可添加适量香料，果汁成分的调整必须符合食品法规。

（7）均质：橙汁在180～190kgf/cm²的压力下进行均质处理，使果汁中所含的粗大悬浮颗粒微细化，使其均匀、稳定地分布于果汁中。

（8）脱气：脱气可以改善风味，提高色泽稳定性，防止营养成分损失，提高灌装均匀度。脱气方法一般用真空发生器在 50～52℃，真空度 0.09065～0.0933MPa 下进行脱气。

（9）杀菌：为钝化果胶酶，保证甜橙汁的胶体稳定性，果汁加热到 93～95℃，保持 15～20s，进行高温短时杀菌。

（10）灌装封口：杀菌后的果汁多采用热灌装，灌装时的果汁温度约为 90℃，并尽量减少容器的顶隙。杀菌后的冷却速度一定要快，以防果汁品质下降。对于纸质包装容器采用冷灌装，杀菌后迅速冷却至 5℃ 左右再灌装、密封，采用 UHT 杀菌的必须在无菌条件下灌装。

3. 产品评价

（1）感官要求：产品呈淡黄色或橙黄色，酸甜适口，无异味，有橙汁应有的风味。汁液呈均匀液状，允许有果肉或囊胞沉淀，无可见外来杂质。

（2）理化指标：可溶性固形物（20℃，未校正酸度）/％≥10.0，蔗糖/（g/kg）≤50.0，葡萄糖/（g/kg）为 20.0～35.0，果糖/（g/kg）为 20.0～35.0，葡萄糖/果糖≤1.0，果汁含量/（g/100g）为 100。

（3）评价方法：按照 GB/T 21731—2008《橙汁及橙汁饮料》进行评价。

四、思考与讨论

① 简述橙汁饮料加工的工艺流程及各工序中影响橙汁质量的主要因素。

② 简述橙汁饮料加工对原料的基本要求。

③ 影响橙汁饮料风味的因素有哪些？

五、参考文献

[1] GB/T 21731—2008 橙汁及橙汁饮料．

[2] 张钟，李先保，杨胜远．食品工艺学实验．郑州：郑州大学出版社，2012．

[3] 周家春．食品工艺学．3 版．北京：化学工业出版社，2017．

[4] 牛广财．食品科学创新实验技术．北京：中国质检出版社．2013．

六、数字资源

视频：爱课程/食品技术原理/11-9/媒体素材/沙棘饮料加工．

（郑捷）

实验 4　苹果汁饮料的制作

一、实验原理和目的

苹果汁是指从新鲜苹果中用压榨或其他方法取得的汁液，称为原汁。苹果汁饮料与其他果汁饮料生产的原理和过程大致相同，通常是以浓缩苹果汁为原料加工而成，也可以新鲜的苹果为原料，经挑选、分级、洗涤、榨汁或浸提、澄清、过滤、均质、脱氧、调配（以苹果汁为基料，通过加糖、酸、香精、水等物料调配而成的汁液）、杀菌、灌装等工序制成。对于混浊果汁，不经过澄清。本实验要求掌握苹果清汁饮料的生产工艺，掌握影响苹果汁饮料质量的关键控制点，并了解苹果汁饮料的生产设备。

二、实验材料和仪器设备

1. 实验材料

苹果、白砂糖、柠檬酸、维生素 C、食盐、果胶酶、纤维素酶等。

2. 仪器设备

小型果汁榨汁机、电磁炉、电子天平、手持糖量计、台秤、温度计、烧杯、pH 计、削皮刀、尼龙纱布、切刀、不锈钢盘、锅等。

三、实验内容

1. 工艺流程

原料→挑选→清洗→去皮→切瓣去核→护色→破碎榨汁→酶解→澄清→过滤→调配→灌装封口→杀菌→冷却→成品

2. 工艺要点

（1）原料选择：选用新鲜多汁、香气浓郁、成熟度适中、无腐烂霉变和病虫害的果实。

（2）清洗：用清水将果实冲洗干净。

（3）去皮：削去表皮，去皮后立刻将果实浸入 1% 的食盐水中护色 5～6min。

（4）切瓣去核：用切刀将去皮后的果实切成 3～4mm 的大小，然后用挖核刀挖去果核。注意：果块要始终浸没在食盐水中以防褐变。

（5）破碎榨汁：将果块分次加入榨汁机中榨取果汁，为防止褐变，可在杯中提前加入 10mL 1‰维生素 C 溶液或用柠檬酸液调 pH 值在 4.5 以下。

（6）加热灭酶：将榨出的果汁放置在 90～95℃热水中烫漂灭酶 5～7min，过滤冷却至 55℃后备用。

（7）澄清（脱胶）及澄清条件：选择澄清剂果胶酶和纤维素酶对果汁进行澄清，加热的目的是使果汁在澄清时，其酶制剂在最适温度范围内达到最大活力，由于加入果胶酶和纤维素酶，应选择接近二者的最适温度 55℃（实际为果胶最适温度）、最适 pH3.5（pH3.05～5.5）。控制温度 55℃±1℃，切记温度不要忽高忽低。时间为 3～4h，加酶量范围：果胶酶 2～4g/kg，纤维素酶 1～3g/kg。（处理及加热方法：果胶酶和纤维素酶以 50℃热水活化 30min 后加入。）

（8）过滤：过滤除去果汁中的沉淀和悬浮物后进行调配。

（9）调配：添加适量白砂糖、柠檬酸，将糖度调至 12%，酸度调至 0.3%，并可添加适量香料，果汁成分的调整必须符合食品法规。

（10）灌装封口：灌装前应将容器洗刷干净，并进行消毒。将调配混匀后的料液进行灌装，并立即封口。

（11）杀菌：（93±2）℃保持 15～30s，特殊情况下，也可采用 120℃以上的温度，保持 3～10s。

3. 产品评价

（1）感官要求：产品应为浅黄色至浅黄棕色，澄清透明，无沉淀物，无悬浮物，具有该品种苹果应有的滋味及气味，口味协调、柔和，无异味，口感清爽，无肉眼可见外来杂质。

（2）理化指标：可溶性固形物（20℃时折光法计）≥11.5%，总酸（以苹果酸计）为 0.12%～0.90%，可溶性固形物与总酸之比为 11.0～60.0，透光率（T_{650nm}）≥97.0%，浊度 NTU≤3.0。

（3）评价方法：按照 NY/T 3908—2021《非浓缩还原苹果汁》进行评价。

四、思考与讨论

① 简述苹果汁加工对原料的基本要求。

② 果汁加工中常用的取汁方法有哪些，各有何特点？

③ 果汁澄清的方法有哪些，其澄清原理是什么？

④ 果汁加工过程中常见的质量问题有哪些，如何解决？

⑤ 阐述苹果汁饮料工业化生产的工艺流程、操作要点和主要的生产设备。

五、参考文献

［1］GB 7101—2022. 食品安全国家标准 饮料.

［2］张玉. 食品工艺学实验. 重庆：西南师范大学出版社，2021.

［3］周家春. 食品工艺学. 北京：化学工业出版社，2008.

［4］马道荣，杨雪飞，余顺火. 食品工艺学实验与工程实践. 合肥：合肥工业大学出版社，2016.

六、数字资源

视频：爱课程/食品技术原理/11-9/媒体素材/大枣饮料的加工.

（郑捷）

实验5　蔬菜汁的制作

一、实验原理和目的

蔬菜汁是指采用物理方法，将蔬菜加工制成可发酵但未发酵的汁（浆）液，可以使用食糖、酸味剂或食盐，调整蔬菜汁的风味。本实验以胡萝卜汁为例，胡萝卜汁是一种天然的、营养价值很高的蔬菜汁，它以独特的胡萝卜素为主要特点，风味佳美，容易被人体吸收。本实验要求掌握胡萝卜汁的加工工艺，了解胡萝卜汁加工过程中采取的护色措施及胡萝卜汁的生产设备。

二、实验材料和仪器设备

1. 实验材料

胡萝卜、8%碱液（80g $NaCO_3$ 溶于1L水中）、50%糖浆、NaCl。

2. 仪器设备

不锈钢水果刀、低速离心机、组织捣碎机、真空封口机、手持折光计、500mL和250mL烧杯、100mL量筒、玻璃漏斗、塑料菜板、白纱布、脱脂棉、玻璃棒、塑料袋、药匙。

三、实验内容

1. 工艺流程

原料选择→处理→切片→打浆→榨汁→过滤→离心→调配→灭菌→冷却→灌

装→密封。

2. 工艺要点

（1）原料选择：选择成熟适度、皮薄肉厚、组织脆嫩、具有红色或橙红色皮、横切面红到中心部的胡萝卜，剔除腐烂的部分。

（2）原料处理：去掉根须及茎，用自来水清洗干净。为减轻制品的苦味，应把胡萝卜放在95℃以上的8％的碱液中浸渍2min左右，使之去皮，然后用流水冲去残留的残液。

（3）切片预煮：将去皮的胡萝卜切成薄片后在沸水中预煮15min。

（4）打浆：用组织捣碎机把预煮好的切片胡萝卜约50g，加水100mL，捣成浆状。

（5）榨汁：用2层纱布包好胡萝卜浆挤汁。为提高出汁率，可在滤渣中加少量水后再次打浆榨汁，最后将两次汁混合。

（6）过滤：将上述胡萝卜汁用脱脂棉过滤，以除去大颗粒的不溶物及残渣。

（7）离心：为了进一步澄清得到质量较好的胡萝卜汁，经过滤后的胡萝卜汁在离心机中离心，转速3000r/min，时间5min。

（8）调配：为了改善胡萝卜的风味，向离心过的胡萝卜汁中加入0.36％的食盐及少量的50％的糖浆，把胡萝卜汁浓度调到10％～13％。

（9）杀菌：把调配好的胡萝卜汁放在烧杯中，于95℃下灭菌10min。

（10）冷却：冷却至85～90℃左右。

（11）灌装：把冷却的胡萝卜汁迅速灌装到塑料袋内。

（12）密封：把灌装满的塑料袋置真空封口机中密封后自然放置15min，再进一步冷却至室温。

3. 产品评价

（1）感官要求：产品澄清无沉淀，色泽呈黄色或黄橙色；具有胡萝卜固有的滋味，酸甜适口，无异味；无正常视力可见的外来杂质。

（2）理化指标：蔬菜汁含量（质量分数）/％≥5.0，可溶性固形物（20℃，折光计法）/％≥5.0，总酸（以柠檬酸计）/（g/L）≤4.0，山梨酸钾/（g/kg）≤0.5，甜蜜素（以环己基氨基磺酸钠计）/（g/kg）≤0.65。

（3）评价方法：按照GB/T 31121—2014《果蔬汁类及其饮料》进行评价。

四、思考与讨论

① 简述蔬菜汁加工对原料的基本要求。

② 蔬菜汁加工过程中常用的取汁方法有哪些？

③ 蔬菜汁加工过程中常见的质量问题有哪些，如何解决？

④胡萝卜汁加工过程的关键控制点有哪些？

⑤阐述胡萝卜汁工业化生产的工艺流程、操作要点和主要的生产设备。

五、参考文献

[1] GB/T 31121—2014. 果蔬汁类及其饮料.

[2] 牛广财. 食品科学创新实验技术. 北京：中国质检出版社，2013.

[3] 周家春. 食品工艺学. 3 版. 北京：化学工业出版社，2017.

[4] 张玉. 食品工艺学实验. 重庆：西南师范大学出版社，2021.

六、数字资源

视频：爱课程/食品技术原理/11-9/媒体素材/果蔬汁工艺.

（郑捷）

实验 6 植物蛋白饮料的制作

一、实验原理和目的

植物蛋白饮料是指用蛋白质含量较高的植物果实、种子以及核果类或坚果类果仁等为原料，和水以一定比例磨碎（或研磨）、去渣后（或不去渣），加入糖、稳定剂、乳化剂等食品添加剂而得到的乳浊状饮品。植物蛋白饮料的加工原料包括榛子、大豆、花生、杏仁、核桃、椰子、松子等，除了含有蛋白质外，还有不饱和脂肪酸、碳水化合物、矿物质、各种酶类（如脂肪氧化酶）、抗氧化物质等。这些成分在加工中的状态变化和相互作用往往会引起成品的质量问题，一般是蛋白质沉淀、脂肪上浮、褐变反应或苦涩味的产生等。由于植物蛋白饮料体系的特殊性，如何保证饮料在储存过程中的稳定性、色泽及口感也是研发和生产过程中要考虑的问题。本实验通过核桃露植物蛋白饮料的制作实验，掌握植物蛋白饮料的生产工艺过程，熟悉胶体磨、均质机等设备的使用，尤其是蛋白饮料的生产特性及保证和提高产品质量的方法和措施。

二、实验材料和仪器设备

1. 实验材料

核桃仁、白砂糖、黄原胶、卡拉胶、蔗糖脂肪酸酯、分子蒸馏单甘酯（或复配型稳定剂）、碳酸钠、香精等。

2. 仪器设备

料理机、1000mL量杯、玻璃瓶、瓶盖、蒸煮设备、60目尼龙过滤布、胶体磨、均质机、高压灭菌锅、高速剪切机等。

三、实验内容

1. 工艺流程

稳定剂等剪切溶化　糖、碳酸钠、香精等

核桃仁 → 浸泡 → 去皮 → 磨浆 → 60目过滤 → 调配 → 均质 → 灌装封口 →

杀菌 → 冷却 → 成品

↑
加热

2. 产品配方（以核桃乳为例）

核桃仁4%～5%、白砂糖5%～8%、复配稳定剂0.2%～0.35%、碳酸钠0.04%～0.08%、香精适量。

3. 操作要点

（1）核桃仁浸泡：软化细胞结构，降低磨浆时的能耗与磨损，提高胶体分散程度和悬浮性，增加固形物收得率，用10倍于核桃仁的水浸泡1h。

（2）核桃仁去皮：使用0.8%～1.5%的氢氧化钠溶液浸泡脱皮，浸泡时间为3～8min，将核桃仁从碱液中取出后，使用大量水冲洗，将残存在核桃仁表面的皮清洗除去，并将核桃仁清洗至中性。

（3）磨浆：首先使用料理机进行初磨粉碎，然后加入40倍水使用胶体磨进行循环磨浆，循环磨浆时间为3min。注意磨浆时的用水量，保证在调配定容时，水量不会超过计算值。

（4）过滤：使用60目滤布进行过滤，将大颗粒去除。

（5）溶化乳化剂、稳定剂：使用5倍的白糖与乳化剂、稳定剂（或复配型稳定剂）进行干混；然后使用65～80℃、50倍于混合稳定剂的水进行剪切化料，剪切20min。

（6）调配：使用剪切机进行混合，加入砂糖、溶化好的复配稳定剂、核桃浆等进行混合调制，然后按配方进行定容，加入碳酸钠调节pH至微碱性。

（7）均质：可采用两次均质，第一次压力为20～25MPa，第二次压力为

$35\sim40MPa$，均值温度在 $70\sim80℃$ 左右。分析乳化体系的构成和性质以及对乳浊液稳定性的影响。

（8）灌装、杀菌：可采用高温灌装法，灌入玻璃瓶中，然后拧上盖子。高温高压杀菌 $121℃$，$15\sim20min$，杀菌后分段冷却。

4. 成品评价

依据 GB/T 31325—2014《植物蛋白饮料　核桃露（乳）》进行。

（1）感官要求：乳白色、微黄色，或具有与添加成分相符的色泽，均匀液体，无凝块，允许有少量蛋白质沉淀和脂肪上浮，无正常视力可见杂物；具有核桃应有的滋味和气味，或具有与添加成分相符的滋味与气味；无异味。

（2）理化指标：蛋白质 $\geqslant0.55\%$，脂肪 $\geqslant2.0\%$，油酸/总脂肪酸 $\leqslant28\%$，亚油酸/总脂肪酸 $\geqslant50\%$，亚油酸/总脂肪酸 $\geqslant6.5\%$，（花生酸＋山嵛酸）/总脂肪酸 $\leqslant0.2\%$。

（3）微生物采样方案及限量：按 GB 7101—2022《食品安全国家标准　饮料》执行，见表 6-2。

表 6-2　微生物采样方案及限量

项目	采样方案及限量				检验方法
	n	c	m	M	
菌落总数/（CFU/mL）	5	2	10^2	10^4	GB 4789.2—2022
大肠菌群/（CFU/mL）	5	2	1	10	GB 4789.3—2016 平板计数法
霉菌/（CFU/mL）	$\leqslant20$				GB 4789.15—2016
酵母/（CFU/mL）	$\leqslant20$				GB 4789.15—2016

注：n 为同一批次产品应采集的样品件数；c 为最大可允许超出 m 值的样品数；m 为微生物指标可接收水平的限量值；M 为微生物指标的最高安全限量值。样品的采样及处理按 GB 4789.1—2016 执行。

四、思考与讨论

① 均质对植物蛋白饮料的稳定性有什么作用？

② 如何保证和提高植物蛋白的稳定性？如何快速判断或测定稳定性？

③ 植物蛋白饮料生产中，为什么使用碳酸钠或者碳酸氢钠来调整产品的 pH 值？

④ 在植物蛋白饮料的生产中，原料的预处理方式有哪几种？

五、参考文献

[1] GB/T 31325—2014. 植物蛋白饮料 核桃露（乳）.

［2］GB 7101—2022. 食品安全国家标准 饮料.

［3］GB 2760—2014. 食品安全国家标准　食品添加剂使用标准.

［4］赵聪，刘会平. 番茄核桃复合饮料的研制. 饮料工业，2015，(5)：52-56.

［5］Maurice Shachman. The Soft Drinks Companion，America：CRC PRESS，2005.

（刘会平）

实验 7　营养素饮料的制作

一、实验原理和目的

营养素饮料是添加适量的食品营养强化剂，以满足某些人群特殊营养需要的饮料。这类饮料多采用多种维生素、矿物质和氨基酸等作为强化剂，如强化钙饮料、强化铁饮料、强化锌饮料等等。本实验以高钙酸性含乳饮料为例，要求掌握高钙酸性含乳饮料的配方设计和生产工艺流程，了解生产过程中的质量控制问题。

二、实验材料和仪器设备

1. 实验材料

脱脂奶粉、白砂糖、稳定剂、乳酸、柠檬酸、柠檬酸钙、软化水。

2. 仪器设备

剪切罐、净乳机、双联过滤器、冷热缸、高压均质机、板式杀菌器、无菌灌装机、酸度计等。

三、实验内容

1. 工艺流程

脱脂奶粉 → 溶解 → 净乳 → 复原乳　柠檬酸钙溶解

（白砂糖 → 溶解 → 过滤 → 糖液）→ 均质 → 高温瞬时杀菌 → 冷却 → 无菌灌装 →

成品 → 稳定剂+白砂糖 →　　　　　　有机酸溶解

溶解 → 过滤 → 混合液

2. 工艺要点

（1）将质量分数约为 50％的配方用水加热到 40～50℃，用剪切罐将奶粉还

196

原成复原乳，静置 30min，使蛋白质吸水湿润，彻底溶解。

（2）将稳定剂与 5 倍量的白砂糖混匀后，加入到 70～80℃热水中，快速搅拌至完全溶解，所用水量为稳定剂的 20 倍。将剩余的白砂糖用大约 1∶1（质量比）的热水制成糖液，加热到 80℃进行杀菌。

（3）将柠檬酸钙用 20 倍温水溶解，加入到料液中。

（4）将乳酸和柠檬酸用温水制成质量分数为 5%～10%的酸液，降温至 15℃备用。

（5）将糖液、稳定剂溶液过滤后加入复原乳中，搅拌 5min，用高压均质机在 20MPa 下均质，然后降温至 15℃。

（6）用喷洒的方式将（5）中的酸液加入到高速搅拌的溶有稳定剂成分的复原乳中，加酸速度要慢，同时用酸度计测料液的 pH。当 pH 达到 4.0 时，停止加酸，将配方中剩余的软化水补入，搅拌 5min，复查料液 pH，若配方中有香精，可与补充的水同时加入。

（7）将料液缓慢加热到 40℃，用均质机以 20MPa 的压力均质。

（8）用板式杀菌器以 90℃，保持 15s 的条件进行高温杀菌，杀菌后的料液快速降温到 20℃

（9）无菌灌装。

3. 产品评价

（1）感官要求：呈均匀一致的乳白色，酸甜适口，无异味，无异嗅，无正常视力可见外来异物，无沉淀，无分层现象。

（2）评价方法：按照 GB 7101—2022《食品安全国家标准　饮料》进行评价。

四、思考与讨论

① 简述高钙酸性含乳饮料加工的工艺流程及各工序中影响饮料质量的主要因素。

② 营养素饮料与果蔬汁饮料有哪些不同？

③ 营养素饮料工业化生产的主要设备有哪些？其生产过程的关键控制点有哪些？

五、参考文献

[1] GB 7101—2022. 食品安全国家标准　饮料.

[2] 崔波. 饮料工艺学. 北京：科学出版社，2014.

　　[3] 杨红霞．饮料加工技术．重庆：重庆大学出版社，2015.

　　[4] 陈彬，张丽宏，房玉国．高钙酸性含乳饮料的研制．中国乳品工业，2003（03）：14-16.

（郑捷）

实验 8　运动饮料的制作

一、实验原理和目的

　　运动饮料是营养素及其含量能适应运动或体力活动人群的生理特点，能为机体补充水分、电解质和能量，可被迅速吸收的饮料。运动饮料中主要含有电解质、维生素、氨基酸等成分，能补充人体所需的营养成分，抗疲劳，平衡新陈代谢。刺五加富含黄酮、香豆精多糖、皂苷、胡萝卜素和氨基酸等多种活性成分，其皂苷与黄酮化合物具有抗氧化、抗疲劳及增强机体免疫功能等生物学活性，而枸杞作为药食同源果实，具有降低血糖、增强运动耐力等功效。本实验以刺五加、枸杞等为原料，制作运动饮料，要求理解枸杞刺五加运动饮料的加工原理，掌握枸杞刺五加运动饮料加工的工艺流程、工艺特点、基本要求和影响工艺效果的主要因素。

二、实验材料和仪器设备

1. 实验材料

枸杞、刺五加、蔗糖、羧甲基纤维素钠、纯化水。

2. 仪器设备

电子天平、粉碎机、离心机、高压均质机、灭菌锅。

三、实验内容

1. 工艺流程

枸杞、刺五加除杂、称重→粉碎→煮沸→离心过滤→枸杞提取液、刺五加提取液→调配→均质→灌装→灭菌→冷却→成品

2. 工艺要点

（1）枸杞、刺五加除杂、称重：清除杂质，称取枸杞12g、刺五加7g。

（2）粉碎：用粉碎机将称量后的枸杞、刺五加粉碎完全。

（3）枸杞提取液：向粉碎完全的枸杞里加入 10 倍量的水，煮沸维持 30min，利用离心机分离过滤，即得枸杞提取液。

（4）刺五加提取液：向粉碎完全的刺五加里加入 15 倍量的水，煮沸维持 25min，利用离心机分离过滤，即得刺五加提取液。

（5）调配：取制备后的枸杞提取液 60g，刺五加提取液 50g，蔗糖 30g，混合均匀后，加入羧甲基纤维素钠 2g，加入水 358g。

（6）均质、灌装：利用 25MPa 高压均质机搅拌后灌装。

（7）灭菌、成品：将灭菌锅温度加热至 121℃，灭菌 30min 后冷却至室温，即为枸杞刺五加运动饮料成品。

3. 产品评价

（1）感官要求：产品具有应有的色泽、滋味，不得有异味、异臭，无正常视力可见的外来杂质。

（2）理化指标：可溶性固形物（20℃时折光计法）3.0%～8.0%，钠 50～1200mg/L，钾 50～250mg/L。

（3）评价方法：按照 GB/T 15266—2009《运动饮料》进行评价。

四、思考与讨论

① 简述枸杞刺五加运动饮料的加工工艺及其加工过程关键控制点。

② 简述影响枸杞刺五加运动饮料风味的因素。

③ 枸杞刺五加运动饮料的工业生产需要哪些主要设备？

五、参考文献

[1] GB/T 15266—2009. 运动饮料.

[2] 刘春萍，马垚. 黑米红枣运动饮料的研制及其抗疲劳功能的研究. 粮食与油脂，2021，34（8）：110-114.

[3] 卓长清，赵欣，栾朝霞. 枸杞刺五加运动饮料研制及抗疲劳作用研究. 中国食品添加剂，2019，30（12）：131-136.

[4] 王永志. 葛根黑米运动饮料工艺优化及其抗疲劳活性研究. 粮食与油脂，2018，31（12）：35-39.

[5] 王金瑞. 黄秋葵百合运动饮料的研制. 食品研究与开发，2018，39（1）：89-94，140.

（郑捷）

实验9 固体饮品的制作

一、实验原理和目的

固体饮品是用食品原辅料、食品添加剂等加工制成的粉末状、颗粒状或块状等形态的饮品，是主要供冲调或冲泡饮用的固态制品。生姜有许多生物活性成分，可分为姜精油、姜辣素、二苯基庚烷三大类。挥发性成分姜精油决定生姜的部分风味及香气；非挥发性成分姜辣素决定生姜的特征性辛辣风味，在食品的加工及烹调中可作为调味料，替代传统香辛料。本实验采用干姜粉碎，经浸提浓缩提取出姜辣素，再根据最佳工艺配方调配，然后干燥，得到药食同源的固体饮品。本实验要求理解固体饮品的加工原理，掌握固体饮品加工的工艺流程、操作要点、基本要求和主要设备以及影响工艺效果的主要因素。

二、实验材料和仪器设备

1. 实验材料

干姜、白砂糖、麦芽糊精、三氯蔗糖、无水乙醇。

2. 仪器设备

旋转蒸发仪、真空干燥箱、粉碎机、天平、恒温水浴锅。

三、实验内容

1. 工艺流程

原料除杂、称重→粉碎→浸提→过滤→浓缩→调配→干燥→粉碎→成品

2. 工艺要点

(1) 原料除杂、称重：选择无霉变、无虫害、质量优良的干姜，除杂后称取 0.5kg。

(2) 粉碎：利用粉碎机将干姜打成粉末，过 80 目筛。

(3) 浸提、过滤：称取姜粉，加入浓度为 65% 的乙醇溶液，在料液比 1∶8 (g∶mL)、70℃条件下提取 2h 后，将浸提液姜辣素过滤。

(4) 浓缩：将过滤后的浸提液在真空 60℃条件下浓缩 1h，即得生姜浓缩液。

(5) 调配：取 1% 生姜浓缩液、5.5% 白砂糖、3.0% 麦芽糊精、0.003% 三氯蔗糖搅拌均匀。

（6）干燥：将调配好的物质在真空干燥箱中干燥 1h。

（7）粉碎、成品：干燥后粉碎，即为生姜味固体饮品。

3. 产品评价

（1）感官要求：组织状态呈疏松的粉末、无结块；冲调后呈现黄色，色泽均匀；具有姜汁的清香味，甜辣味融合较好，清新香甜，无异味，无外来杂质。

（2）理化指标：水分≤7.0%。

（3）评价方法：按照 GB/T 29602—2013《固体饮料》进行评价。

四、思考与讨论

① 简述固体饮品加工的工艺流程及关键控制点。

② 简述各工序中影响固体饮品风味的主要因素。

③ 工业化生产生姜固体饮料的主要设备有哪些？

五、参考文献

［1］GB/T 29602—2013. 固体饮料.

［2］王冰. 生姜百合多糖固体饮料研发及其降血糖功效评价［D］. 泰安：山东农业大学，2022.

［3］潘志明，谢万详. 生姜红糖固体饮料生产工艺研究［J］. 中国食物与营养，2022，28（04）：42-45.

［4］潘文洁，陈玉洁，谢青峰. 生姜味固体饮料的研制［J］. 安徽农业科学，2022，50（05）：164-165，191.

（胡爱军）

实验 10　碳酸饮料的制作

一、实验原理和目的

碳酸饮料是指在一定条件下充入二氧化碳气体的饮品，不包括由发酵法自身产生的二氧化碳气体的饮料，成品中二氧化碳气体的含量（20℃时体积倍数）不低于 2.0 倍。碳酸饮料是由水、调味糖浆和二氧化碳等组成的。本实验采用二次灌装法，通过水果味汽水的制作，了解碳酸饮料的一般生产过程、影响碳酸饮料碳酸化作用的主要因素，掌握糖水浓度、碳酸饮料含气量的基本测定方法和要求，熟悉实验室制取碳酸饮料技术。

二、实验材料和仪器设备

1. 实验材料

砂糖、苯甲酸钠、安赛蜜、柠檬酸、日落黄、胭脂红、橘子香精、工业酒精、二氧化碳气体、工业烧碱、汽水瓶。

2. 仪器设备

碳酸水混合机（天马汽水混合机，型号：TM703-1）、糖度计、压力表、汽水机、二氧化碳钢瓶、毛刷、橡皮手套、塑料盆、汽水箱、不锈钢配料桶、台秤、天平、量筒、汤勺、烧杯、温度计、PET瓶及瓶盖。

三、实验内容

1. 工艺流程

$$CO_2$$

饮用水 → 脱气 → 冷却（碳酸水机预冷）→ 碳酸化

砂糖 → 溶糖 → 过滤 → 糖浆调和 → 冷却 → 灌糖浆 → 灌碳酸水 → 拧盖 →

摇匀 → 成品　　　　　　酸味剂、香精等

2. 饮料用水的碳酸化

碳酸化是将二氧化碳和水混合的过程，其程度直接影响产品的质量和口感。二氧化碳和水经碳酸水混合机，在一定的压力、一定的温度下，经一定时间的作用后就可得到所需含气量的碳酸水。在本实验中，为了增大二氧化碳在水中的溶解度，碳酸水机需要预冷，因此需要预先组装碳酸水混合机备用。

本实验采用的汽水机的碳酸水制备过程为：连接饮用水管道，打开碳酸水机，预冷两小时。此时饮用自来水先经砂棒过滤器过滤，然后送入冷却储桶内进行冷却，待水冷却到要求温度（一般为0～4℃）后泵入混合机中，同时通入二氧化碳进行碳酸化。二氧化碳的压力通过调节阀控制，打开钢瓶阀，使水和二氧化碳充分混合，可在碳酸水机得到含有一定二氧化碳气体的碳酸水。

3. 糖浆配制

（1）原辅料的制备

①原糖浆的制备：按照配方将糖溶解于一定量水中，再经过滤、调整浓度得

到的糖水即为原糖浆。制备原糖浆必须采用优质砂糖，用水符合生产用水要求。

溶糖方法有热溶和冷溶两种。冷溶法适合于立即使用或短期内即可消费的饮料；热溶法适于需长期储存的饮料。热溶法溶解时，应加以适当搅拌，同时去除在加热时表面出现的凝固杂物，以免影响饮料的风味。通常糖浆应煮沸 5min 杀菌，糖浆的浓度一般在 $55\sim65°Bx$。

②防腐剂：使用时预先配制成浓度为 25% 的苯甲酸钠溶液，添加标准应符合 GB 2760—2014。

③酸味剂：使用酸味剂调整糖酸比，使饮料更适口，同时有助于防止饮料变质。在饮料生产中常用的酸是柠檬酸和磷酸，酸使用前应先配制成 20% 的溶液。

④色素：色素使用前应先用少量糖浆加以稀释，固体色素应先用少量热水溶化。

（2）糖浆调配

将原糖浆投入不锈钢配料桶中，在不断搅拌下加入各种辅料，其加入顺序为原糖浆、苯甲酸钠溶液、安赛蜜、酸溶液、浓缩果汁、色素、香精，最后用处理水定容至规定容积。

（3）配方

配方见表 6-3。

表 6-3　碳酸饮料配方　　　　　　单位：g/1000mL

原辅料名称	橘子汽水	柠檬汽水	菠萝汽水
砂糖	100	110	100
苯甲酸钠	0.2	0.15	0.15
安赛蜜	0.15	0.15	0.15
柠檬酸	1.3	1.4	1.4
日落黄	0.02	—	0.01
胭脂红	0.001	—	—
香精	15（mL）	0.4（mL）	0.5（mL）

4. 汽水的灌装

灌装步骤如下：

（1）准备瓶子，将瓶子清洗消毒，再用纯净水冲洗干净；

（2）按配方将配制好的糖浆水预先倒入 PET 瓶中，在瓶中灌入每瓶汽水总量 20% 的果味糖浆；

（3）将碳酸水灌入瓶中距瓶口 2～3cm 中，立即拧紧瓶盖；

（4）摇匀，并检查是否有沉淀。

5. 产品评价

（1）感官要求：具有反映该类产品特点的外观、滋味，不得有异味、异臭和外来杂物。

（2）理化指标：二氧化碳气容量（20℃）≥1.5 倍，果汁型碳酸饮料果汁含量（质量分数）≥2.5%。

（3）评价方法：GB/T 10792—2008《碳酸饮料（汽水）》。

四、思考与讨论

① 二氧化碳在碳酸饮料中有什么作用？

② 在测定碳酸饮料的糖度时，为什么必须先使汽水中的二氧化碳气体完全逸出？

③ 影响汽水含气量的因素有哪些？在实验中如何保证和提高成品的含气量？

④ 在碳酸饮料生产中，一次灌装法和二次灌装法有什么不同？目前碳酸饮料工业生产中一般采用哪种灌装法？

五、参考文献

[1] GB/T 10792—2008. 碳酸饮料（汽水）.

[2] 阮美娟，徐德才. 饮料工艺学. 北京：中国轻工业出版社，2013.

[3] 中国饮料工业协会组织编写. 国家职业资格培训教程. 饮料制作工，北京：中国轻工业出版社，2010.

[4] Maurice Shachman. The Soft Drinks Companion，America：CRC Press，2005.

六、数字资源

视频：爱课程/食品技术原理/12-3/媒体素材/碳酸饮料的制造.

（刘会平）

实验 11　茶饮料的制作

一、实验原理和目的

茶饮料为以茶叶或茶叶的水提取液或其浓缩液、茶粉等为原料，经加工制成的饮料。茶饮料可分为：原茶汁（茶汤）、茶浓缩液、茶饮料、果汁茶饮料、奶茶饮料、复（混）合茶饮料和其他茶饮料七大类。茶多酚和咖啡因是茶饮料的特色成分。茶中含有茶多酚、淀粉、蛋白质、果胶、茶多糖等物质，由此会导致茶饮料沉淀问题，这是茶饮料加工中的关键技术之一。茶汤在不同 pH 形成茶乳酪的能力不同，绿茶和红茶在 pH4 左右最容易形成茶乳酪，将茶汤调整到 pH4 左右以使茶汤充分形成沉淀后除去。本实验要求理解形成茶饮料沉淀的原因，初步掌握解决茶饮料出现沉淀的方法，同时掌握一种茶饮料的生产工艺。

二、实验材料和仪器设备

1. 实验材料

茶或茶粉、茶浸提液、砂糖、抗坏血酸钠、茶香精、二甲基二碳酸盐、食盐、柠檬酸、β-环糊精、处理水、耐高温 PET 瓶（或玻璃瓶）。

2. 仪器设备

浸提锅（罐）、滤布、水处理设备、温度计、纸版过滤机、调配锅（罐）、灌装器（机）、PET 瓶封盖机、杀菌锅、pH 计。

三、实验内容

1. 工艺流程

路线1：

$$茶粉 \rightarrow 溶解$$

砂糖 → 溶糖 → 净化 → 调配 → 精滤 → 杀菌 → 灌装、密封 → 成品

路线2：茶叶浸提 → 澄清、过滤 → 茶提取液　　香精、酸等

2. 操作要点

（1）原料处理：茶叶要选择当年的茶叶，最好是新茶。如果是陈茶，或贮藏过久的茶，宜通过适当烘焙以改善原料茶的品质。

（2）水处理：符合我国饮用水标准的自来水再经过离子交换树脂、反渗透等处理后使用。

（3）浸提：茶叶粒径 40～60 目；茶水比 1:20；提取条件为 85℃浸提 20min，浸提后立即过滤除去浸提液中的茶渣和杂质，并迅速冷却。

（4）防沉淀技术：①调酸沉淀法，使用柠檬酸调节 pH 到 3.2～4 之间，充分沉淀后过滤；②低温沉淀法，将滤液于 5℃下充分沉淀后过滤；③包埋法，添加 10～25g/L 的 β-环糊精，在 25℃下低速搅拌 20min。

（5）调配：

① 参考配方：

A. 茶汤：茶浸提液 15%～20%（或茶粉 0.12%～0.15%）、抗坏血酸钠 0.05%～0.1%（或抗坏血酸钠 0.03%～0.07%、碳酸钠 0.004%）、砂糖 2%～5%。

B. 茶饮料：茶浸提液 8%～20%（或茶粉 0.10%～0.15%）、砂糖 5%～10%、抗坏血酸钠 1%、β-环糊精 0.05%、茶香精 0.02%～0.08%、柠檬酸 0.1%～0.3%、二甲基二碳酸盐 0.02%。

② 溶糖：采用热溶法，取适量处理水加热煮沸 5～15min，过滤后备用。

③ 调和：各种固体辅料用适量处理水溶解、过滤后使用。

④ 可用柠檬酸（或碳酸氢钠）调整茶饮料 pH。

（6）杀菌、灌装、密封

A. 茶汤（pH 5～7）：UHT 杀菌，121℃，4s 冷却至 85～90℃后趁热灌装密封，急速冷却；85℃热灌装密封后杀菌，杀菌条件 5min/121℃。

B. 茶饮料：pH<4.5，可以适当降低热杀菌条件。

3. 成品评价

（1）感官要求：具有该产品应有的色泽、香气和滋味，允许有茶成分导致的混浊或沉淀，无正常视力可见的外来杂质。

（2）理化指标：主要理化指标见表 6-4，具体理化指标见 GB/T 21733—2008 茶饮料。

表 6-4　茶饮料理化指标

项目		茶饮料（茶汤）	调味茶饮料	复合茶饮料
茶多酚含量 /（mg/kg）	≥	300～500	100～200	150
咖啡因 /（mg/kg）	≥	40～60	20～35	25

（3）评价方法：按照 GB/T 21733—2008《茶饮料》规定方法评价。

四、思考与讨论

① 在茶叶浸提工艺开始之前一般要将去离子水煮沸，为什么这样做？

② 比较三种防止茶饮料出现沉淀技术的特点，并分析其防止沉淀的机理。

③ 茶饮料在制作过程中可以采用什么方法进行防沉淀处理？

④ 哪些是茶饮料生产的必备设备，工业生产中选用什么设备？

五、参考文献

［1］GB/T 10789—2015．饮料通则．

［2］GB/T 21733—2008．茶饮料．

［3］阮美娟，徐德才．饮料工艺学．北京：中国轻工业出版社，2013．

［4］方元超，赵晋府．茶饮料生产技术．北京：中国轻工业出版社，2001．

［5］刘松涛，陆小燕，徐美娅．无糖绿茶饮料的研制．食品工业，2004，(2)：26-28．

［6］易诚，宾冬梅．藤茶饮料工艺研究．食品工业科技，2005，(9)：113-115．

（阮美娟）

实验 12　啤酒的制作

一、实验原理和目的

啤酒是以大麦芽和啤酒花作为主要原料生产的一种低酒精度发酵酒。它具有特殊的麦芽香味、酒花香味和适口的酒花苦味，含有一定量的二氧化碳，啤酒倒入杯子中会形成持久不消、洁白细腻的泡沫，这些构成了啤酒独特的风格。啤酒的生产过程是一项复杂的生物化学变化和微生物代谢过程。麦芽在所含有酶的作用下分解成为可溶性的低分子物质，啤酒酵母对其糖类和氨基酸进行代谢，从而完成了从原料到啤酒的转化。啤酒生产工艺条件的制定旨在提供一切适宜的技术条件以发挥各种酶和酵母的最优作用。本实验要求理解啤酒的生产原理，掌握啤酒生产工艺技术。

二、实验材料和仪器设备

1. 实验材料

纯净水、大麦麦芽、酒花、蔗糖、活性干酵母、0.5%碘液。

2. 仪器设备

电炉、粉碎机、糖化容器、发酵桶、啤酒瓶、封盖器、冷柜、温度计、糖度计、pH计。

三、实验内容

1. 工艺流程

                        酒花   酵母
                         ↓   ↓
糖化制备麦汁 → 麦芽汁煮沸 → 澄清 → 啤酒发酵 → 后发酵 → 灌装 → 成品

2. 操作要点

（1）糖化制备麦汁：麦芽粉碎，按 1：4 加水，在 55℃ 保持 40min 进行蛋白质分解，升温至 63℃，保温至糖化完成。63℃ 糖化时，每 5min 取清液用 0.5% 碘液检测一次，至碘液反应无色。升温至 78℃ 保持 10min，过滤得到澄清麦汁，补水调整麦汁浓度至 10.5～11°P，麦汁 pH 约为 5.4。

（2）添加酒花：麦汁煮沸前要预先加足量的水，补充蒸发的损失。总煮沸时间为 90min。在麦汁煮沸过程中添加酒花，酒花添加量为麦汁总量的 0.1%，分 3 次添加。麦汁煮沸后加入酒花总量的 10%。麦汁煮沸 40min 后加入酒花总量的 50%。麦汁煮沸结束前 10min 加入酒花总量的 40%。煮沸完成后冷却沉淀去除酒花。

（3）活化干酵母：取 2g 蔗糖放入 100mL 水中，加热沸腾后冷却至 25℃。称取麦汁总量 0.05g/100mL 的活性干酵母放入以上糖水中，25℃ 保温 30min 以上。

（4）发酵：将麦汁倒入发酵桶中，调整麦汁的温度使其与室温相同（室温＜20℃）。测定麦汁的浓度和 pH。将活化好的酵母倒入发酵桶中，搅拌均匀。盖好桶盖，即进入主发酵阶段。发酵桶为带有气锁的耐压容器，气锁可保持发酵产生的二氧化碳，并防止空气进入。

（5）后发酵：当发酵液的浓度降到 4.5°P 以下时，主发酵阶段完成。转入后发酵阶段。监测发酵过程。自进入发酵阶段起，每 24h 取样测定外观、浓度和 pH 值。

（6）灌装：将前发酵结束的酒液装入干净的瓶子中，装液量为瓶子体积的 85%～90%，每瓶再加入浓度为 30% 的糖水 1%。在室温下放置后转入 1℃ 的冷藏柜中，后发酵 7d 以上即可成为成品啤酒。

3. 成品评价

（1）感官要求（以淡色啤酒为例）：外观清亮，透明有光泽；泡沫洁白细腻，泡沫持久挂杯；有明显的酒花香气，口味纯正、爽口，酒体协调，柔和，无异香、异味。

（2）理化指标（以淡色啤酒为例）：酒精度（体积分数）≥2.5％～5.2％，残糖浓度≥0.3°P，总酸≤2.2～3.0mL/100mL，二氧化碳 0.35％～0.65％（质量分数），双乙酰≤0.10mg/L。

（3）评价方法：按照 GB/T 4928—2008《啤酒分析方法》进行评价。

四、思考与讨论

① 讨论啤酒制作过程中蛋白质分解及糖化温度确定的依据。

② 在啤酒制作过程中酒花为什么要分次添加？

③ 啤酒装瓶后为什么要留有一定的瓶颈空间？

④ 啤酒后发酵时在瓶中补加糖的作用是什么？

五、参考文献

［1］GB/T 4927—2008. 啤酒.

［2］GB/T 4928—2008. 啤酒分析方法.

［3］顾国贤. 酿造酒工艺学. 2 版. 北京：中国轻工业出版社，2018.

［4］肖冬光，丁匀成，邹海晏. 酿酒活性干酵母的生产与应用技术. 呼和浩特：内蒙古人民出版社，1994.

六、数字资源

视频：爱课程/食品技术原理/12-7/媒体素材/GEA 啤酒生产过程.

（胡云峰）

实验 13 干红葡萄酒的制作

一、实验原理和目的

葡萄酒是以葡萄为原料，经发酵制成的酒精性饮料。在发酵过程中，将葡萄糖转化为酒精的发酵过程和固体物质的浸取过程同时进行。通过葡萄酒的发酵过程，葡萄果浆变成葡萄酒，并将葡萄果粒中的有机酸、维生素、微量元素及单宁、色素等多酚类化合物，转移到葡萄原酒中。葡萄原酒经过贮藏、澄清处理和稳定处理，成为可饮用的葡萄酒。干葡萄酒是指含糖量小于或等于 4.0g/L，或者当总糖与总酸的差值小于或等于 2.0g/L 时，含糖量最高为 9.0g/L 的葡萄酒。

本实验要求理解干红葡萄酒的制作原理，掌握其制作方法。

二、实验材料和仪器设备

1. 实验材料

葡萄、白砂糖、果胶酶、酵母、亚硫酸、明胶。

2. 仪器设备

手持糖度计、比重计、100mL 量筒、电子天平、发酵罐、水浴锅、温度计、pH 计、玻璃棒、纱布、布氏漏斗、真空抽滤机、加热锅。

三、实验内容

1. 工艺流程

亚硫酸　　　　调整糖浓度　　　　　酵母菌活化　亚硫酸
　↓　　　　　　↓　　　　　　　　　↓　　　　↓
葡萄 → 选择 → 手工破碎 → 入瓶 → 成分调整 → 搅拌均匀 → 发酵 →
汁渣分离 → 清汁、压榨汁 → 苹果酸-乳酸发酵 → 倒瓶 → 原酒 → 澄清 → 陈酿 →
　　　　　　　　　　　　　　　　　　　　　　　　　　↑
冷处理 → 杀菌 → 成品　　　　　　　　　　　　　　加澄清剂

2. 操作要点

（1）原料选择：酿酒用的葡萄要经过严格挑选，使用颜色深红、成熟度高的鲜果，剔除霉烂果、生青果、虫蛀果。

（2）手工破碎：要求每个果子破裂，不能将种子破碎，否则种子内的油脂、糖苷类物质及果梗内的一些物质会增加酒的苦味。

（3）成分调整：酿造酒精含量为 $10\%\sim12\%$ 的酒，果汁的糖度需在 $17\sim20°Brix$，糖度达不到要求就需加糖。

（4）加亚硫酸：二氧化硫在果酒中有杀菌、澄清、抗氧化、增酸、使色素和单宁物质溶出、还原、使酒的风味变好等作用。在生产中通过加亚硫酸，利用其不稳定分解产生二氧化硫的性质，来达到杀菌的目的。葡萄酒生产中亚硫酸的添加量为 $50\sim60mg/kg$。

（5）加酵母：发酵罐装入量为容器容积的 4/5，然后加入酵母 $200mg/L$。加活性干酵母的方法是将每克活性干酵母加入 10 倍体积的 $35\sim38℃$ 纯净水，不停地搅拌。待酵母开始再生，有大量的泡沫冒起来时加入到发酵罐。搅拌均匀，温度控制在 $20\sim30℃$。

（6）汁渣分离：接酵母后每天测相对密度，当相对密度低于 1.000 时，进行皮渣分离，得到原酒。在原酒中添加亚硫酸，使酒中游离二氧化硫含量为 60mg/kg。

(7) 苹果酸-乳酸发酵：将原酒短期储存，进行苹果酸-乳酸发酵，通常 15d 左右。

(8) 澄清：短期储存后的原酒逐渐变得清亮，酒脚沉淀于罐底。经倒酒，实现酒与酒脚的分离，然后再下胶。下胶澄清引起蛋白质、单宁和多糖之间的絮凝，同时吸附一些非稳定因素。提前 1d 用温水浸泡需要的胶量，充分搅拌均匀，添加量为 20~100mg/L。

(9) 陈酿：下胶处理结束后，应立即过滤，除去不稳定性的胶体物质。这时的酒有辛辣味，不柔和，需要储存一定时间，让其自然老熟，减少新酒的刺激性、辛辣味，使酒体绵软适口，醇厚香浓，口味协调。在陈酿期间，保证温度在 20℃左右，使酒自发地进行脂化与氧化反应。酒要满罐储存，防止酒的氧化。

(10) 冷处理：原酒通过冷冻工艺可促进酒石酸盐类沉淀及胶体物质的凝聚，改善风味，提高酒的稳定性。冷处理的温度应在其冰点以上，即 $-0.5℃$，处理时间为 4d 左右。

(11) 杀菌：用 2 道串联的 $0.45\mu m$ 膜进行除菌过滤，以得到生物性稳定的果酒。

(12) 成品：灌装和包装后即得到成品。

3. 成品评价

(1) 感官要求：呈紫红、深红、宝石红、红微带棕色、棕红色；澄清，有光泽，无明显悬浮物；具有纯正、优雅、怡悦、和谐的果香与酒香，陈酿型的葡萄酒还应具有陈酿香和橡木香；具有纯正、优雅、爽怡的口味和悦人的果香味，酒体完整。

(2) 理化指标：酒精度（20℃）（体积分数）$\geqslant 7.0\%$，总糖（以葡萄糖计）$\leqslant 4.0g/L$。

(3) 评价方法：按照 GB/T 15038—2006《葡萄酒、果酒通用分析方法》进行评价。

四、思考与讨论

① 各组分在葡萄酒制作中的作用是什么？

② 发酵过程中的操作条件对葡萄酒的质量有何影响？

③ 葡萄酒依靠什么防止微生物腐败，保持产品的稳定性？

④ 工业生产葡萄酒应选用什么设备？

五、参考文献

［1］ GB 15037—2006 葡萄酒 .

［2］ GB/T 15038—2006 葡萄酒、果酒通用分析方法 .

［3］ Roger B，Boulton Vernon L，Singleton Linda F，等 . 葡萄酒酿造学原理及应用 . 赵光鳌，等译 . 北京：中国轻工业出版社，2001.

［4］ 李华 . 现代葡萄酒工艺学 . 西安：陕西人民出版社，1995.

六、数字资源

视频：爱课程/食品技术原理/5-1/媒体素材/葡萄酒酿制 .

（胡云峰）

实验 14　黄酒的制作

一、实验原理和目的

　　黄酒是以大米（包括粳米、籼米、糯米）、有色米（如黑米、紫米）、黍米、粟米、玉米、麦类（包括大麦、小麦、青稞、荞麦）等为原料，经过蒸料，拌以酒曲或麦曲、麸曲、米曲、红曲等，进行糖化和发酵酿制而成的饮用酒。原料糊化后，经酒曲中的根霉菌、曲霉菌、毛霉菌和酵母菌发酵，使淀粉原料充分糖化，边糖化边发酵，产生酒精，同时还产生了有机酸、氨基酸、杂醇油、酯类等物质。糯米淀粉含量高，淀粉中支链淀粉的比例高于 95％，易于糊化，糖化效果好，多作为黄酒的原料。小麦蛋白质含量较高，适于酿酒微生物的生长繁殖，在发酵中生成各种香气成分，赋予酒的浓香。麸皮有较好的透气性，在发酵时可滞留较多的空气供微生物生长繁殖和发酵。制作黄酒主要有淋饭法、摊饭法和喂饭法。淋饭法是大米原料经过浸渍、蒸煮，以凉水淋冷，然后拌入酒曲，挖潭（搭窝），糖化，最后加水发酵成酒。有的工厂使用淋饭酒用来作为酒母，即所谓的"淋饭酒母"。摊饭法是大米原料经过浸渍、蒸煮，摊在竹篦上，用凉风吹冷，然后再拌入麦曲、酒母（淋饭酒母），进行糖化发酵，用浸米浆水调整 pH 值，控制酸度。喂饭法是将酿酒的原料分为几批，第一批以淋饭法制成酒母，然后再分批加入新原料，使发酵持续进行，直至成品。本实验采用淋饭法，要求了解黄酒生产的基本原理，初步掌握黄酒的生产工艺，了解固态发酵的一般过程。

二、实验材料和仪器设备

1. 实验材料

糯米、酒曲、水。

2. 仪器设备

淘米盆、泡米盆、蒸饭锅、拌料盆、非金属的发酵缸（罐）、酒坛（瓶）、压榨器（或离心分离机）。

三、实验内容

1. 工艺流程

```
                 水        酒曲          水   麦曲
                  ↓          ↓            ↓    ↓
米 → 浸米 → 蒸饭 → 淋水 → 落缸搭窝 → 糖化 → 加曲冲缸 → 发酵开耙 →
灌坛发酵 → 压榨 → 澄清 → 煎酒 → 包装 → 成品
  ↑
白酒或酵母
```

2. 参考配方

糯米 1000g、酒曲 8g、水适量。

3. 操作要点

（1）清洗：除去糯米中的糠、尘土等杂质。

（2）浸米、蒸饭、淋水：将糯米放入水槽里，浸渍时间根据气温不同控制在 24~48h（18~30℃、48h，30~35℃、24h），取出沥干水分。浸米可以使米的淀粉吸水膨胀，容易糊化。将米入屉，常压蒸 15min。对米饭的质量要求是：外硬内软，内无白心，疏松透水，透水不烂。米饭出锅，放入淘米盆中，用冷水冲凉，迅速降低饭温达到落缸要求，淋饭后温度一般要求为 28~35℃。

（3）落缸搭窝：将淋冷后的米饭沥去水分，放入缸中，米饭落缸温度一般控制在 27~30℃，防止超过 35℃。在米饭中拌入酒曲，翻拌均匀。缸的中间挖空成潭，使饭在缸周围，这步操作称为搭窝。目的是增加米饭和空气的接触，因此要搭得较为疏松，以不塌陷为宜。

（4）糖化、加曲冲缸：搭窝后及时做好保温以进行糖化。冬季可在发酵缸（或罐）外侧包裹上保温材料进行保温。此时处于好氧发酵阶段，可用保鲜膜半密封瓶口。2~3d 后，饭粒软化。窝水此时应微甜、微酸、微苦、酒气浓、香气足。第 5 天将酒醅拌匀，加入 800～1000g 水，充分搅拌，酒醅由半固体状态转为液体状态，浓度得以稀释，补充溶解氧后，糖化和发酵作用得到加强。

（5）发酵、开耙：米饭和部分曲漂浮于液面上形成泡盖，用木耙进行搅拌，称为开耙。第一次开耙后，每天开耙两次，连续 5d。第 6～10 天，每天一次，使温度保持在 26～30℃。

（6）灌坛发酵：10d 后，将发酵醪灌入酒坛，用保鲜膜封好瓶口，在低温下（一般 10～25℃）进行后发酵，发酵 20～30d。低温长期发酵效果更好。

（7）压榨、澄清：将发酵好的酒醅放入滤布袋中，使用压榨器进行挤压，收集酒液。

（8）煎酒：煎酒的目的是灭菌，杀死酒液中微生物和破坏残存酶的活力，确保黄酒质量稳定。经杀菌处理后，黄酒的色泽变得明亮。杀菌温度应根据生酒的酒精含量和 pH 而定，对酒精含量高、pH 低的生酒，杀菌温度可适当降低。一般灭菌温度为 85～90℃。

（9）灌装：将刚杀过菌的黄酒趁热灌入已灭菌的容器中，密封储存于阴凉处，存放 2 个月即成。存放时间越长，酒味越醇香。

（10）成品酒：新酿制的酒香气淡、口感粗，经过一段时间储存后，酒质变好，不但香气浓，而且口感醇和。在陈酿过程中，色、香、味发生变化。储存时间要恰当，陈酿太久，若发生过热，酒的质量反而会下降。一般普通黄酒的储存期为 1 年。

4. 成品评价

（1）感官要求（以干黄酒为例）：橙黄色至深褐色，清亮透明，有光泽，允许瓶（坛）底有微量聚集物；有黄酒特有的浓郁醇香，无异香；醇和、爽口，无异味；酒体协调，具有该品种的典型风格。

（2）理化指标（以干黄酒为例）：总糖（以葡萄糖计）≤15.0g/L，酒精度（20℃）≥8.0%，总酸（以乳酸计）3.0～7.0g/L。

（3）评价方法：按照 GB/T 13662—2018《黄酒》进行评价。

四、思考与讨论

① 陈酿期间黄酒的酒液成分发生哪些变化？
② 工业化生产黄酒应该采用什么工艺流程和设备？

五、参考文献

[1] GB/T 13662—2018. 黄酒.

[2] 傅金泉. 黄酒生产技术. 北京：化学工业出版社，2005.

[3] 谢广发. 黄酒酿造技术. 北京：中国轻工业出版社，2010.

六、数字资源

视频：爱课程 \ 食品技术原理 \ 5-1 \ 媒体素材 \ 黄酒工艺.

（张颖）

实验 15　米酒（醪糟）的制作

一、实验原理和目的

米酒（醪糟）主要是以大米（糯米、粳米、籼米）或黍米、粟米等为原料，经过蒸料，拌以酒曲等发酵剂，边糖化边发酵，酿制而成的半固体产品。由于米酒（醪糟）酒精含量较少（一般在 10%～20%之间），属于低度酒，口味香甜。原料经酒曲中的根霉、毛霉和酵母发酵，淀粉转化为糖类（主要包括葡萄糖、果糖、麦芽糖、蔗糖等）；蛋白质部分分解成游离氨基酸和多肽，营养功能提高；同时还会产生有机酸（主要包括乳酸、乙酸、柠檬酸等）。根据生产工艺不同，米酒（醪糟）产品可分为两大类：①经过加热灭菌的米酒，其特点为质量相对稳定，保存期较长，一般为 6～9 个月，多为工厂大规模生产的产品；②不经加热灭菌的米酒，其特点为保存期较短，秋季一般为 5～7d，冬季一般为 10～15d，随着保存时间的延长，酒精度上升，糖度下降，多为家庭自制产品。本实验采用非加热灭菌的方法，要求初步学会制作米酒（醪糟），了解米酒（醪糟）制作过程的科学原理，了解影响发酵的因素。

二、实验材料和仪器设备

1. 实验材料
糯米、甜酒曲、纯净水。

2. 仪器设备
淘米盆、泡米盆、蒸饭锅、拌料盆、非金属的发酵缸（罐）、酒坛（瓶）。

三、实验内容

1. 工艺流程

清洗→浸米→蒸米、摊冷→拌曲、搭窝→糖化发酵→成品酒

2. 参考配方

糯米 1000g、甜酒曲 4g（粉末状）、纯净水 7L。

3. 操作要点

（1）清洗：将糯米洗净，以除去米中附着的糠和尘土，洗到淋出的水无白浊为度，一般洗 2～3 次。

（2）浸米：将糯米放入泡米盆中，浸渍时间根据气温不同控制在 24～48h（18～30℃，48h；30～35℃，24h），取出沥干水分。浸米不仅有利于蒸煮糊化，同时浸渍水（俗称浆水）中含有乳酸等大量有机酸，可以调节酸度有利于酵母菌的繁殖。

（3）蒸米、摊冷：将米入屉，常压蒸 15～20min。对蒸饭的质量要求是成熟均匀，饭粒疏松不糊，没有团块，蒸煮熟透，内无白心。米饭出锅，将米饭摊开，冷却。在冷却好的米饭上洒少许水，用手（戴手套）将米饭弄散摊匀，使饭粒分离和通气，有利于后续拌入酒曲和搭窝。夏季摊冷后温度一般为 28℃，冬季温度稍高，但不要超过 35℃。

（4）拌曲、搭窝：将米饭放入盆中，加入甜酒曲，翻拌均匀。将拌好酒曲的米饭放入发酵缸（罐）中，中间做成窝形，这步操作称为搭窝。其目的是增加米饭和空气的接触，因此要搭得较为疏松，以不塌陷为宜。

（5）糖化发酵：搭窝后进行发酵，温度控制在 28～35℃。冬季应做好保温，可在发酵缸（罐）外侧包裹上保温材料进行保温。此时处于好氧发酵阶段，可用保鲜膜半密封瓶口。1～2d 后，出现窝水；2～3d 后，出现大量酒液，酒气浓、香气足。此时加入 3000～5000g 水，充分搅拌、调匀。

（6）成品酒：放置 24h，即得成品酒。不经加热灭菌的米酒，冰箱内保存期一般为 10～15d。

4. 成品评价

（1）感官要求：色泽呈乳白色或微黄色；饭粒柔嫩，无肉眼可见异物；具有米酒特有的清香气味，无酸气异味；味感柔和，酸甜爽口。

（2）理化指标（以工业化生产的普通米酒为例）：还原糖（以葡萄糖计）≥2.5g/100g，酒精度（质量百分数）>0.5%，总酸（以乳酸计）0.05～1.0g/

100g。注：本实验中未过滤澄清，以上指标与加水量有关。

（3）评价方法：按照 NY/T 1885—2017《绿色食品 米酒》进行评价。

四、思考与讨论

① 浸米时，为何说浸渍水有利于酵母菌的繁殖？

② 工业化生产米酒（醪糟）如何灭菌？

③ 用化学式解释米酒甜、醇、酸、香的原因。

五、参考文献

[1] NY/T 1885—2017. 绿色食品 米酒.

[2] 于新，杨鹏斌. 米酒米醋加工技术. 北京：中国纺织出版社，2014.

[3] 曾洁，郑华艳. 果酒米酒生产. 北京：化学工业出版社，2014.

[4] 谢广发. 黄醪糟造技术. 北京：中国轻工业出版社，2010.

六、数字资源

视频：爱课程/食品技术原理/5-1/媒体素材/孝感米酒制作工艺.

第七章

糖果工艺实验

实验 1　硬质糖果的制作

一、实验原理和目的

硬糖是经高温熬煮而成的糖果。固形物含量很高，在96%以上。糖体坚硬而脆，具有无定形非晶体结构。相对密度在1.4～1.5之间，还原糖含量范围12%～18%。硬糖是一种由过饱和的、过冷的蔗糖和其它糖类形成的溶液，处于非晶形状态或玻璃态。当蔗糖从溶液析出时形成糖的结晶或晶粒，就出现返砂，仅用蔗糖难以制成硬糖，因此在硬糖的配方中包括抑制结晶的淀粉糖浆。各种糖浆及蔗糖在熬制过程中产生的转化糖具有抗结晶的作用，削弱和抑制蔗糖在过饱和状态下产生的重结晶现象。本实验要求理解硬糖生产的基本原理，掌握硬糖的制造工艺和硬糖质量的评定方法。

二、实验材料和仪器设备

1. 实验材料和配方

（1）水果味硬糖：砂糖1.0kg、麦芽糖饴0.20～0.25kg、柠檬酸6～10g、水果香精0.8～2.0mL、食用色素适量。

（2）椰子味硬糖：砂糖1.0kg、麦芽糖饴0.47kg、椰子油0.1kg、甜炼乳0.26kg、乳脂33.3g、香兰素1.3g、椰子香精0.5g。

2. 仪器设备

熬糖锅、操作台、台秤、电炉等。

三、实验内容

1. 工艺流程：

香精　色素
↓　↓

糖浆、砂糖 → 溶化 → 过滤 → 熬制 → 冷却 → 混合 → 保温 → 冷却 → 整理 → 包装 → 成品

2. 操作要点

（1）化糖加水量由经验公式计算：

$$W = 0.3 \times W_s - W_m$$

式中　W——实际加水量，kg；

W_s——配料中干固体物总量，kg；

W_m——配料中水分总量，kg。

（2）将糖和水置于锅中，加热至90～120℃，随时搅拌。

（3）溶成较厚稠的糖浆时，降低温度，继续加热，用小木桨轻缓搅拌。约1h后将木桨提起，糖浆呈长丝状即可离火。

（4）将糖浆倒在涂有食油的冷却瓷板或石板（30℃）上，冷却至85℃时，加入食用色素和香精等，成为半固体糖料。

（5）成型：①用木棍碾压糖料至1cm厚度，再使用模型压切。自然冷却至高于室温2～5℃，迅速包装；②或把糖料拉伸成直径为2cm的条，然后切断，包装。

3. 成品评价

（1）感官要求：色泽光亮，色泽均匀一致，具有品种应有的色泽；块形完整，表面光滑，边缘整齐，大小一致，厚薄均匀，无缺角、裂缝，无明显变形；糖体坚硬而脆，不粘牙，不粘纸；符合品种应有的滋味气味，无异味；无肉眼可见的杂质。

（2）理化指标：干燥失重≤4.0g/100g，还原糖（以葡萄糖计）12.0～29.0g/100g。

（3）评价方法：按照SB/T 10018—2017《糖果　硬质糖果》评价。

四、思考与讨论

① 讨论硬糖加工的关键控制点及原理。

② 如何确定硬糖甜体组成？

③ 讨论影响硬糖质构变化的主要原因及其控制方法。

④ 工业化制造硬糖采用什么工艺与设备？

五、参考文献

[1] SB/T 10018—2017. 糖果 硬质糖果.

[2] 李立安，宋晴晴，何群. 控制硬糖返砂技术要点. 山东食品与发酵，2005，(1)：45-46.

六、数字资源

视频：爱课程/食品技术原理/14-1/媒体素材/硬质糖果.

（李文钊）

实验 2 凝胶糖果的制作

一、实验原理和目的

凝胶糖果以所用胶体而命名，如淀粉软糖、琼脂软糖、明胶软糖等。凝胶糖果水分含量较高，柔软，有弹性和韧性。因使用不同种类的胶体，使糖体具有凝胶性质。凝胶糖果都以一种胶体作为骨架。亲水性胶体吸收大量水分变成液态溶胶，经冷却变成凝胶。淀粉软糖以淀粉或变性淀粉作为胶体。淀粉软糖黏糯，透明度差，含水量在7%～18%之间，多为水果味型。琼脂软糖以琼脂作为胶体，透明度好，具有良好的弹性、韧性和脆性；多为水果味型，含水量在18%～24%之间。明胶软糖以明胶作为胶体，制品富有弹性和韧性。含水量与琼脂软糖近似，多为水果味型和奶味型。本实验要求掌握凝胶糖果生产的基本工艺和凝胶糖果质量的评定方法。

二、实验材料和仪器设备

1. 实验材料

砂糖、淀粉糖浆、低黏度变性淀粉（流度范围 60～70）、模具用淀粉、琼脂、干明胶、柠檬酸、香料、着色剂等。

2. 仪器设备

熬糖锅、操作台、模具、台秤、糖度计、干燥箱等。

三、实验内容

1. 工艺流程:

溶糖→熬糖→成型→干燥→整理与包装

2. 配方

(1) 淀粉软糖:砂糖 435g、淀粉糖浆 435g、变性淀粉 124.3g、柠檬酸 5g、香料 0.6mL、着色剂 0.1g。

(2) 琼脂软糖:砂糖 694g、淀粉糖浆 278g、琼脂 24.7g、柠檬酸 1.7g、香料 1.5mL、着色剂 0.1g。

(3) 明胶软糖:砂糖 337g、淀粉糖浆 589g、干明胶 67.4g、柠檬酸 5.9g、香料 0.6mL、着色剂 0.1g。

3. 操作要点

(1) 淀粉软糖

① 熬糖:将变性淀粉放入容器内,加入相当于干变性淀粉 8~10 倍的水,将变性淀粉调成变性淀粉浆。将砂糖和淀粉糖浆置于带有搅拌器的熬糖锅内加热熬煮。当浓度达到 72% 即可停止。

② 浇模成型:先用淀粉制成模型,制模型用的淀粉水分含量为 5%~8%,温度保持在 37~49℃,当物料熬制浓度为 72% 以上时,加入色素、香精和调料。温度为 90~93℃,然后浇模成型,浇模浓度为 82%~93%。

③ 干燥:除去浇模成型的淀粉软糖含有的部分水分,在干燥过程中,干燥温度 40℃,时间 48~72h,粉末内的水分不断蒸发和扩散,软糖表面的水分转移到粉模内,软糖内部的水分不断向表面转移。同时,软糖内约有 22% 的蔗糖水解生成了还原糖。

④ 拌砂:将已干燥 24h 的软糖取出后消除表面的余粉,拌砂糖颗粒。拌砂后的软糖再经干燥,脱去多余的水分和拌砂过程中带来的水汽,以防止糖粒的粘连。最终水分不超过 8%,还原糖含量为 30%~40%。

(2) 琼脂软糖

① 浸泡琼脂:用 20 倍于琼脂质量的冷水浸泡琼脂,为加快溶化,可加热至 85~90℃,溶化后过滤。

② 熬糖:先将砂糖加水溶化,加入已溶化的琼脂,控制熬煮温度,在 105~

106℃之间，避免高温长时间熬煮破坏琼胶的凝胶能力，加入淀粉糖浆。浇模成型的软糖出锅浓度在78%～79%，切块成型的淀粉糖浆用量可以略低些。

③ 调和：在熬煮后的糖浆中加入色素和香料，当糖液温度降至76℃以下时加入柠檬酸。为了保护琼脂不受酸的影响，在加酸前加入相当于加酸量1/5的柠檬酸钠作为缓冲剂。琼脂软糖的酸度可以控制在pH 4.5～5.0为宜。

④ 成型：包括切块成型和浇模成型。在切块成型之前，需将糖液倒在冷却台上凝结，凝结时间为0.5～1h，而后切块。对于浇模成型，粉模温度应保持在32～35℃，糖浆温度不低于65℃，浇注后需经3h以上的凝结时间，凝结温度应保持在38℃左右。

⑤ 干燥和包装：成型后的琼脂软糖，还需干燥以脱除部分水分。温度不宜过高，速度不宜太快，否则会使糖粒表面结皮，糖内水分不易挥发，而影响糖的外形，温度以26～43℃为宜。干燥后的琼脂软糖水分应不超过20%。为了防霉，对琼脂软糖必须严密包装。

（3）明胶软糖

① 熬糖：用相当于白砂糖量30%的水溶化白砂糖、淀粉糖浆，并用80目筛过滤。再一起熬煮加热至115～120℃，将以上糖液冷却至80℃左右，即可将制备好的明胶溶液加入并混合均匀，并依次加入预先制备好的果泥、果酱、酸液、色素和香精等配料，混合均匀。因为明胶受热极易分解，特别在酸碱存在的情况下更为严重，而淀粉糖浆和转化糖浆都含有一定的酸度，pH在4.5～5.0之间，所以放在一起加热，会破坏明胶分子。

② 静置：因为明胶与糖浆混合后，糖浆的黏度会增加，从而阻碍混合液中水汽的散发，所以，混合后需要静置，让气泡聚集到表层，直到混合糖液澄清为止。然后将配制好的糖浆混合液用软糖注模成型机注入淀粉模盘，料液温度为70～80℃。

③ 干燥：为了防止明胶胶体受热而被破坏，一般采用两种方法干燥明胶糖：一种是提高糖浆浓度，成型后不再干燥；另一种是成型后还需要在低温下干燥。干燥温度低于40℃，明胶软糖成品的含水量为15%左右。将模盘在40℃条件下干燥24～48h，直至达到所需要的稠度与软硬度。糖粒自粉模中取出后，清除表面粉尘，在拌锅内拌砂或在表面喷涂专用的油状涂布剂，稍经干燥后即可进行整理包装。

4. 成品评价

（1）感官要求：符合表7-1中的规定。

表 7-1 感官要求

项目		要求
色泽		符合品种应有的色泽
形态		块形完整，大小基本一致，无明显变形，无粘连
组织	植物胶型	略有弹性，有咀嚼性
	动物胶型	有弹性和咀嚼性，无皱皮
	淀粉型	口感韧性，略有咀嚼性；无淀粉裹筋现象。以淀粉为原料的，表面可有少量均匀熟淀粉，具有弹性和韧性
滋味气味		符合品种应有的滋味及气味，无异味
杂质		无正常视力可见杂质

（2）理化指标：应符合表 7-2 的规定。

表 7-2 理化指标

项目		指标		
		植物胶型	动物胶型	淀粉型
干燥失重／（g/100g）	≤	18.0	20.0	18.0
还原糖（以葡萄糖计）／（g/100g）	≥		10.0	

（3）评价方法：按照 SB/T 10021—2017《糖果 凝胶糖果》评价。

四、思考与讨论

① 淀粉软糖、琼脂软糖、胶软糖之间有何区别？

② 凝胶软糖熬糖过程应注意什么？

③ 凝胶糖果在工业化生产中采用什么设备？

五、参考文献

[1] SB/T 10021—2017 糖果 凝胶糖果.

[2] 李书国. 新型糖果加工工艺与配方. 北京：科学技术文献出版社，2002.

[3] 蔡云升，张文治. 新版糖果巧克力配方. 北京：中国轻工业出版社，2002.

六、数字资源

视频：爱课程/食品技术原理/14-1/媒体素材/凝胶糖果.

（李文钊）

实验3 焦香糖果的制作

一、实验原理与目的

焦香糖果的主要组成是多种糖类，以水为分散介质形成分子分散态的连续相，盐类呈分子或离子分散态。焦香糖果含有的乳固体和糖液组成相互吸附的多相体系，蛋白质在体系内呈胶体分散态。焦香糖果含有的脂肪以细小的球滴分散在整个体系内。在乳化剂的作用下，形成稳定的高度分散的乳浊状态。焦香糖果分为胶质型和返砂型两种。胶质型糖果胶体和还原糖含量较多，抑制结晶的形成。返砂型产品胶体和还原糖含量较少，在生产中加以强烈搅拌或添加晶种，促进返砂。本实验要求掌握焦香糖果的加工工艺流程和操作要点，理解抑制糖结晶和促进返砂的机理。

二、实验材料和仪器设备

1. 实验材料

砂糖、乳粉、淀粉糖浆、氢化棕榈油、无水乳油、食盐、明胶、香精等。

2. 仪器设备

熬糖锅、打蛋机、刮刀、台秤、温度计、控温电炉。

三、实验内容

1. 工艺流程

（1）胶质型焦香糖果

（2）返砂型焦香糖果

冷却 →成品

2. 参考配方

参考配方见表 7-3。

表 7-3 参考配方

物料名称	含量/%	
	胶质型	返砂型
蔗糖	35～40	55～60
淀粉糖浆固形物	30～35	15～20
全脂乳粉	15～30	15～30
氢化棕榈油	15～20	5～10
无水乳油	5～10	1～3
食盐	0.2～0.3	0.2～0.3
明胶	1.5～2.0	
香精	适量	适量

3. 操作要点

（1）物料准备：使用 60℃ 热水溶解乳粉至乳固体为 40％ 的再制乳。选用凝胶强度 12°E 以上的明胶，用 20℃ 左右的温水浸泡，用水量为明胶的 2.5 倍，浸泡时间 2h。稍微加热搅拌，冷却待用。

（2）熬煮：熬煮使物料充分溶解，混合，蒸发掉多余的水分，使奶糖具有焦香味。胶质奶糖的熬糖温度为 125～130℃；熬糖时间 30～40min。砂质型奶糖的熬糖温度掌握在 130℃，熬糖时间 30～40min。在 125～130℃ 投放再制乳和无水乳油，待熬煮温度回升至所要求的温度，糖体软硬适度时即可出锅。

（3）混合：将熬好的糖体置于打蛋锅内，放入已溶化的明胶，开始慢转搅打，以防糖浆溅溢，待糖浆稍冷黏度增大后，再快转搅打并加入香精。

（4）自然冷却至 70℃，手工拉伸至圆柱形，切断成粒，自然冷却至室温，即得成品。

（5）砂质型乳糖的砂质化

① 控制还原糖含量，在打蛋机内通过强烈搅拌使蔗糖重新结晶。

② 制成晶糖基：晶糖基是砂糖晶体和糖浆的混合物。结晶相占 50%～60%，糖浆相占 50%～40%。结晶相中的晶核很小，在 5～30μm 之间，多在 10μm 以下，可产生细腻的口感。

③ 晶糖基的配方是蔗糖 80%～90%，淀粉糖浆 20%～10%，溶化后熬至 118℃，然后冷却至 60℃以下，在打蛋机内制成白色可塑体，冷却后成为固体。

④ 使用时，将熬好的糖膏冷却至 70℃以下，加入 20%～30%的晶糖基，搅拌混合，晶糖基在砂质型奶糖中起着晶核的诱晶作用，最终使制品形成细致的砂质结构。

4. 成品评价

（1）感官要求：应符合表 7-4 的规定。

表 7-4　焦香糖果的感官要求

项目		要求
色泽		符合品种应有的色泽
形态		块型完整，边缘整齐，大小基本一致
组织	胶质型	口感细腻，有韧性和咀嚼性
	砂质型	糖体组织紧密，口感细腻，不粘牙
滋味气味		符合品种应有的滋味气味，无异味
杂质		无正常视力可见杂质

（2）理化指标：应符合表 7-5 的规定。

表 7-5　焦香糖果的理化指标

项目		指标	
		胶质型	砂质型
干燥失重/（g/100g）	≤	9.0	
还原糖（以葡萄糖计）/（g/100g）	≥	8.0	2.0
脂肪/（g/100g）	≥	3.0	
蛋白质/（g/100g）	≥	1.5	

（3）评价方法：按照 SB/T 10020—2017《糖果 焦香糖果（太妃糖果）》评价。

四、思考与讨论

① 在焦香糖果物料体系之中，各组分各发挥什么作用，相互之间有何交联反应？

② 砂质型糖果的制作，采用什么方法促进结晶的形成，如何控制晶体的大小？

③ 在工业化生产中，制造焦香糖果采用什么设备？

五、参考文献

［1］SB/T 10020—2017. 糖果 焦香糖果（太妃糖果）.

［2］赵晋府. 食品工艺学. 北京：中国轻工业出版社，2000.

［3］Bernard Minified. Chocolate，Cocoa and Confectionery：Science and Technology，Spriger，2012.

六、数字资源

视频：爱课程/食品技术原理/14-1/媒体素材/焦香乳脂糖果.

（李文钊）

实验 4　牛轧糖充气糖果的制作

一、实验原理和目的

牛轧糖为中度充气糖果，充气程度略低，几乎也能漂浮在水中，糖体结构比较紧密。通常是以卵蛋白作为发泡剂，常常依靠提高温度和降低含水量使糖体坚定而提高稳定性和松脆性。此外增加砂糖含量或添加微结晶糖，使其产生微晶体结构，即所谓砂性的组织结构，也可以改善口感，提高松软性而不粘牙，并能增进糖体的稳定性。本实验要求理解牛轧糖的加工原理，掌握牛轧糖的工艺流程、加工工艺特点、基本要求和主要设备以及影响工艺效果的主要因素。

二、实验材料和仪器设备

1. 实验材料

白砂糖、麦芽糖浆、鸡蛋、奶粉。

2. 仪器设备

煮锅、天平、打蛋器。

三、实验内容

1. 工艺流程

$$蛋白液 \rightarrow 打发$$

$$\downarrow$$

原料 → 熬煮 → 冷却 → 冲浆 → 混合 → 搅拌 → 冷却 → 切割 → 成品

2. 工艺要点

（1）熬煮：将白砂糖 200g 和麦芽糖浆 200g 混合，倒入锅中小火熬制。温度上升至 120℃时，开始慢慢搅拌，20～25min 后温度上升至 140℃。

（2）蛋清液打发：待糖浆快熬好时，将蛋清打入盆中，用打蛋器用力搅打至硬性发泡，呈直挺的尖状，停止搅打。

（3）冷却、冲浆：刚出锅的糖浆温度较高，如果立即将其倒入已打至硬性的发泡剂中，发泡剂则会因为糖浆温度过高而变性，丧失发泡性，因此温度要控制在 135℃左右。这样既能防止发泡剂变性，又能保证糖体较好的流动性。

（4）混合、搅拌：将冷却好的糖浆慢慢倒入发泡剂中，同时继续搅打至发泡剂非常黏稠，几乎搅不动时，倒入奶粉 80g，搅拌均匀，直至整体感觉比较干、不粘手。

（5）冷却：将糖块充分冷却。

（6）切割、成品：冷却后的糖果切割成小块，即得牛轧糖充气糖果。

3. 产品评价

（1）感官要求：符合应有的色泽，块形完整，大小基本一致，中度充气型糖果内部气泡均匀，软硬适中，有咀嚼性，符合应有的滋味和气味，无异味，无正常视力可见杂质。

（2）理化指标：干燥失重≤9.0g/100g，还原糖（以葡萄糖计）≥10.0g/100g，脂肪≥1.5g/100g

（3）评价方法：按照 SB/T 10104—2017《糖果 充气糖果》进行评价。

四、思考与讨论

① 简述充气糖果加工的工艺流程。

② 简述各工序中影响充气糖果风味的主要因素。

③ 充气糖果的工业生产设备主要有哪些？

五、参考文献

［1］SB/T 10104—2017. 糖果　充气糖果.

［2］古明亮. 雪花酥专用软牛轧糖生产工艺研究. 粮食与食品工业，2022，29（02）：33-36.

［3］詹源菲，谢小红，农双宁，等. 双杏低糖牛轧糖的制作工艺研究. 现代食品，2022，28（01）：74-79.

［4］孙永杰. 红参牛轧糖的研制. 江苏调味副食品，2015（03）：12-15.

［5］赵发基. 充气与充气糖（1）. 食品工业，2010，31（03）：64-66.

（胡爱军）

实验 5　代可可脂巧克力的制作

一、实验原理与目的

代可可脂是由植物油经选择性氢化制得的专用硬脂，具有与可可脂相似的熔点、硬度、脆性、收缩性以及涂布性。代可可脂在固体脂肪指数、冷却曲线、口溶性和风味方面与可可脂存在差异，因而在配方中加入部分可可脂，予以调整。代可可脂缺少可可脂的多晶型特性，不需调温处理而能简化生产。通过本实验理解代可可脂巧克力生产的基本原理，掌握代可可脂巧克力的生产工艺和其品质的评定方法。

二、实验材料和仪器设备

1. 实验材料
可可脂、代可可脂、磷脂、乳粉、蔗糖粉、麦精粉等。

2. 仪器设备
粉碎机、混料罐、精磨（胶体磨）、辊式研磨机、调温水浴锅、巧克力模、操作台、冷藏箱等。

三、实验内容

1. 工艺流程
原料→混合→精磨→精炼→注模→振模→冷却→脱模→挑选→包装→成品

2. 参考配方

可可脂 50g、代可可脂 220g、磷脂 5g、蔗糖粉 435g、乳粉 130g、麦精粉 40g。

3. 操作要点

(1) 可可脂、代可可脂在水浴中溶化，40℃保温；蔗糖粉过筛，筛孔为0.6～0.8mm。

(2) 原料均投入混料罐中混合均匀，40℃保温。

(3) 精磨：采用胶体磨进行精磨，温度控制在 40～42℃，要求大部分物料粒度控制在 15～30μm 以下。

(4) 精炼：采用辊式研磨机完成，控制温度 45～60℃，时间 24～72h。

(5) 振模：将巧克力浆注入模板后，立即振动模具，振动频率 1000 次/min，振幅 5mm，1～2min。

(6) 冷却、脱模：置于 8℃冷却室冷却 25～30min 后，脱模。

4. 成品评价

(1) 感官要求：具有该产品应有的形态、色泽、组织、香味和滋味，无异味，无正常视力可见的外来杂质。

(2) 理化指标：非脂可可固形物（以干物质计）≥4.5%，总乳固形物（以干物质计）≥12%，干燥失重≤1.5%，细度≤35μm。

(3) 评价方法：按照 GB/T 19343—2016《巧克力及巧克力制品、代可可脂巧克力及代可可脂巧克力制品》评价。

四、思考与讨论

① 巧克力物系的基本组成包括哪些？
② 代可可脂巧克力在制作工艺及其品质上有哪些特点？
③ 巧克力物料精炼的目的是什么？
④ 调温起何作用，如何控制调温工艺？

五、参考文献

[1] GB/T 19343—2016 巧克力及巧克力制品、代可可脂巧克力及代可可脂巧克力制品.

[2] 蔡云升，张文治. 新版糖果巧克力配方，北京：中国轻工业出版社，2000.

［3］魏强华，高荫榆，何小立．巧克力的调温工艺及其发展．粮食与油脂．2003，（1）：16-17.

六、数字资源

视频：爱课程/食品技术原理/14-1/媒体素材/巧克力．

（李文钊）

第八章

调味品和副食品工艺实验

实验1　低盐固态酱油的制作

一、实验原理和目的

酱油是我国的传统调味品，是以大豆和小麦为主要原料，经过微生物酶解作用，发酵生成有机酸、醇、还原糖、氨基酸等，并以这些物质为基础再经过复杂的生物化学变化，形成的具有特殊色泽、香气、滋味和体态的调味液。本实验要求理解酱油制作过程中的微生物培养、酶的产生和利用以及其他生化反应的机理，掌握酱油基本的制作技术及主要成分的分析方法。

二、实验材料和仪器设备

1. 实验材料

豆粕（食品级，蛋白质含量45％左右）、麸皮、种曲、饮用水、食盐、分析常用的药品等。

2. 仪器设备

混料盘（盆）、曲盒（竹制或木制）、不锈钢罐（1500mL）、高压灭菌锅、电热鼓风干燥箱、恒温恒湿培养箱、分光光度计、酸度计、离心机、天平、电炉等。

三、实验内容

1. 工艺流程

曲精
↓
原料处理 → 混合 → 润水 → 高压蒸煮 → 冷却 → 大曲制作 → 接种 → 大曲培养 → 翻曲控制 → 成曲 → 酱醅制作 → 控温发酵 → 成品加工 → 酱醅浸出 → 灭菌 → 成品勾兑 → 沉淀过滤 → 包装

2. 操作要点

（1）原料配比：豆粕：麦麸为 6∶4，原料加水比为 1∶1.2。称取豆粕 1200g、麦麸 800g，加水 2400mL。

（2）润水：豆粕加入 70～80℃热水拌匀，焖 25min 后加麦麸充分拌匀后再焖 15min。

（3）高压蒸煮、冷却：装入布袋后放入高压锅内，升温加压蒸煮，充分排气，压力升至 0.1MPa（视料的多少待定）保持 35min，自然降压。取出后装于不锈钢罐中冷却。熟料要求香气纯正，呈浅黄色，疏松不粘手。水分控制在 48%～50%。

（4）接种曲精：待熟料冷却至 30～32℃（冬季 35℃），以投料量的 1% 的麦麸先干蒸消毒后冷却至 35℃ 以下，按原料的 0.03% 的比例加入酱油曲精，将酱油曲精与麸皮充分拌匀，而后迅速接入冷却的熟料中搅拌均匀，装盒呈堆积状，在料的中部插一支温度计（因涉及制曲的质量，此道工序必须严密快速）用蒸煮后的布袋覆盖，入恒温恒湿培养箱 30℃ 培养。

（5）大曲培养：堆积保温使酱油米曲霉孢子快速发芽，当 4～6h 后料温开始呈逐渐升高的趋势，待品温升至 36℃ 时进行第 1 次翻曲，即将匾中曲料搓散，散热，继续摊平培养 6h 后，进行第 2 次翻曲，至曲料接近干燥。有黄色孢子包裹物料时，成曲培养成功时将曲料摊平，其厚度为 4～5cm（此时要注意保潮，环境相对湿度最好在 85% 以上）继续培养，记录每小时的温度变化。

（6）翻曲控制：当培养至 12h 左右，曲料上生出许多小白点且品温已达 36℃ 时，进行第 1 次翻曲，即将盒中曲料搓散（以达到散热和均匀的目的），继续摊平培养，每半小时记录 1 次品温变化，控制物料温度在 36℃ 以下，湿度 85% 以上，温度高时，采取敞门或调换曲盒的位置以达到及时降温的目的；待 6h 后，进行第 2 次翻曲，操作和管理与第 1 次翻曲等同。直至曲料表面明显出现裂痕、曲料疏松、菌丝密集、曲料呈黄绿色时培养结束。分析成曲蛋白酶活力，每克（干基）不得低于 1200U（福林法）。

（7）酱醅制作：在成曲中加入 12°Bé 左右、50℃ 的热盐水，加入量占原料总量的 65% 左右，最终以酱醅含水量 52%～53%、食盐含量 7% 为宜。

将翻拌均匀的醅料装入 2L 的不锈钢罐中，然后在醅料表面加盖两层保鲜膜，其边缘缝隙压盖一些食盐（以防止氧化和细菌的侵入），放入恒温箱中密闭发酵。

（8）控温发酵：在恒温箱中（43±1）℃ 密闭发酵，充分发挥酱油曲霉中的蛋白酶及肽酶的作用，同时逐步增强淀粉糖化酶、纤维素酶、果胶酶等的作用。待发酵 15d 时倒罐一次（或充分搅拌均匀），然后盖好保鲜膜与封口盐，放入 46℃ 恒温箱中继续发酵 7d，补加浓盐水，均匀倒入上层，同时放入 30℃ 恒温箱中，再经 8d 酱醅成熟。

（9）酱醅浸出：采用三套循环淋油法。将水加热至 70～80℃（或用二油代替），注入成熟酱醅中，加入数量一般为豆料用量的 5 倍。温度保持在 55～60℃ 浸泡 20h，滤出头油。向头渣中加入 80～85℃ 的热水（或用三油代替），浸泡 8～12h 滤出二油。再用热水浸泡酱渣 2h 滤出三油。二油、三油用于下一批的浸醅提油。

（10）灭菌、成品勾兑：将滤出的油加热至 65～70℃ 维持 30min，并按照国家标准或根据不同需要进行配制。主要控制产品的全氮、氨基酸、无盐固形物等理化指标。

计算公式：

$$氨基酸生成率＝氨基酸态氮/全氮×100\%$$

酱油配制公式：

$$a_1/b_1＝(c-b)/(a-c)$$

式中　a——高于酱油等级标准的酱油质量，g/100mL；

　　　b——低于酱油等级标准的酱油质量，g/100mL；

　　　a_1——高于酱油等级标准的酱油数量；

　　　b_1——低于酱油等级标准的酱油数量；

　　　c——标准酱油的质量，g/100mL。

计算时酱油质量指标的选择依据是：当酱油的氨基酸生成率低于或等于 50% 时选择氨基酸态氮的指标来进行计算；当酱油的氨基酸生成率高于 50% 时则选择全氮指标来计算。

（11）沉淀过滤：将经过加热杀菌及配兑合格的酱油成品进行静置澄清，其时间一般应不少于 7d。对澄清后的酱油进行分析、包装。

3. 成品评价

（1）感官要求：呈鲜艳的深红褐色，有光泽，酱香浓郁，无不良气味，滋味鲜美醇厚，咸味适口，体态澄清。

（2）理化指标：可溶性无盐固形物 ≥20.00g/100mL，全氮（以氮计）≥1.60g/100mL，氨基酸态氮（以氮计）≥0.80g/100mL。

（3）评价方法：按照 GB/T 18186—2000《酿造酱油》进行评价。

四、思考与讨论

① 在酱油制作过程中，米曲霉的作用是什么？

② 低盐固态酿造酱油工艺的特点是什么？

③ 我国的酱油标准分几级？不同等级酱油的区别是什么？

五、参考文献

[1] GB/T 18186—2000. 酿造酱油.

[2] 上海酿造科学研究所. 发酵调味品生产技术修订版. 北京：中国轻工业出版社，2007.

六、数字资源

视频：爱课程/食品技术原理/5-1/媒体素材/酱油.

（王春玲）

实验 2　米醋的制作

一、实验原理和目的

大米中的淀粉在酒曲中糖化酶的作用下水解为可发酵性糖，在无氧条件下，其中的酵母经过 EMP 途径将可发酵性糖变成酒精（酒精发酵），进而在醋酸菌氧化酶的作用下生成醋酸（醋酸发酵）。本实验要求了解食醋酿造原理，掌握制作米醋的操作技术。

二、实验材料和仪器设备

1. 实验材料

大米（或淀粉）、酒药、麸皮、谷糠、醋酸种子液（或发酵中期的新鲜醋醅）、饮用水、食盐、分析常用的药品等。

2. 仪器设备

混料盘、不锈钢罐、高压灭菌锅、电热鼓风干燥箱、恒温培养箱、糖度计、分光光度计、酒精计、pH 计、离心机、天平、电炉、竹筐等。

三、实验内容

1. 工艺流程

　　　　　　清水+酒药
　　　　　　　　↓
原料处理 → 浸泡 → 蒸煮 → 二次蒸煮 → 发酵控制 → 糖化发酵 → 酒精发酵 →
醋酸发酵 → 加盐后熟 → 成品加工 → 淋醋 → 配制 → 包装与灭菌 → 成品

2. 操作要点

（1）大米浸泡：称取大米 500g 置于不锈钢罐或临时容器中，加水，控制水层比米层高出 4～5cm。在 20～25℃条件下，浸渍 8～10h。

（2）蒸煮：将泡好的大米捞起放在一个铺过两层纱布的小筐内，置于高压锅中以 0.06kPa 保持 5～6min，降压后取出，向米饭层中淋入适量清水，再于 0.06kPa 下保持 10min；取出后观察到米粒膨胀发亮、松散柔软、嚼不粘牙即已熟透，此时再向其中加入清水冲饭降温；待水分沥干后，倒出并摊铺在消毒后的混料盘上冷却备用。

（3）糖化发酵：在冷却至 33℃的米饭中加入 20g 粉碎的酒药，翻拌均匀后装入容积为 3000mL 的无菌不锈钢罐中，于不锈钢罐壁与底的接合处围成一圈（底部中间空出）并在料中插一支温度计，于 28℃恒温培养。经 12h，曲中微生物逐渐繁殖起来再将料平铺于罐的底部，此后要注意观察，采取翻拌的方式控制品温不超过 40℃。此时可以关闭保温箱的加热功能，24h 后达到生长高峰，36h 后糖液逐渐渗出，色泽金黄，甜而微酸，可闻到轻微的酒香。这说明糖化基本完全，酒化已经开始，测糖的含量并记录。

（4）酒精发酵：在入罐后的发酵过程中，酒化与糖化伴随进行，前期以糖化为主，后期则以酒精发酵为主。在糖化基本结束后加入 2500mL 清水（水温为 20～25℃），用粗玻璃棒搅拌均匀后继续于 28℃下密闭发酵（即用塑料膜封口），注意品温不超过 38℃。温度升高时须搅拌，并关闭保温箱的加热功能（基本上每天搅拌一次）。搅拌后迅速封好，2d 后开始每天测其酒精含量。3～4d 温升速度渐慢，酒精度不再增加时，酒精发酵结束，此时酒精度应达 7％左右。

（5）醋酸发酵：称取 200g 干麸皮、300g 谷糠（或稻壳）加入成熟的事先加入 25mL 醋酸菌种子液的酒醪中，翻拌均匀，然后罐口罩一层纱布再于 28℃下继续发酵，控制品温不超过 35℃。一周以后醋酸发酵已达旺盛期，这时应每天将底部的潮醅翻上来，表面的热醅翻下去，要见底，在这期间由于醋醅中的酒精含量越来越低，而醋酸的含量越来越高，品温会逐渐下降，此时应及时检测酸度，待醋醅的酸度达最高值时，醋酸含量不但不再增加而且出现略有下降的趋势，表明醋酸发酵已经完成。

（6）加盐后熟：当酒精含量降到微量时，即可按主料的10％加粗盐以抑制醋酸过度氧化。然后再翻1～2d使其后熟，以增加色泽和香气。

（7）淋醋：把成熟的醋醅装入一个5L有下口带假底小罐内浸泡4～6h，泡透为止。所用方法是套淋法，即清水套三淋醋、三淋醋套二淋醋、二淋醋套头淋醋。起始时，将清水加入成熟醋醅后按工艺要求浸泡后淋出的醋为头醋，即成品醋。然后再向醋醅中加水，浸泡后淋出的就是二淋醋。依此类推。待到下一批次醋醅成熟后，就将上批的二淋醋加入浸泡后淋出头醋，再将上批的三淋醋加入醋醅中淋出二淋醋，这样不断循环操作叫"套淋"。

（8）配制、包装与杀菌：成品醋的配制依据GB 18187—2000《酿造食醋》，以总酸、可溶性无盐固形物2项指标进行调配，配好后进行灌装，以65℃、30min进行巴氏杀菌，冷却后即为成品。

3. 成品评价

（1）感官要求：琥珀色或红棕色，具有固态发酵食醋特有的香气，酸味柔和，回味绵长，无异味，体态澄清。

（2）理化指标：总酸（以乙酸计）≥3.50g/100mL，可溶性无盐固形物≥1.00g/100mL。

（3）评价方法：按照GB 18187—2000《酿造食醋》进行评价。

四、思考与讨论

① 食醋生产中最关键的发酵是哪些步骤？是哪些微生物在起作用？

② 在酒精发酵过程中，为什么采取密闭发酵？醋酸发酵时为什么罐口要罩一层纱布？

③ 食醋生产中加盐后熟的目的是什么？

④ 设计以酒精为原料的制醋工艺。

五、参考文献

［1］GB 18187—2000. 酿造食醋.

［2］徐清萍. 食醋生产技术. 北京：化学工业出版社，2008.

六、数字资源

视频：爱课程/食品技术原理/5-1/媒体素材/食醋酿造.

（王春玲）

实验 3 豆酱的酶法制作

一、实验原理和目的

豆酱以大豆或脱脂大豆为原料，辅以面粉。传统生产豆酱采用米曲霉菌种具有多种酶系，如蛋白酶系有碱性、中性、酸性蛋白酶，使蛋白质降解成可溶的胨、肽等。但从蛋白质分解到氨基酸，还必须依靠氨基肽酶和羧基肽酶把多肽分解成氨基酸。谷氨酰胺酶把蛋白质中间产物谷氨酰胺转化成谷氨酸。糖化酶系有 α-淀粉酶，降解淀粉为糖，再经糖化酶把多糖分解成双糖及单糖。植物组织分解酶系，如果胶酶分解植物组织纤维素和半纤维素之间的果胶，有利于各种酶的分解转化。米曲霉和黑曲霉基本上都具有上述各种酶系。米曲霉以蛋白酶系为主兼有糖化酶系；黑曲霉以糖化酶系为主，其中 AS3.350 黑曲霉还具有很强的酸性蛋白酶活性。要使豆酱风味等符合传统酿造工艺，必须使用包括酸性蛋白酶和中性蛋白酶的复合酶制剂。应用酶制剂生产豆酱可省去种曲培养及制造大曲等工序，缩短工艺流程，提高得率。本实验要求理解酶制剂的作用原理和豆酱酶法制作的方法。

二、实验材料和仪器设备

1. 实验材料
大豆片或脱脂大豆、面粉、复合酶制剂、盐、水。
2. 仪器设备
高压锅、发酵罐、搅拌器、恒温培养箱、台秤、温度计。

三、实验内容

1. 工艺流程

                          水、盐、复合酶制剂
                                ↓
  面粉 → 拌水 → 蒸煮 → 冷却 → 拌和 → 下罐 → 前发酵 → 后发酵 → 成品
大豆片（或脱脂大豆）→ 润水 → 蒸煮 → 冷却

2. 参考配方

大豆片与面粉的配比为 2∶1。若以中性蛋白酶为代表的酶制剂 4000U/g 和酸性蛋白酶为代表的酶制剂 3×10^4 U/g 计算，每 1000g 原料需用中性蛋白酶的酶制剂 8.8g，酸性蛋白酶的酶制剂 3.4g，混合的复合酶制剂为 12.22g，可生产豆酱 3000g。

3. 操作要点

(1) 大豆蒸煮：大豆片或脱脂大豆加水比例为 1∶1.2；加入 70~80℃ 热水搅拌均匀，保持 25min，装入布袋后放入高压锅内，升温加压蒸煮，充分排气，压力升至 0.1MPa，保持 35min，自然降压。取出后装于不锈钢罐中搅拌冷却。熟料要求香气纯正，呈浅黄色，疏松不粘手。水分控制在 48%~50%。

(2) 面粉蒸煮：面粉拌水量为面粉的 28%~30%，常压蒸熟成面糕。

(3) 冷却：将蒸熟的大豆片与面糕经搅拌器打碎，冷却至 50℃ 以下，物料与 13°Bé 盐水以 10∶8 的比例混合，与复合酶制剂充分拌匀入发酵罐。

(4) 发酵：将发酵罐置于恒温培养箱内，前发酵 40~50℃，14d 左右；后发酵 50~55℃，6d 左右。发酵期间隔天搅拌 1 次。酱醪含盐量 12% 以上。

4. 异常工艺条件

(1) 改变中性蛋白酶和酸性蛋白酶的比例。

(2) 改变培养温度和时间。

5. 成品评价

(1) 感官要求：红褐色或棕褐色，鲜艳，有光泽；香气有酱香和酯香，无不良气味；味鲜醇厚，咸甜适口，无酸、苦、涩、焦煳及其他异味；稀稠适度，无杂质。

(2) 理化指标：水分≤65%，氨基酸态氮≥0.5%。

(3) 评价方法：按照 GB/T 24399—2009《黄豆酱》进行评价。

四、思考与讨论

① 讨论酶制剂对于制造豆酱的作用机理和影响因素。

② 复合酶制剂中为什么没有碱性蛋白酶？

③ 配料中面粉对于豆酱质量有何影响？

④ 大豆片和面粉的蒸熟对于豆酱发酵过程有何影响？

⑤ 如果采用工业化酶法制造豆酱，需要选择什么工艺流程和设备？

五、参考文献

［1］GB/T 24399—2009. 黄豆酱.

［2］林祖申. 酶制剂在酿造调味品行业的应用与发展前景. 中国酿造, 2006，(10)：5-8.

六、数字资源

视频：爱课程/食品技术原理/5-1/媒体素材/豆瓣酱加工技术.

（程代）

实验 4　甜面酱的制作

一、实验原理和目的

甜面酱是以面粉为原料，在霉菌多种酶的复合作用下制成的调味品。甜面酱生产大部分采用低盐固态发酵工艺，自然保温发酵。商品发酵剂采用蛋白酶活力和糖化酶活力较高的米曲霉和黑曲霉孢子为主体，按（4~5）：1 的比例复配而成。使用发酵剂发酵经过熟化的面粉，扩增酶系。在水解过程中，霉菌的蛋白酶水解面粉的蛋白质成为呈现香味的氨基酸。糖化酶水解淀粉成为具有还原性的糖类，氨基酸与还原糖发生美拉德反应，赋予甜面酱特有的色泽和风味。本实验要求理解甜面酱的制作原理，掌握甜面酱的加工方法。

二、实验材料和仪器设备

1. 实验材料
面粉、发酵剂、盐、水。

2. 仪器设备
蒸锅、发酵罐、搅拌器、钢磨、恒温培养箱、台秤、温度计。

三、实验内容

1. 工艺流程

面粉与水拌和→蒸熟→冷却→接种→制曲→面曲入罐发酵→成熟酱醅→磨酱→杀菌→灌装密封→成品

2. 参考配方

（1）制曲阶段：以 1000g 面粉为基准，加入发酵剂 3g，加水 300～400mL。

（2）发酵阶段：以 1000g 成曲为基准，加入 13°Bé 盐水 800～850mL。

3. 操作要点

（1）面粉蒸熟：将面粉与水充分拌和，送入常压蒸锅中蒸料 40～60min，蒸熟完成的标准以熟面块呈玉白色、嚼时不粘牙，而稍有甜味为宜。

（2）接种：将蒸熟的面粉冷却至 40℃。发酵剂接种量为面粉的 0.3%。发酵剂与面粉按 1∶10 的配比混匀分散，然后与熟化的面粉拌和均匀成为曲料。

（3）制曲：将曲料疏松平整地装入曲盒，料层厚 25cm，然后立即通风，静置培养 6h 左右，开始间断输入循环风。当曲料结块，料呈白色时，立即输入冷风，翻曲 1 次，再经 8h 左右通风培养，曲料第 2 次结块，再进行 1 次翻曲。当曲料颜色逐渐变黄时，应连续输入循环风，经 18h 左右后，孢子由黄变绿，曲料结成松软的块状，即为成面曲。整个过程中必须保证曲料温度始终控制在 30～35℃。正常的面曲断面应呈白色松散的粉状，质地轻而松脆，清香，口尝有甜味。

（4）面曲入罐发酵：将成曲（面糕曲）倒入保温罐，加入温度为 45℃，14°Bé 的盐水，盐水加入量为面糕的 85%，品温维持在 53～55℃，持续 15d 左右成酱醅，注意每天搅拌 2 次。

（5）磨酱、灭菌：使用钢磨磨细发酵成熟的酱醅（或再过筛），并以蒸汽加热灭菌，即为成品。必要时对干稀进行调节。

4. 成品评价

（1）感官要求：呈黄褐色或红褐色，有光泽；有酱香和酯香，无不良气味；甜咸适口，味鲜醇厚，无酸、苦、焦煳及其他异味；体态黏稠适度，无杂质。

（2）理化指标：水分≤55.00g/100g，还原糖（以葡萄糖计）≥20.00g/100g，食盐含量（以 NaCl 计）≥7g/100g，氨基酸态氮（以氮计）≥0.3g/100g。

（3）评价方法：按照 SB/T 10296—2009《甜面酱》进行评价。

四、思考与讨论

① 分析水分、制曲时间、制曲温度对面糕曲质量的影响。

② 分析原料处理对甜面酱质量的影响。

③ 在实验室条件下如何实现发酵过程的保温和通风？

④ 如何解决甜面酱出现再发酵问题？

五、参考文献

［1］SB/T 10296—2009. 甜面酱.

［2］上海酿造科学研究所. 发酵调味品生产技术修订版. 北京：中国轻工业出版社，2007.

六、数字资源

视频：爱课程/食品技术原理/5-1/媒体素材/甜面酱加工工艺.

（程代）

实验5 腐乳的制作

一、实验原理和目的

腐乳是我国独特的大豆发酵食品。民间传统法生产腐乳均为自然发酵，现代酿造多采用蛋白酶活性高的鲁氏毛霉或根霉发酵法，采用细菌发酵的只有东北的克东腐乳。在豆腐坯上接种毛霉，经过培养繁殖，分泌蛋白酶、淀粉酶、谷氨酰胺酶等多种酶系，在长时间后发酵中与淹坯调料中的酵母、细菌等协同作用，使腐乳坯蛋白质缓慢水解，生成多种氨基酸，加之由微生物代谢产生的各种有机酸，与醇类作用生成酯，形成细腻、鲜香等腐乳特色。本实验要求掌握腐乳发酵的工艺过程，观察腐乳发酵过程中的变化，加深对腐乳生产过程的认识。

二、实验材料和仪器设备

1. 实验材料

毛霉斜面菌种、马铃薯葡萄糖琼脂培养基（PDA）、无菌水、豆腐坯、面曲、甜酒酿、白酒、黄酒、食盐。

2. 仪器设备

250mL 种子瓶、搅拌棒、小刀、小型匀浆机、小笼格、喷雾器、恒湿恒温培养箱、小竹筐、四旋瓶、高压灭菌锅、天平。

三、实验内容

1. 工艺流程

$$\text{毛霉菌悬浮液} \qquad\qquad\qquad \text{汤料配制}$$

原料豆腐→制坯→毛霉菌前发酵→腌坯、控卤（沥干）→灌装密封→贮存后发酵→成品

2. 操作要点

（1）霉菌悬浮液制备：在 PDA 琼脂培养基上，于 25℃培养 2d 生长旺盛的毛霉种子瓶中，加入无菌水 100mL，将霉菌膜洗下用小型匀浆机打成均匀的液态状备用。

（2）原料处理：选取含水量为 71%～72% 原料豆腐，用刀切成 2.4cm×2.4cm×1.2cm 坯形。

（3）前发酵准备：将 40 块豆腐坯，竖立于事先消毒的有竹底的木框盒内，均匀排列；块间距为一块坯的厚度。

（4）接种：将已制备好的毛霉菌悬浮液用喷雾器均匀地喷洒接种到排列好的豆腐坯的前、后、左、右、上五个面上。

（5）菌丝培养及前发酵：将接菌后的豆坯置于（28±1）℃恒湿恒温培养箱中，培养 12～14h 后可以观察到生长的菌丝，到 22h 左右已布满豆坯，物料温度开始上升。这时可进行第 1 次翻笼，即调整上下层的位置，使品温相对平衡。培养 28h 以后，菌丝已大部分成熟长满白色的毛霉菌丛，此时笼内温度为 35～36℃以上，可进行第 2 次翻笼。32h 后，笼内温度再次升高时，可以将笼盒交错摆放，控制温度升高，使菌体老化。这个周期一般为 2d 左右。

（6）后发酵：经前发酵的毛坯先用手工将菌丝分开或抹倒，使毛坯块上形成一层衣皮。然后将毛坯逐渐拆开，并进行合拢，使块与块不相粘连。

（7）腌坯：先在竹筐底部撒一层盐，再将毛坯平放成圈地排列其中，注意圈间要紧靠。每放置一层后，用手压平全面，再撒一层盐，直至装满，加盐量为下少上多。然后于室温下边腌制边控卤，使腌坯收缩，大约 3d 后需放在 16% 的盐水中淹没坯面，待 2～3d 后取出沥干。

（8）红方的汤料配制：按红曲米 8g，面曲（即做面酱用的大曲）7g，甜酒酿 250g 的比例配制红方腐乳的汤料，先用甜酒酿浸泡红米和面曲 2d，研磨细，即为红方腐乳的汤料。

（9）装瓶后酵：将腌制沥干后的豆坯 20 块，装入经预先洗净消毒的四旋瓶

中，再将红方腐乳的汤料灌入瓶内，淹没腐乳，并加适量面盐和 50°白酒，加盖密封，在常温下贮藏 6 个月成熟。

3. 成品评价

(1) 感官要求：鲜红色或枣红色，断面呈杏黄色或酱红色；质地细腻；咸淡适口，无异味；块形整齐，无杂质；有豆腐乳独特的香味。

(2) 理化指标：水分≤72%，氨基态氮（以氮计）≥0.42g/100g，水溶性蛋白质≥3.20g/100g，食盐（以氯化钠计）≥6.5g/100g，总酸（以乳酸计）≤1.30g/100g。

(3) 评价方法：按照 SB/T 10170—2007《腐乳》进行评价。

四、思考与讨论

① 简述我国腐乳制品的主要分类及其生产过程的特点。

② 腐乳生产发酵原理是什么？

③ 腌坯时所用食盐含量对腐乳质量有何影响？

④ 主要有哪些影响豆腐乳产品质量的因素？如何提高腐乳的品质？

五、参考文献

[1] SB/T 10170—2007. 腐乳.

[2] 王瑞芝. 中国腐乳酿造. 2 版. 北京：中国轻工业出版社，2009.

[3] 汪建明，张燕，于水淼，等. 速熟腐乳生产中腐乳成分及微观结构的分析. 天津科技大学学报，2015，04：35-39.

六、数字资源

视频：爱课程/食品技术原理/9-5/媒体素材/腐乳加工技术.

（汪建明）

实验 6　霉菌型豆豉及纳豆的制作

一、实验原理和目的

从制作工艺上，豆豉分为霉菌型豆豉和细菌型豆豉，而日本风行的健康食品纳豆则是由纳豆芽孢杆菌发酵而成的。本实验制作霉菌型豆豉与纳豆，接种细菌的纳豆制作方法与豆豉的生产工艺极为相似，不同点主要是发酵后的工艺过程：豆豉需要再进行加盐后发酵，而纳豆则需要在发酵完成后再进行低温后熟。本实验要求理解霉菌型豆豉及纳豆的加工原理，掌握霉菌型豆豉及纳豆加工的工艺流程、加工工艺特点、基本要求和主要设备以及影响工艺效果的主要因素。

二、实验材料和仪器设备

1. 实验材料

大豆、盐、米曲霉菌株。

2. 仪器设备

恒温培养箱、超净工作台、灭菌锅、冰箱、台秤。

三、实验内容

1. 工艺流程

大豆→筛选→洗涤→浸泡→蒸煮→冷却→接种→制曲→洗曲→添加辅料（低温后熟）→后发酵→成品

2. 工艺要点

（1）大豆筛选、洗涤：挑选无虫蚀、无霉烂、新鲜完整饱满的豆粒 1kg，用水冲洗 3 遍，去除大豆表面的灰尘。

（2）大豆浸泡：加入 3 倍大豆体积 35℃的水，在洁净的容器内浸泡 4h，用洁净的盖子盖住容器。

（3）蒸煮：取浸泡过的大豆，用筛子沥干水分，置于 1L 烧杯内，用 3 层纱布盖住杯口，在高压灭菌器内 121℃处理 20min，冷却。

（4）米曲霉孢子悬浮液的制备：从保存的菌种斜面培养基中挑取少量纯种米曲霉孢子，接种于灭菌冷却后的新鲜 PDA 斜面培养基，28℃培养 7d，至斜面培养基表面长出大量深绿至墨绿色的孢子；向培养成熟米曲霉的试管斜面中注入无菌水 5mL，轻轻刮取米曲霉孢子洗入无菌水，再转入已经灭菌包含玻璃珠的 50mL 锥形瓶。重复上述操作 3 次，洗脱斜面的孢子。振荡锥形瓶打散孢子，使其均匀分布于水中。在显微镜下使用血细胞计数板对锥形瓶内的孢子悬浊液进行计数，可适量向锥形瓶中滴加无菌水，直至悬浮液中的孢子浓度为 $C = 10^7$ 个/mL；孢子悬浮液当天制备当天使用。

（5）接种、制曲：待蒸煮过的大豆晾干后，豆粒表面水分快蒸发干时，在无菌操作台中，将菌种孢子悬浊液与豆粒搅拌混匀。拌好的大豆放入 31℃的生化培养箱中培养制曲，每 12h 翻曲 1 次，制曲时间约为 5d。

（6）洗曲：用蒸馏水把豆粒表面的霉菌菌丝与孢子冲洗干净，去除霉味与苦涩味。

（7）添加辅料、后发酵：洗好的曲分装到已灭菌的 1L 烧杯内，加入刚好能没过曲表面的盐水，用密封膜封闭容器口，放入 36℃的培养箱中发酵 25d 左右。

（低温后熟、成品：洗好的曲分装到已灭菌的 1L 烧杯内，放入 4℃冰箱中冷藏后熟，即为纳豆成品。）

（8）成品：将发酵好的豆豉去掉汁液，在阳光下晾干豆豉表面水分，即为豆豉成品。

3. 产品评价

（1）感官要求：产品应为淡黄色到茶色，具有纳豆特有香气、滋味，无异味，黏性强、拉丝状态好，豆粒软硬适当，无异物。

（2）理化指标：水分≤65g/100g，氨基酸态氮（以氮计）≥0.3g/100g

（3）评价方法：按照 SB/T 10528—2009《纳豆》进行评价。

四、思考与讨论

① 简述豆豉及纳豆加工的工艺过程。

② 简述豆豉及纳豆制作过程中的区别。

③ 工业生产豆豉及纳豆需要哪些主要设备？

五、参考文献

［1］SB/T 10528—2009. 纳豆.

［2］何维，安天星，余玲，等. 不同菌种对太和豆豉的品质及其挥发性风味化合物变化的研究［J］. 中国调味品，2022，47（05）：43-49.

［3］张海粟. 箭筈豌豆纳豆发酵工艺及抗氧化作用的研究［D］. 青岛：青岛科技大学，2021.

［4］周伟光，曾丽珠，张昊等. 纯种米曲霉发酵制备阳江豆豉及其抗氧化活性研究［J］. 农业与技术，2020，40（10）：24-28.

［5］吴枚枚. 毛霉豆豉生产工艺的研究及其新产品开发［D］. 成都：成都大学，2020.

［6］林晓华，陈钢，王柳杨. 响应面法优化曲霉型豆豉的双菌种制曲工艺［J］. 食品科学，2013，34（03）：233-238.

六、数字资源

视频：爱课程/食品技术原理/5-1/媒体素材/纳豆.

（郑捷）

实验 7　芥末油的制作

一、实验原理和目的

十字花科植物芥菜籽含有芥子苷。当芥菜籽破碎后，在有水的情况下，芥子酶催化芥子苷产生水解反应，生成含辛辣物质异硫氰酸丙烯酯和葡萄糖。提取过程将破碎的植物颗粒置于容器中，通入水蒸气，精油随同蒸汽挥发。挥发的精油随蒸汽经冷凝器冷凝后，形成了含精油的水油乳浊液。在室温下静置含水的乳浊液，使大部分水因相对密度的差别与精油分离。分离得到粗精油，粗精油中还含有极少量的水分，呈混浊状，不能作为精油成品，还需继续精制，冷却粗精油直到精油中的少量水分形成微小的冰晶，分离冰晶，可获得纯的芥子精油。芥子精油以 1% 的比例调入植物油即为食用芥末油。本实验要求掌握水蒸气蒸馏法提取、分离挥发性植物精油的方法和调配食用芥末油的方法。

二、实验材料和仪器设备

1. 实验材料

芥菜籽（黑黄）、精炼植物油、自来水。

2. 仪器设备

玻璃器皿、粉碎机、电炉、恒温水浴、冰柜、天平、分液漏斗等。

三、实验内容

1. 工艺流程

芥菜籽→粉碎→热浸水解→蒸馏→馏出液收集→粗分离→精制→芥末精油→调配→成品

2. 操作要点

（1）粉碎：将芥菜籽放入粉碎机中磨碎，得到芥末面。

（2）热浸水解：称取粉碎后的芥末糊 100g 放进双口蒸馏瓶中，再加入

200mL 80℃水，用玻璃棒迅速搅匀，盖上胶塞，置水浴中 80℃保温 2h。芥末糊加水后快速搅拌，盖胶塞密封，以免精油挥发。

（3）蒸馏：将保温结束后的蒸馏瓶放置于蒸馏系统中，用电炉加热单口蒸馏瓶（装 300～400mL 水），产生的蒸汽通入物料底部，并开启冷却水至冷凝器。用三角瓶接收馏出液。在蒸馏过程中，注意电炉温度，不可过高，以免液态物料暴沸。

（4）馏出液收集：蒸至馏出液大约 100mL。仔细观察至馏出液无精油油滴，关电炉停止蒸馏。

（5）粗分离：汇集实验中的馏出液静置 2h 后，用分液漏斗分离，得到粗精油。

（6）精制：将粗精油汇集到三角瓶中，置于冰柜中冷冻（＜−5℃）分离。放置 8h 以上，观察确认精油清亮后，用干净的分液漏斗分离，即得纯芥子精油。

（7）调配：芥子精油按照一定比例加入植物油，混合均匀即为芥末油。

3. 成品评价

（1）感官要求：色泽呈浅黄色，具有芥末特有的辛香味，无酸败味及其他异味；澄清透明，无正常视力可见外来杂质。

（2）理化指标：水分≤0.8g/100g，酸价（以 KOH 计）≤3.0mg/g，过氧化值≤0.20g/100g，不溶性杂质≤0.05g/100g。

（3）评价方法：参考 NY/T 2111—2021《绿色食品 调味油》进行评价。

四、思考与讨论

① 芥末油的生产工艺是怎样的？
② 芥末油的质量如何评价？
③ 芥末油工业生产应该采用什么工艺和设备？
④ 芥末油生产中蒸馏后的芥末面有何用途？

五、参考文献

[1] NY/T 2111—2021. 绿色食品 调味油.
[2] 赵江，谢可伟等. 芥末油生产原理和生产工艺. 中国调味品，1991，9（4）：25-26.
[3] 张清峰，姜子涛，张久春，等. 紫外分光光度法测定辣根及芥末制品中异硫氰酸酯含量的研究. 中国调味品，2005，（6）：15-20.

六、数字资源

视频：爱课程/食品技术原理/13/媒体素材/精油萃取器．

（赵江）

实验 8　面筋的制作

一、实验原理和目的

面筋是将小麦粉用水和成面团，用水反复揉洗面团，在水洗时淀粉和麦麸等水溶性物质逐渐脱离，面粉中的麦胶蛋白和麦谷蛋白的微粒吸水膨胀，体积增大，蛋白质微粒互相黏合，形成网络结构（生面筋）。生面筋经揉浆、摊凉、打浆和油炸制成油面筋。面筋的洗出率受到小麦粉质量、面团饧制时间、洗水温度等多种因素的影响。本实验的目的是理解这些因素和面筋洗出率的关系，掌握生面筋和油面筋制作工艺和品质评价方法，并学会使用析因设计的方法设计实验。

二、实验材料和仪器设备

1. 实验材料
高筋粉、食盐、水。

2. 仪器设备
不锈钢盆、滤筛、天平、刀具、量筒、烧杯、温度计、玻璃板（两块 15cm×30cm，厚度为 5mm）、油炸锅。

三、生面筋的实验内容

1. 工艺流程
高筋粉→面团调制→饧制→水洗→脱水→面筋

2. 操作要点
（1）称取高筋小麦粉 500g 置于不锈钢盆中，加入配制好的食盐水（食盐 5g＋水 250mL），充分拌和，直至面团的硬度达到耳垂的软硬程度为止。

（2）面团调好后需要饧制，时间一般为 1h，夏季可稍短，以防发酵变酸。

（3）将面团置于滤筛中进行淋水揉洗，洗出面团中的水溶性物质和麸皮。

（4）将洗好的面筋放在洁净的玻璃上，用另一块玻璃挤压面筋，排出其中的

249

游离水,每压一次后取下并擦干玻璃板,反复挤压直至稍感面筋粘手为止。

(5) 将生面筋制成直径为 2cm 柱状物。

四、油面筋的实验内容

1. 工艺流程

面筋→揉浆→摊晾→打浆→油炸→油面筋

2. 操作要点

(1) 揉浆:将面筋切成小块,按每 100g 面筋加食盐 2g 的比例加入食盐,然后将其放入盛有清水的不锈钢盆中,用力搅拌,其间可更换洗涤水,直至上层洗涤水变清为止。

(2) 摊晾:把揉清浆水的面筋切成 1cm 厚的薄片,摊晾在滤网上,沥水 1h。用纱布在面筋上反复按压,吸收面筋里的游离水分,直至面筋不粘手为止。

(3) 打浆:先把面筋切成 20～50g 重的小块。按每 100g 面筋加高筋粉 20g 的比例加入高筋粉,待面粉全部均匀地拌和在面筋中后,再把面筋块拉长,轮换抓住面筋块一头,用力在砧板上摔打直至看不到面粉,成为具有光亮感的坯子为止。

(4) 油炸:将上述坯子分割成小块(约 5g),揉成球状颗粒,下锅油炸,油温控制在 120℃,待胚子起泡成球状时,油温上升到 150℃,继续炸至皮色金黄、质地硬脆、球面饱满光滑,即为成品。

3. 产品评价

(1) 感官要求:应具有该类产品应有的色泽、滋味、气味和形态,无异味,无霉变,无正常视力可见的外来异物。

(2) 理化指标:污染物限量应符合 GB 2762—2022 的规定。

(3) 评价方法:根据 GB 2711—2014《食品安全国家标准 面筋制品》进行评价。

4. 析因分析实验设计

本实验要求实验者选择影响面筋洗出率的因素,如小麦粉质量、面团饧制时间、洗水的温度等,进行多因素、多水平的实验设计。通过实验结果确定影响面筋洗出率的显著性因子。

五、思考与讨论

① 什么是面筋?它的主要成分是什么?影响面筋洗出率的因素主要有哪些。

② 面团调制过程中，根据其物性变化可分为几个阶段？各个阶段的主要现象是什么？

③ 在本实验中采取什么措施来提高面筋的洗出率？效果如何？还可以采取什么措施？

④ 工业化生产面筋，应选用什么工艺和设备？

六、参考文献

[1] GB 2711—2014. 食品安全国家标准 面筋制品.

[2] 刘兰英. 粮油检验. 北京：中国财政经济出版社，1998.

七、数字资源

视频：爱课程/食品技术原理/14-2/媒体素材/油面筋制作技术.

（陈文）

实验 9　粉丝的制作

一、实验原理和目的

淀粉糊化与老化是粉丝生产的基本原理。淀粉加入适量水，加热搅拌糊化成淀粉糊（α-淀粉），冷却和冷冻后，变得不透明，凝结而沉淀，这种现象称为淀粉的老化。粉丝制作中，淀粉加水制成糊状物，用悬垂或挤出法成型，之后在沸水中煮沸，令其糊化，捞出水冷，使之老化，干燥即得粉丝。传统生产粉丝使用硫酸铝钾（明矾）作为交联剂，提高粉丝的耐煮性和韧性。铝摄入过多可引起疾病，世界卫生组织 1989 年已经规定铝是食品污染物，要求加以控制。交联淀粉作为硫酸铝钾的替代物，已用于粉丝的制造。本实验要求掌握粉丝制备的原理和制作工艺，理解交联淀粉在粉丝制作中的作用。

二、实验材料和仪器设备

1. 实验材料
绿豆淀粉、马铃薯淀粉、甘薯淀粉、交联淀粉、水。

2. 仪器设备
搅拌器、蒸煮锅、7～15mm 孔径的多孔漏粉器、温度计、不锈钢筛网、冷水槽、台秤、冰箱、烘箱。

三、实验内容

1. 工艺流程

原料＋水→打糊→搅拌→漏粉→煮熟→糊化定型→冷却→冷冻→切断→烘干→
成品

2. 参考配方

绿豆淀粉或马铃薯和甘薯淀粉（1∶1）1000g、水 500～600mL、交联淀粉
40～60g。

3. 操作要点

（1）打糊、搅拌

将 30～40g 绿豆淀粉或马铃薯和甘薯淀粉（1∶1），加入 30～40℃温水
400mL 混匀，在搅拌的同时加入 100～200mL 沸水，先低速搅拌，后逐渐提高搅
拌速率，直至糊化，搅拌均匀至无块，打好的糊透明；然后再加 960～970g 生绿
豆淀粉或马铃薯和甘薯淀粉（1∶1），进行搅拌，要求搅拌均匀，温度控制在
40℃左右，避免在淀粉面团中形成气泡。

（2）漏粉

用底部有 7～15mm 孔径的多孔漏粉器，将搅拌好的淀粉糊状物漏入沸水锅
中，保持蒸煮锅中的水位，煮沸 3min，使粉丝煮熟和煮透，糊化定型。

（3）冷却

将糊化定型的粉丝捞出，浸入 20℃以下冷水中 10min。

（4）冷冻

在－18℃冰箱中，样品厚度 5cm，冻结 6h。

（5）切断

将冻结的粉丝放于不锈钢平底盘中，切断并整理成规定长度。

（6）烘干

将整理好的粉丝在不锈钢筛网中码放整齐，放入烘箱中干燥，热风温度控制
在 55～60℃，干燥后的粉丝含水量小于 15%。

4. 成品评价

（1）感官要求：色泽白亮或产品应有的色泽；具有绿豆、马铃薯、甘薯淀粉
应有的气味和滋味，无异味；丝条粗细均匀，无并丝，无碎丝，手感柔韧，弹性
良好，呈半透明状态；无肉眼可见外来杂质。

（2）理化指标：水分≤15％（质量分数），淀粉≥75％（质量分数），溶水干物量≤10％（质量分数）。

四、思考与讨论

① 设计实验说明淀粉的来源对于制造粉丝有何影响。

② 在粉丝的加工中淀粉糊化与老化的作用是什么？

③ 从透明度、质地及耐煮性三方面分析，可以采取哪些措施提高粉丝的质量。

五、参考文献

［1］余平. 淀粉与淀粉制品工艺学. 北京：中国轻工业出版社，2011.

［2］巫东堂，周柏玲，卢健鸣，等. 无铝粉丝（条）研制及生产工艺研究. 农业工程学报，2003，（1）：162-164.

［3］贾莉薇. 交联淀粉在土豆粉丝生产中的应用研究. 贵州工业大学学报，2003，（1）：30-32.

六、数字资源

视频：爱课程/食品技术原理/14-2/媒体素材/粉条、粉丝.

（王丽霞）

实验 10　魔芋凝胶食品的制作

一、实验原理和目的

魔芋又称蒟蒻，是天南星科蛇芋属多年宿根性块茎草本植物。魔芋富含葡糖甘露聚糖，是一种低热量、低蛋白质、高钙、高膳食纤维的食物。魔芋葡糖甘露聚糖中的乙酰基具有阻隔葡糖甘露聚糖分子长链间靠近的作用。在弱碱性条件下加热，魔芋葡糖甘露聚糖链上的乙酰基与糖残基上的羟基形成的酯键发生水解，即脱去乙酰基，魔芋葡糖甘露聚糖变成裸状，分子间形成氢键而产生部分结构结晶作用，所形成的凝胶随温度升高弹性增大，随温度降低而降低。这是魔芋葡糖甘露聚糖凝胶形成的机理和规律。本实验要求掌握魔芋凝胶的工艺过程，理解魔芋凝胶工艺过程的影响因素。

二、实验材料和仪器设备

1. 实验材料

魔芋粉、氢氧化钙或碳酸钠。

2. 仪器设备

恒温水浴锅、电磁炉、模具、不锈钢槽。

三、实验内容

1. 工艺流程

凝固剂溶液

魔芋粉 → 加水调成液体 → 吸水膨胀 → 加热至沸腾 → 混合 → 半凝固状 →
入模成型 → 凝固 → 沸水加热 → 冷水漂洗 → 成品

2. 操作要点

（1）吸水膨胀：将魔芋粉加水调成 3％液体，在 45℃保持 1～2h；使其呈均匀分散状，随后吸水形成黏性状态。

（2）凝固成型：加热溶液至开始沸腾时，加入事先以热水调制的 10％氢氧化钙或碳酸钠等凝固剂溶液，剧烈混合 30s 待呈半凝固状后倒入箱模，放置 2～3h。

（3）加热：在 85～100℃热水中保持 20～30min，以增加弹性，去除异味，再置于冷水中漂洗约 10h，即为成品。

（4）成型：魔芋凝胶可以在胶凝过程中或在胶凝之后，进行整形处理，变化为丝状、板块状及袋状魔芋凝胶。

3. 产品评价

（1）感官要求：魔芋凝胶食品呈乳白色至乳黄色，色泽均匀；具有产品特有的滋味，无异味；外观形态凝胶状，形状完整、质地润滑，均匀一致，富有弹性，无明显气泡；无肉眼可见的外来杂质。

（2）理化指标：固形物含量≥60％，pH 值为 8～12，砷（以 As 计）≤0.5mg/kg，铅（以 Pb 计）≤1.0mg/kg，黄曲霉毒素 B≤5μg/kg，二氧化硫≤0.03g/kg。

四、思考与讨论

① 凝固剂在魔芋凝胶加工中有何重要作用？如何选择和控制？

② 采用什么方法可以长期保存魔芋凝胶？

③ 工业化生产魔芋凝胶采用什么流程和设备？

五、参考文献

[1] 庞杰，林琼，张甫生，等．魔芋葡甘聚糖功能材料研究与应用进展．结构化学，2003（11）：633-642.

[2] 黄中伟．魔芋加工实用技术和装备．北京：中国轻工业出版社，2005.

六、数字资源

视频：爱课程/食品技术原理/14-2/媒体素材/魔芋凝胶食品加工．

（王丽霞）

第九章

食品物性的测定实验

实验1 果汁表观黏度的测定

一、实验原理和目的

图 9-1 流动玻璃管

表观黏度，是指非牛顿流体在一定速度梯度下，相应的剪切应力除以剪切速率所得的商。果汁或浓缩果汁的表观黏度，可用液汁流经特制的玻璃管（如图 9-1 所示）所用的时间表示。同样条件下测量水流经玻璃管的时间。此值属相对值，不能用标准单位表示。通过本实验学习测定果汁表观黏度的方法。

二、实验材料和仪器设备

1. 实验材料

浓缩果汁。

2. 仪器设备

流动玻璃管、5cm 橡皮管用于连接玻璃管和喷嘴、玻璃喷嘴（长 25mm，外径 10mm，内径分别为 2.0mm、3.0mm、4.0mm、5.0mm、6.0mm）、固定夹、弹簧夹、秒表。

三、实验内容

1. 选择喷嘴

采用 20℃蒸馏水，选择测定用喷嘴。把流动玻璃管用固定夹拧紧，垂直固定。将 20℃的蒸馏水充满玻璃管，液面调至上刻度线。快速打开弹簧夹，测量水流过两条校准刻度线之间的时间。15～60s 为适宜的流动时间，以此选取喷嘴。

2. 测量

把上述蒸馏水换成浓缩果汁重复操作，测量果汁流过两条校准刻度线之间的时间。

3. 结果表示

蒸馏水和样品的测定结果均用"s/20℃"表示，同时说明所选用的喷嘴的直径。

四、思考与讨论

① 果汁的温度对其黏度有何影响？

② 测量时，在装液过程中有气泡混入对测量结果有何影响？

③ 测量时，果汁的黏度大小对于选择喷嘴直径有何影响？

④ 该测定方法有何缺点？

五、参考文献

［1］NY 82.4—1988. 果汁测定方法　表观粘度的测定.

［2］李里特. 食品物性学. 北京：中国农业出版社，2001.

［3］王昭，李云康，潘思轶，等. 浓缩柑橘汁流变特性研究［J］. 食品科学，2006（12）：99-102.

［4］Quek M C，Chin N L，Yusof Y A. Modelling of rheological behavior of soursop juice concentrates using shear rate-temperature-concentration superposition. Journal of Food Engineering，2013，118（4）：380-386.

［5］Umemoto L D M. Rheological properties of fruits and vegetables：A review. International Journal of Food Properties，2014，18（6）：1191-1210（20）.

六、数字资源

视频：爱课程/食品技术原理/8-3/媒体素材/果汁表观黏度测定.

（李书红）

实验 2　淀粉糊化黏度的测定

一、实验原理和目的

黏度计的工作原理为转速一定的转子，在流体中克服液体的黏滞阻力所需的转矩，与液体的黏度成正比，样品产生的黏滞阻力通过反作用的扭矩表达出黏度，其带有加热保温装置，可保持仪器及淀粉乳液的温度在 45～95℃ 变化且偏差为 ±0.5℃。淀粉样品糊化后具有抗流动性，在 45～95℃ 的温度范围内，样品随着温度的升高而逐渐糊化，通过旋转式黏度计可得到黏度值，此黏度值即为当时温度下的黏度值。绘出黏度值与温度曲线图，即可得到黏度的最高值及当时的温度。本实验利用旋转式黏度计测定淀粉稀溶液的黏度，学习黏度计的测定原理和使用方法，了解淀粉稀溶液黏度随温度的变化规律。

二、实验材料和仪器设备

1. 实验材料

玉米淀粉、蒸馏水。

2. 仪器设备

旋转式黏度计、天平、250mL 四口烧瓶、搅拌器、恒温水浴锅、冷凝器。

三、实验内容

1. 操作要点

（1）样品的准备：用天平称取样品，使样品的干基质量为 6.0g。倒入烧杯，加入蒸馏水，使水的质量与所称取的淀粉质量和为 100g。

（2）黏度计及淀粉乳液的准备：按黏度计所规定的操作方法进行校正调零，并将仪器测定筒与保温装置相连，打开水浴。淀粉乳液定量移入装在水浴内的烧瓶，烧瓶上装有搅拌器和冷凝器，并且密闭。打开保温装置、搅拌器（转速 120r/min）和冷凝器。

（3）测定：将测定筒和淀粉乳液的温度通过水浴分别同时控制在 45℃、55℃、65℃、75℃、85℃、95℃。在保温装置到达上述每个温度时，从有淀粉乳液烧瓶中吸去淀粉乳液，加到有黏度计的测量筒内，测定黏度，读下各温度时的黏度值。

（4）作黏度值与温度变化曲线：以黏度值为纵坐标、温度变化为横坐标，根据黏度计测定得到的数据作出黏度值与温度变化曲线。

（5）测定次数：对同一样品进行平行测定。

2. 结果表示

（1）结果：从以上所作的曲线图中，找出对应温度的黏度值。

（2）允许差：同时或迅速连续进行二次测定，其结果之差的绝对值应不超过平均结果的 10％。

四、思考与讨论

① 淀粉乳液的烧瓶上为什么要安装冷凝器？淀粉稀溶液的浓度对其黏度有何影响？

② 测量时，旋转式黏度计的内筒转速过高或过低对测量结果有何影响？

③ 测量时，旋转式黏度计的加料量对测量结果有何影响？

④ 使用旋转式黏度计测量时，为何要选择合适的转子？

五、参考文献

［1］GB/T 22427.7—2023. 淀粉黏度测定.

［2］李里特. 食品物性学. 北京：中国农业出版社，2001.

［3］赵安庆，张晓宇. 淀粉黏度测定方法综述. 甘肃联合大学学报：自然科学版，2005，19（2）：87-88.

［4］Mckenna B M，Lyng J G. Principles of food viscosity analysis. Instrumental Assessment of Food Sensory Quality，2013：129-162.

［5］Sulaiman R，Dolan K D，Mishra D K. Simultaneous and sequential estimation of kinetic parameters in a starch viscosity model. Journal of Food Engineering，2013，114（3）：313-322.

六、数字资源

视频：爱课程/食品技术原理/8-3/媒体素材/淀粉糊化黏度的测定.

（李书红）

实验 3　肉嫩度的测定

一、实验原理和目的

肉的嫩度是肉在切割时需要的剪切力，它是反映肉品质的重要指标。肉嫩度

图 9-2　质构仪

有多种测定方法，质构仪是常用的方法之一。质构仪是模拟人的触觉，分析检测触觉中的物理特征。图 9-2 是食品工业中常用的质构仪，在计算机程序控制下，可安装不同传感器的横臂和探头在设定速度下上下移动，当传感器与被测物体接触达到设定的触发应力或触发深度时，计算机以设定的记录速度（单位时间采集的数据信息量）开始记录，并在计算机显示器上同时绘出传感器受力与其移动时间或距离的曲线。传感器是在设定的速度下匀速移动，因此，横坐标时间和距离可以自动转换，并进一步计算出被测物体的应力与应变关系。由于质构仪可配置多种传感器，该质构仪可以检测食品多个力学性能参数和感官评价参数，包括拉伸、压缩、剪切、扭转等作用方式。根据力随时间的变化关系测定肉的嫩度。本实验利用质构仪穿透法测定肉的嫩度，学习质构仪的测定原理、使用方法、了解肌肉组织结构对肉嫩度的影响。

二、实验材料和仪器设备

1. 实验材料
符合食品卫生标准的猪胴体。

2. 仪器设备
质构仪、计算机、刀具、恒温水浴锅。

三、实验内容

1. 样品的准备
在符合食品卫生标准的猪胴体上，在同一时间、同一胴体不同部位肌肉取样，将肉块除去表面结缔组织、脂肪后，放入 90℃ 恒温水浴锅中加热，加热煮制 40min，然后取出冷却至室温。按肌纤维方向切成大小为 300mm×500mm×20mm 的样品。取得猪肉样品包括里脊、股二头肌、冈上肌、臂三头肌、背最长肌和臀肌。

2. 质构仪准备

根据质构仪说明书所规定的方法对质构仪进行校正调零，选择柱形探头对每种样品分别进行穿透测定。测定条件设置如下：探头测量模式为阻力测试；探头运行方式为循环方式；探头下行速度为 6.0mm/s，探头返回速度为 6.0mm/s，下行距离为 20mm，每次数据采集量为 200，样品厚度为 20mm，每种样品测定 3 次。

3. 嫩度测定

把样品放入质构仪上，根据上述设置条件对样品进行测定，记录测试样品所花费的时间及对应的压力。以时间为横坐标，压力为纵坐标作图，得到样品压力随时间变化而变化的关系曲线。确定曲线上的第一个极值点，用该点压力表示样品的嫩度。

四、思考与讨论

① 猪胴体不同部位的肌肉对测定结果有何影响？

② 测量时，不同质构仪的探头对测量结果有何影响？

③ 测量时，为何要指定质构仪的测定条件？

④ 影响质构仪测定准确性的因素有哪些？

五、参考文献

［1］NY/T 1180—2006. 肉嫩度的测定　剪切力测定法.

［2］李里特. 食品物性学. 北京：中国农业出版社，2001.

［3］丁武，寇莉萍，张静，等. 质构仪穿透法测定肉制品嫩度的研究［J］. 农业工程学报，2005，21（10）：138-141.

［4］Wu G，Farouk M M，Clerens S，et al. Effect of beef ultimate pH and large structural protein changes with aging on meat tenderness［J］. Meat Science，2014，98（4）：637-645.

六、数字资源

视频：爱课程/食品技术原理/8-3/媒体素材/肉嫩度测定.

（李书红）

实验4 食品水分的快速测定

一、实验原理和目的

水分快速分析测量过程是基于干燥失重原理进行的。测量过程中，样品被加

热，其内部水分因受热而蒸发，通过计算加热过程中样品质量的损失，测得其水分含量。MA30 型电子水分分析仪是用于水分快速测定的仪器，它通过红外线加热样品使样品失重，测定食品的水分。该仪器可测量谷物、豆类、豌豆、果核（干基或湿基）、整粒油菜籽、葵花子等的水分，它还可用于测定其他农业或非农业的物质的水分。图 9-3 为 MA30 电子水分分析仪的外观图。本实验要求学习水分快速测定的方法。

图 9-3　MA30 电子水分分析仪

二、实验材料和仪器设备

1. 实验材料

谷物、豆类等。

2. 仪器设备

MA30 电子水分分析仪。

三、实验内容

1. 仪器操作

（1）提起盖子，把保护托盘和盘托放好，接通电源后。接通电源后，"⊙"将显示在屏幕左上角。

（2）按"1/⊙"键，系统进入开机自检状态，自检结束，"TAR"将显示在屏幕上。

（3）打开盖子，将一个一次性的托盘放在大托盘上，按"ENTER"键，此时"TAR"将消失，屏幕显示质量为 0.000g，仪器处于待工作状态。

（4）调整仪器参数。用功能键"CF"及"F1"、"F2"键可调整到需要的温度及时间。

（5）称取5～10g样品，平铺到一次性盘上，尽量铺均匀平整，记下屏幕上显示的质量。

（6）盖上盖子，仪器将自动开始测量。

（7）此时显示的数值将随时间的变化不断变化，所显示的数值都是即时数据。可以用面板上的"MODE"键来切换5种显示方式，它们按照顺序分别是：样品重、样品中水分含量、样品中干物质含量、百分率1、百分率2。

2. 结果计算

样品水分含量＝（原始质量－最终质量）/原始质量×100％

样品干物质含量＝最终质量/原始质量×100％

百分率1＝（原始质量－最终质量）/最终质量×100％

百分率2＝原始质量/最终质量×100％

四、思考与讨论

① 称取样品的多少对测量结果有何影响？

② MA30型电子水分分析仪适用于测定什么食品的水分？

③ MA30型电子水分分析仪适用食品的水分含量的范围是多少？

④ 如果被测样品的水分含量高于上述范围，那么该如何处理？

五、参考文献

[1] 张慧，乙小娟，周璐. 用红外水分测定仪快速测定食品中的水分. 化学分析计量，2005，27（06）：17-19.

[2] 刘孝沾，卞科，陈培啸等. 主要谷物水分测定方法比较研究. 粮食与饲料工业，2012（03）：57-60.

[3] Heman A，Hsieh C L. Measurement of Moisture Content for Rough Rice by Visible and Near-Infrared（NIR）Spectroscopy. Engineering in Agriculture Environment & Food，2016，9（3）：280-290.

六、数字资源

视频：爱课程/食品技术原理/8-3/媒体素材/食品水分快速测定.

（李书红）

实验 5　食品水分活度的测定

一、实验原理和目的

食品水分活度是食品中水分的饱和蒸气压与相同温度下纯水的饱和蒸气压的比值。它表达了食品中水分活性的活泼程度，它是决定食品腐败变质快慢和保质期的重要参数之一。食品中发生的油脂氧化、酶促褐变、非酶促褐变、微生物的繁殖等系列反应的反应速率与水分活度之间有良好的相关性。食品中水分活度的检验方法很多，如蒸汽压力法、溶剂萃取法、扩散法、水分活度测定仪法等。水分活度测定仪外形如图 9-4 所示。在一定温度下水分活度测定仪中的传感器根据食品中水的蒸气压的变化，从仪器的表头上读出指针所示的水分活度。在样品测定前需用氯化钡饱和溶液校正水分活度测定仪的水分活度为 9.000。本实验要求理解水分活度的概念，学会使用水分活度测定仪测定食品中水分活度的操作技术。

图 9-4　水分活度测定仪

二、实验材料和仪器设备

1. 实验材料

水果、蔬菜等，氯化钡。

2. 仪器设备

水分活度测定仪、温度计。

三、实验内容

（1）仪器校正：室温 18～25℃，湿度 50％～80％的条件下，用饱和盐溶液校正水分活度仪。

（2）样品准备：取可食部分代表性样品，在室温 18～25℃，湿度 50%～80%的条件下，迅速切成约小于 3mm×3mm×3mm 的小块。

（3）样品测定：将准备好的样品置于水分活度测定仪的小盘内，盖上盖子，点击 READ 按钮，每隔 40s 出现一次水分活度值，当水分活度值不再发生变化时的数值即为此温度下试样的水分活度值。

四、思考与讨论

① 水分活度测定仪测定水分活度的原理是什么？

② 说明试样和传感器的表头需要恒温的原因。

③ 比较不同温度下样品水分活度的差异。

五、参考文献

[1] 张水华. 食品分析. 北京：中国轻工业出版社，2004.

[2] 阚建全. 食品化学. 2 版. 北京：中国农业大学出版社，2008.

[3] Osés J，Niza S，Ziani K，et al. Potato starch edible films to control oxidative rancidity of polyunsaturated lipids：effects of film composition，thickness and water activity. International Journal of Food Science & Technology，2009，44（7）：1360-1366.

六、数字资源

视频：爱课程/食品技术原理/8-3/媒体素材/食品水分活度测定.

（李书红）

实验 6 食品色泽与色差的测定

一、实验原理和目的

任何一种颜色的光，都可看成是由蓝、绿、红 3 种颜色的光按一定比例组合起来的。光进入眼睛后，3 种颜色的光分别作用于视膜网上的 3 种细胞上产生刺激，在视神经中，这些分别产生的刺激又混合起来，产生彩色光的感觉。色差计就是用红、绿、蓝 3 种滤色片来模拟人眼的 3 种红、绿、蓝锥体细胞。由红、绿、蓝滤色片分别接收物体表面的红、绿、蓝的反射光，随后进行光电转换成

X、Y、Z，然后再导出其他颜色数据。本实验以 DC-P3 型全自动测色色差计（图 9-5）为例，了解测色色差计的构造、功能、工作原理和使用方法，掌握测定食品色泽和色差的方法。

图 9-5　DC-P3 型全自动测色色差计

二、实验材料和仪器设备

1. 实验材料
两种茶饮料、面粉。

2. 仪器设备
DC-P3 型全自动测色色差计、标准白板、黑筒、标准比色皿、粉体压样器。

三、实验内容

1. 两种茶饮料的色泽与色差测定

（1）色差计的预热：将探头电缆线的插头、打印机的电缆线插头与打印机连接，连接电源，把探头放在任何一种表面干净的白色物体上，按下右上角的电源开关，这时探头灯亮，显示器显示＜DC-P3 9′60″＞并倒数计时，表示处于预热阶段，预热时间为 10min。

（2）测定数据的编辑：（选用 $L^*a^*b^*$ 表色系统，需要 $L^*a^*b^*$ 颜色数值）预热后可以编辑所需要的颜色数据。预热结束后，按"复位"键，显示＜ZE-RO＞，再按"调零"键，显示＜WHITE＞，再按"调白"键显示＜MAIN＞。此时，按"编辑"键，即显示＜XYZ、LAB、Sw＞，在 X 处显示■并闪动，表示此值可以改变，按"位移"键，将■移动到 Sw，按"置数"键，显示＜YX Z ON＞，如果不要这些数据，按"置数"键即显示＜OFF＞；再按"位移"

键，显示<$L^*a^*b^*$ ON>，若不需要按"置数"键即显示<OFF>，连续按"位移"键，用同样的方法可以选择是否需要 LAB、C. H.、WHITE、Yi 值。在这里需要 $L^*a^*b^*$，因此将这两项设为 ON。当按"位移"键屏幕显示<Dbb>时，按"置数"键将其设定为 OFF。编辑完成后，按"选择"键，再按"编辑"键，仪器回到测量步骤。

（3）调零：探头底下放黑筒，按"调零"键，鸣"嘟"，几秒钟后又鸣"嘟"，并显示<WHITE>，表示可以调白。

（4）调白：探头底下放标准白板，按"调白"键，鸣"嘟"几秒钟后显示<MEASU>，表示可以测量。

（5）样品的处理：将样品 1 摇匀，放入专用比色皿，然后将探头放平，并将比色皿中心置于探头光斑中心，再将专用白陶瓷板置于比色皿背后，使比色皿的一面紧贴探头端面，而另一面紧贴白陶瓷板，最后用黑布罩住，防止外来光干涉，按"测量"键，显示 S0、X、Y、Z 值，多次连续按显示键，显示样品 1 的各种颜色数据。然后将样品 2 按相同的方法进行测定，按"测量"键，显示 S1、X、Y、Z 值，连续按显示键，显示样品 2 的各种颜色数据值以及这些值与样品 1 比较的色差值。

（6）打印：按"打印"键，即可把以上颜色数据全部打印出来。

2. 面粉白度的测定

待仪器预热，编辑所需要的颜色数据，在这里只需要测定白度值，因此将其他数据都设为 OFF，将 WHITE 设为<ON>。然后调零、调白。

采用恒压粉体压样器，将面粉压制成粉体试样板。试样板的表面应平整、无纹理、无瑕疵点和无污点。测量时，直接将探头端面紧贴样板表面，按"测量"键，显示测量结果，打印结果。

四、注意事项

（1）预热时，必须把探测器放在工作白板上，而不能放标准白板，否则必将使标准值改变，提高测量误差。

（2）若仪器长时间处于工作状态，数据会有一定的漂移，故用户要取得准确的绝对值时，请每 30min 重新"调零"、"调白"一次。

（3）仪器在工作中途需"调零"、"调白"时只要按一下"调零"键，即显示<ZERO>，表示可以"调零"、"调白"一次。

（4）各种白度值 W 及黄度值 Yi、变黄度 dYi 只对测各种白色物体时有效。

对测彩色物体及灰体、黑体时均无效。

五、思考与讨论

① DC-P3 型全自动测色色差计的先进性表现在哪些方面？

② DC-P3 全自动测色色差计在测量色泽时，与感官评价相比有哪些优点和缺点？

③ 使用 DC-P3 型全自动测色色差计时如何获得精准有效的色值？

六、参考文献

[1] GB/T 3977—2008. 颜色的表示方法.

[2] GB/T 3979—2008. 物体色的测量方法.

[3] GB/T 7921—2008. 均匀色空间和色差公式.

[4] GB/T 5698—2001. 颜色术语.

七、数字资源

视频：爱课程/食品技术原理/8-3/媒体素材/色差计.

（阮美娟）

实验 7　罐藏食品杀菌值的测定

一、实验原理和目的

罐藏食品主要采用加热的方法杀菌。在罐藏食品工业中通过采集罐头冷点温度，得出罐藏食品的杀菌值，从而监视各类罐头的传热情况，进而改进工艺和操作技术。目前，国内多采用中心温度测定仪来测定罐头杀菌过程中的冷点温度。罐头中心温度的测定，是制定合理的杀菌时间的依据。

本实验采用法国的 TMI-ORION 无线温度验证系统。该系统由应用软件、读数器（图 9-6）和温度记录器（图 9-7）3 个主要部分组成，其中温度记录器包括电池、探针传感器、数据记录器 3 部分。由探针传感器分别探测杀菌釜温度及各测定点罐头中心温度并将测得的数据储存于记录器，杀菌结束后通过读数器将数据传输给计算机，由数据处理系统计算出罐藏食品的杀菌值，并显示杀菌曲线及实际杀菌 F 值——F_0 值。根据实际测得的 F_0 值及食品的种类、标准杀菌值判断杀菌条件的合理性。罐头中心温度测定的有线系统如 E-ValFlex，与无线温度验证系统的主要区别在于其测试点与 Ellab 标准温度计连接，通过热电偶导线，将测试过程中获得的信息传输，系统具有 8～16 个热电偶通道，传输的信息（温度、压力）通过数据处理系统计算并显示在液晶显示屏上，液晶显示器自动滚动显示所有使用通道的信息，更新频率为 2s，显示每个通道的时间、温度、压力和 F_0 值。其最大特点是能实时显示相关信息。测定时，探头的安装同无线系统，但热电偶导线需要穿过杀菌釜，然后与 Ellab 标准温度计连接。

　　本实验要求理解中心温度测定仪的工作原理，在熟练使用无线温度检测仪器的基础上初步学会罐藏食品在杀菌过程中冷点温度的测定方法及热处理杀菌条件的判别方法。

图 9-6　通道和 12 通道读数器　　　　　图 9-7　温度记录器

二、实验材料和仪器设备

1. 实验材料
密封后待杀菌预包装食品，如罐头、饮料等。

2. 仪器设备
TMI-ORION 无线温度验证系统、杀菌锅、电炉、钳子、钻孔器。

三、实验内容

1. 工艺流程
待杀菌罐头→罐盖打孔安装相应的探头→选择读数器与电脑连接方式→设定数据文件保存路径→检测探头→选中探头→设置参数→确定升温时间→排气→封口→杀菌→杀菌后读取数据→根据测得 F_0 值判定杀菌效果

2. 操作要点
（1）采用定位附件将探针置于测量冷点。根据不同应用，探针可以选择放置在容器内或容器外。①采用探针外置的方法：在罐藏食品的罐或瓶正中心打一个孔，利用温度套管附件（PROBE_PE_T）使探针到达测量冷点处，无需繁琐的包装。定位附件中含有一个防水密封圈，在包装受压时可以保证密闭性。②采用探针内置的方法：利用直线状定位套件（KIT_POSITION_01）、曲线状定位套件（KIT_TIN_PVQ）、在圆柱状容器中的定位套件（KIT_GROOVE_PVQ 和 KIT_GROOVELESS_PVQ）及高温胶带（ADHESIF-HT）等实现探针在容器内处于测量冷点。特殊情况时，还可根据实际情况进行定制或自制。使用定位附件可以使测量中的误差减少到最小。固定测量一个点，可以减少系统的测量误差。定位附件和测量装置间稳定连接。

（2）选择合适大小的探针，或利用定位附件来调节探针在罐中的位置，直至达到冷点。测试使用无线温度传感器，将中心温度探针插入罐头的中心（冷点）部位，检测和记录产品在加热过程中的温度。

（3）启动电脑，运行 QLEVER 程序，读取数据记录器。通过采用 USB 接口，电源可以由计算机直接提供，减少了对外部电源的需要。

（4）将温度传感器连接在读数器上，然后点击 Identification 确认 QLEVER 可以和数据记录器通讯。首先观察电池电量是否为绿色，然后设定数据记录器程序，并为程序命名。在"已选择的程序"中进行探头参数的设置。

（5）在探头中要设定的数据包括：探头采样时间（10s）；采样速率（1s）。根据实际检测的需要设定数据记录器的条件后，然后点击 Program 将程序写入数据记录器。当询问是否启动数据记录器时，点击 Yes 启动。

（6）将探头放置于罐藏食品的中心，采用加热排气法，使中心温度达到70℃。记录罐藏食品从加热开始升至 70℃ 的时间（排出空气并有杀菌效果）。重复实验，获得可靠的升温时间（见图 9-8）。

图 9-8　升温曲线

（7）排气：采用加热排气法，达到确定的升温时间后，立即封罐。

（8）杀菌：将密封好的带有数据记录器的罐藏食品放入杀菌设备中，对杀菌设备进行全过程监控。

（9）检测完毕后，将罐藏食品进行降温直至冷却。冷却后取出罐内的数据记录器，用洁净毛巾清洁并擦干。

（10）把数据记录器连接电脑，点击 Read，读取检测数据，获得曲线图（图 9-9）。图 9-9 中上方的曲线为探头测出的温度曲线，下方为杀菌值曲线，时间"s"列为实际杀菌 F 值——F_0 值。

图 9-9　杀菌曲线

（11）在电脑上依次填写 Description、Equipment、Logger、Program 等信息，点击 Save，保存信息文件。

（12）杀菌条件合理性判别：将测得的实际杀菌值 F 值——F_0 值与对象菌的标准（安全）$F_{标}$ 值进行比较：如 $F_0 < F_{标}$，则杀菌条件不合理，杀菌强度不够，需要适当延长杀菌时间或适当提高杀菌温度；如 $F_0 \gg F_{标}$，则杀菌条件不合理，杀菌过度，需要适当缩短杀菌时间或适当降低杀菌温度；如 $F_0 \geqslant F_{标}$，则杀菌合理。

四、思考与讨论

① 测定罐头中心温度时要注意哪些问题？

② 如何根据实际杀菌值，评价采用的杀菌条件的合理性？

③ 杀菌釜内的热分布情况对于测定有何影响？

五、参考文献

[1] 赵大云，吴希铭．罐头杀菌冷点温度和 F 值测定系统的设计．食品科

学，2005，(9)：188-122.

[2] 邓力，金征宇. F 值/C 值计算机实时采集精度分析与控制. 江苏大学学报，2006，(2)：95-99.

[3] 李琳，陈峰. 罐头食品热杀菌过程优化研究的发展分析. 食品与发酵工业，1997，(3)：59-65.

[4] 李鑫，张民，张黎明，等. 黑蒜饮料杀菌条件的确定及其对理化性质的影响研究. 食品安全质量检测学报，2014 (11)：3711-3717.

六、数字资源

视频：爱课程/食品技术原理/2-4/媒体素材/罐头无线温度测定仪.

（刘锐）

第十章 食品感官评价实验

实验 1　差别检验（三点检验法）

一、实验原理和目的

三点检验法是差别检验当中最常用的一种方法，适合于样品间细微差别的鉴定，常被应用于以下几个方面：①确定产品的差异是否来自成分、工艺、包装和贮存期的改变；②确定两种产品之间是否存在整体差异；③筛选和培训检验人员，以锻炼其发现产品差别的能力。三点检验法要求同时提供三个编码的样品，其中两个样品是相同的，要求品评员挑选出其中不同于其他两个样品的一个样品。首先进行三次配对比较，A 与 B、B 与 C、A 与 C，然后指出两个样品之间是否为同一种样品。本实验以检验同一口味的两种品牌的薯片之间有无差异为例，学习和掌握差别试验的方法。

二、实验材料和仪器设备

一次性器皿（手套、托盘等）、番茄口味的乐事薯片、番茄口味的可比克薯片、纯净水、漱口杯。

三、实验内容

1. 样品组合与编号

"乐事"薯片用 A 表示，"可比克"薯片用 B 表示，所以两种样品有以下六种呈样组合：BAA、ABA、AAB、ABB、BAB、BBA。以下组合中每种组合各用 2 次。样品以随机数字编号。

2. 品评

将样品组合随机呈递给多位评价员，依次品评，如果没有感到差异，也必须要选择一个，并填好以下检验问卷表（见表 10-1）。

表 10-1　检验问卷表

样品：薯片

差异性区分试验方法：三点检验法

试验员：　　　　　　　　　　　　　　　　　　　试验日期：

请认真品评你面前的三个样品，其中有两个是相同的，请做好记录。

相同的两个样品编号：

不同的一个样品的编号：

3. 结果统计与分析

试验结束后，统计有效问卷数及回答正确的评价员人数，通过查阅三点检验法检验表，判断这两种品牌薯片在 $\alpha = 0.05$ 显著水平是否具有显著性差异。比如，35 张有效答案中，有 25 张回答正确，查阅表 $n = 35$ 行，17（$\alpha = 0.05$）< 25，说明，在 $\alpha = 0.05$ 显著水平上，两种品牌薯片之间有显著差异。

四、思考与讨论

① 如何最大程度减小评价员之间的误差？

② 样品制备过程中应注意哪些问题？

③ 差别检验实验结果统计分析应注意的问题是什么？

五、参考文献

［1］张水华. 食品感官分析与实验. 北京：化学工业出版社，2009.

［2］韩北忠，童华荣. 食品感官评价. 北京：中国林业出版社，2009.

［3］ Herbert Stone and Joel L. Sidel. Sensory Evaluation Practices（3rd Ed）. Elsevier Inc.，2008.

（孟德梅）

实验 2　标度和类别检验（成对比较检验法）

一、实验原理和目的

成对比较检验法是应用最广泛的方法之一，一般用于当样品数 n 很大，一次把全部样品的差别判断出来有困难时。成对比较法要求把数个样品中的任何两个分别组成一组，要求评价员对其中任意一组的两个样品进行鉴评，最后把所有组的结果综合分析，从而得出数个样品的相对结果的评价方法。本实验以检验3种生产工艺生产的产品，要求评价员以数字标度形式来评价样品的品质差异为例，学习和掌握标度和类别检验的方法。

二、实验材料和仪器设备

三种不同工艺生产的样品、一次性器皿（手套、托盘等）、纯净水、漱口杯。

三、实验内容

1. 样品的编号与组合

将三种不同工艺生产的样品分别用 A、B、C 表示；有 A-B、A-C、B-C、B-A、C-A、C-B 六种呈送方式。

2. 样品特性的等级制定

用＋3～－3 的 7 个数字刻度分别代表非常好、很好、好、无差别、不好、很不好和非常不好，7 个样品特性等级，对试样的各种组合进行评分。

3. 品评

选择评价员（例如 22 名），其中 11 名评价员是按 A-B、A-C、B-C 的顺序进行评判，其余 11 名是按 B-A、C-A、C-B 的顺序进行评判（各对的顺序是随机性的），并填好下表（表 10-2）。

表 10-2　评价员品评表

姓名		性别		试样号		＿＿＿年＿＿＿月＿＿＿日
请评价你面前两种试样的品质差异，将你感知的差异程度在相应的位置画"○"。						
先品尝的样品品质与后品尝的样品品质的比较：						

+3	+2	+1	0	-1	-2	-3
非常好	很好	好	无差别	不好	很不好	非常不好

4. 结果统计与分析

（1）整理实验数据

第一组 11 名评价员的评价结果（表 10-3）：

表 10-3　第一组评价员的评价结果

试样	1	2	3	4	5	6	7	8	9	10	11
A-B											
A-C											
B-C											

第二组 11 名评审员评价结果（见表 10-4）：

表 10-4　二组评价员的评价结果

试样	1	2	3	4	5	6	7	8	9	10	11
B-A											
C-A											
C-B											

（2）求总分、嗜好度及平均嗜好度

总分＝各分值与评价员数的乘积之和

A-B 平均嗜好度＝A-B 的嗜好度－B-A 的嗜好度

按照同样的方法计算其他各行的相应数据。

（3）求各试样的主效果 α_i

α_A＝A-A 的平均嗜好度＋A-B 的平均嗜好度＋A-C 的平均嗜好度

α_B＝B-A 的平均嗜好度＋B-B 的平均嗜好度＋B-C 的平均嗜好度

α_C＝C-A 的平均嗜好度＋C-B 的平均嗜好度＋C-C 的平均嗜好度

作主效果图如图 10-1 所示。

图 10-1　主效果图

主效果图能直观显示样品间的差异及差异大小。通过方差分析，求主效果差进行判别。

（4）求平方和

总效果产生的平方和＝主效果平方和×试样数×评价员数

平均嗜好度产生的平方和＝（A，B）、（B，C）、（A，C）平均嗜好度的平方的加和×评价员数

离差平方和＝平均嗜好度产生的平方和—总效果产生的平方和

平均效果＝平均平方和×评价员数的一半

顺序效果＝平均效果—平均嗜好度产生的平方和

误差平方和＝总平方和—平均效果

（5）求自由度

主效果的自由度＝$n-1$

离差的自由度＝$(n-1)(n-2)$

……

依次求出所列出的方差来源的自由度。

（6）作方差分析表（见表10-5）

表 10-5　方差分析表

方差来源	平方和	自由度	均方和	F_0	F
主效果					
离差					
平均嗜好度					
顺序效果					
平均					
误差					
合计					

F 值结果表明主效果有显著性差异（$\alpha=1\%$），即 A、B、C 之间的好坏明确。

（7）求主效果差（$\alpha_i-\alpha_j$），并进行方差分析，比较三组样品间是否具有显著性差异。

四、思考与讨论

① 标度和类别检验与差别检验的异同是什么？

② 标度的分类有哪些？

③ 成对比较检验的实验结果统计分析应注意的问题有哪些？

五、参考文献

[1] 张水华. 食品感官分析与实验. 北京：化学工业出版社，2009.

[2] 韩北忠，童华荣．食品感官评价．北京：中国林业出版社，2009.

[3] Herbert Stone and Joel L. Sidel. Sensory Evaluation Practices (3rd Ed). Elsevier Inc.，2008.

（孟德梅）

实验 3　定量描述性检验

一、实验原理和目的

定量描述性分析（或称定量描述检验，QDA），要求品评员尽量完整地对形成样品感官特征的各个指标，按感觉出现的先后顺序进行品评，使用由简单描述试验所确定的词汇中选择的词汇，描述样品整个感官印象。报告结果是用非线性结构的标度（QDA图或蜘蛛图、玫瑰图）来描述评估特性强度，利用图的形状变化定量描述样品的品质变化。

下面将以萝卜泡菜为例，介绍一下定量描述性检验的具体流程。

二、实验材料和仪器设备

三种待检验萝卜泡菜样品、选择另外一种萝卜泡菜作为标准样品、纯净水、餐盘、漱口杯。

三、实验内容

全体品评员集中用标准样品做预备品尝，讨论其特性特征和感觉顺序，确定6～10个感觉词汇作为描述该类产品的特性特征，供品评样品时选用。

讨论感觉出现的顺序作为品评样品时的参考。然后进行综合印象评估，通常以低、中、高表示。

分组进入感官品评室，分发样品（样品标号为随机的三位数字）进行独立品评。用预备品评时出现的词汇对各个样品进行评估和定量描述，允许根据不同样品的特征特性出现差异时选用新的词汇进行描述和定量。

（1）闻香：手举餐盘，将样品缓慢置于鼻孔下方，用手轻扇，使风味物质的气味进入鼻腔，记录下感受到的各种气味（馊气味、酸腐味等），然后对每种气味强度进行评分。

（2）品尝：仔细品尝少量样品，慢慢咀嚼，记录下觉察到的各种风味（馊味道、生萝卜味道）、样品脆性、劲道等以及感受到其出现的先后顺序，然后对每种风味的强度进行评分。

本实验统一使用 7 点数字标度，由低到高依次表示相应感官特性由弱到强的变化，49 位感官分析人员逐项独立品评打分，由试验主持人最后汇总计算简单平均分，以表格或图的形式报告。

强度评分尺度表（见表 10-6）：

表 10-6　强度评分尺度表

评分	1	2	3	4	5	6	7
强度	很弱	较弱	稍弱	中等	稍强	较强	很强

（3）吞下或吐出样品后，感受其有无余味，余味如何，并记录样品在口中的滞留度如何。

对结果进行统计与分析。

（1）整理评价结果（见表 10-7）

表 10-7　评价结果

样品：萝卜泡菜（样品 1、2、3）　　　　　　　　检验日期：

特性特征	标度（1~7）		
	样品 1	样品 2	样品 3
酸腐味			
生萝卜气味			
生萝卜味道			
酸味			
馊气味			
馊味道			
筋道			
柔嫩			
脆性			

（2）绘制萝卜泡菜的 QDA 图（如图 10-2）

图 10-2　萝卜泡菜的 QDA 图

四、思考与讨论

① 在选择和确定样品特性特征词汇时应注意的问题是什么？

② 什么是余味与滞留度？

③ 定量描述性检验应用的范围是什么？

五、参考文献

[1] 张水华. 食品感官分析与实验. 北京：化学工业出版社，2009.

[2] 韩北忠，童华荣. 食品感官评价. 北京：中国林业出版社，2009.

[3] Herbert Stone, Joel L. Sidel. Sensory Evaluation Practices. 3rd Ed, Elsevier Inc.，2008.

（孟德梅）

附录

食品科技、教育与资讯网络资源

国内重要查询平台

1. 中国国家图书馆

2. 国家知识产权局

3. 万方数据知识服务平台

4. 维普网

5. 食品伙伴网

6. 特殊食品信息查询（保健食品、婴配食品、特医食品）

7. 中国有机产品认证公共服务专栏

8. 全国标准信息公共服务平台

9. 国家标准全文公开系统

10. 国家食品安全风险评估中心标准数据检索平台

11. 食品补充检验方法数据库

12. 食品快速检测方法数据库

13. 行业标准信息服务平台

14. 地方标准信息服务平台

15. 全国团体标准信息服务平台

16. 企业标准信息公共服务平台

17. 国家科技成果库登记结果查询

18. 中国台湾地区、美国、日本及韩国保健食品数据库查询

19. 海关统计数据在线查询平台

20. 国家统计局数据查询

21. 联合国统计局

22. 中国统计信息网

23. 重点农产品信息市场信息平台

24. 中国商品信息服务平台

25. 全国农产品商务信息公共服务平台

26. 中华人民共和国工业和信息化部统一检索平台

食品资讯（协会）

1. 中国食品工业协会

2. 中国饮料工业协会

3. 中国食品科学技术学会

4. 中国肉类协会

5. 中国营养保健食品协会

6. 小木虫-学术科研互动社区

7. 中国绿色食品协会

8. 中国食品药品网

9. 中国焙烤协会食品糖制品工业协会

10. 中国食品安全网

11. 中国食品添加剂和配料协会

12. 中国食品和包装机械工业协会

13. 食品设备网

14. 中国酒业协会

15. 中国调味品协会

16. 中国乳制品工业协会

17. 糖酒网

18. 国际食品安全协会

19. 中国食品土畜进出口商会

20. 中国副食流通协会

21. 中国豆制品网

22. 中国烘焙食品工业协会

23. 中国烹饪协会

24. 中国罐头工业协会

25. 中国蜂产品协会

26. 冷冻食品工业网

27. 中国国际啤酒网

28. 中国食用菌协会

29. 中国食品网

30. 中国粮油信息网

31. 葡萄酒资讯网

32. 茶网

33. 58 食品网

34. 蔬菜网

35. 中国奶业协会

36. 食品科学网

37. 食品研究与开发

38. 食品工业科技

39. 发酵工业网

40. 中国保健协会

41. 中国工业微生物菌种保藏管理中心

42. 中国营养学会

43. 中国标准化协会

44. 中国农业信息网

国外食品科技教育平台

1. 美国专利与商标局（United States Patent and Trade Mark Office）

2. 美国食品工艺师学会［Institute of Food Technologists（IFT）］

3. 食品科学与技术文摘［Food Science Technology Abstract（FSTA）］

4. 食品科学（Journal of Food Science）

5. 食品工艺学（Food Technology）

6. 食品科学综述（Comprehensive Review Food Science）

7. 食品科学教育（Journal of Food Science Education）

8. 乳品科学（Journal of Dairy Science）

国外官方平台

1. 美国食品药品监督管理局

2. 美国农业部

3. 欧洲食品安全局

4. 日本厚生劳动省

5. 全球法规网

6. 美国疾病控制与预防中心

7. 英国食品标准局

8. 澳新食品标准局

9. 法国食品安全局

10. 爱尔兰食品安全局

11. 国际食品信息理事会

12. 国际标准化组织

13. 加拿大食品检验局

14. 国际食品法典委员会

15. 美国食品安全现代化法案

16. 国际食品保护协会

17. 欧盟食品和饲料安全预警

18. 美国农业部农业研究处食物数据中心

19. 日本有机和自然食品协

20. 美国 FDA 21CFR 法规

21. 国际益生菌协会

22. 美国分析化学家协会

23. 世界贸易组织

24. 联合国粮食及农业组织

25. 世界卫生组织

（胡爱军）